プロの「引き出し」を増やす

HTML ＋CSS コーディングの強化書

草野あけみ 著

JN249096

エムディエヌコーポレーション

©2021 Akemi Kusano. All rights reserved.

本書は著作権法上の保護を受けています。著作権者、株式会社エムディエヌコーポレーションとの書面による同意なしに、本書の一部或いは全部を無断で複写・複製、転記・転載することは禁止されています。

本書に掲載した会社名、プログラム名、システム名、サービス名等は一般に各社の商標または登録商標です。本文中では™、®は必ずしも明記していません。

本書は2021年10月現在の情報を元に執筆されたものです。これ以降の仕様等の変更によっては、記載された内容（技術情報、固有名詞、URL、参考書籍など）と事実が異なる場合があります。本書をご利用の結果生じた不都合や損害について、著作権者及び出版社はいかなる責任を負いません。あらかじめご了承ください。

はじめに

本書はHTMLとCSSをひと通り習得し、Web制作の現場で働きはじめて間もない駆け出しの方、あるいはこれからWeb業界での就職・独立を目指してもっと実務レベルに近い勉強をしたい方に向けて、コーディング分野の実力UPのため様々な引き出しを増やしていただけるように考えて執筆させていただきました。

HTML・CSSはWebにかかわる全ての技術者が理解すべき基礎的な分野であるため、初心者向けの教材は巷に溢れていますが、特にHTML・CSSのコーディングを主要な業務とするコーダー／マークアップエンジニアに求められるレベルの実務的な知識・テクニックを1冊にまとめたものはあまり多くはありません。初心者レベルを超えて中級レベルになろうとする場合、多くの方はとにかく実務の数をこなしてその中で少しずつ時間をかけてレベルアップしたり、ネット上に無数にある情報をその場その場で検索しながら断片的に知識を蓄積しているのが現状です。

本書は、そのような状況に置かれた初心者を抜け出しつつあるレベルの方々が、基礎固めをしつつできるだけ効率よく実務レベルの知識やスキルを身につけられるよう、小さなサンプルを数多く用意しています。1冊を通して小さな課題を沢山こなす中で、自然と実務で遭遇するような少し難しい課題についても自力で解決する力をつけられるように構成しました。また、各章ごとに学んだことをアウトプットできるよう、各自で取り組むための練習問題EXERCISEも用意しています。書籍を読み進めるだけでなく、こうした課題に実際に手を動かして取り組むことで確実に力がついてきますので、ぜひ練習問題にもチャレンジしてみてください。

本書を通して、1人でも多くの方が自信を持って現場で活躍できる力をつけられるようになることを願っています。

2021年10月
草野あけみ

CONTENTS

本書の使い方

本書は、HTML・CSSの基本を習得した方が、次のステップとして実践的なコーディングスキルを習得することを目的に、HTML・CSSのコーディングについて解説したものです。
本書の構成は以下のようになっています。

LESSON　レッスンページ

各テーマに応じたサンプルデータをもとに、コーディングの考え方や方法を解説しています。

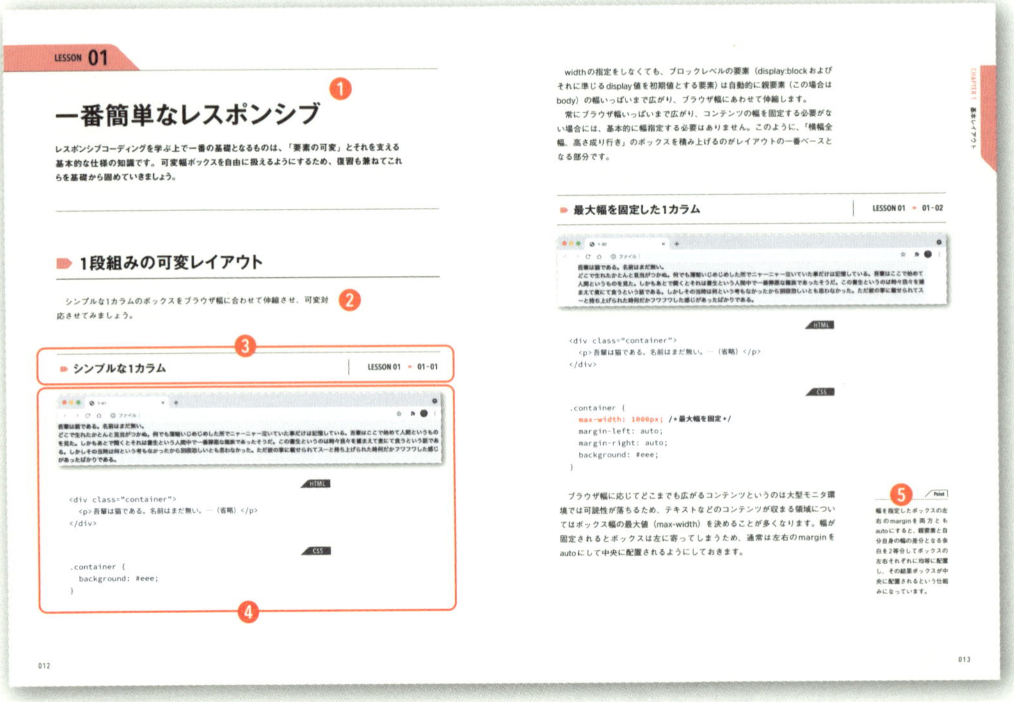
LESSON 01

❶

一番簡単なレスポンシブ

レスポンシブコーディングを学ぶ上で一番の基礎となるものは、「要素の可変」とそれを支える基本的な仕様の知識です。可変幅ボックスを自由に扱えるようにするため、復習も兼ねてこれらを基礎から固めていきましょう。

1段組みの可変レイアウト

シンプルな1カラムのボックスをブラウザ幅に合わせて伸縮させ、可変対応させてみましょう。 ❷

❸

シンプルな1カラム　LESSON 01 ・ 01-01

HTML

```
<div class="container">
  <p>吾輩は猫である。名前はまだ無い。… (省略) </p>
</div>
```

CSS

```
.container {
  background: #eee;
}
```

❹

012

widthの指定をしなくても、ブロックレベルの要素（display:blockおよびそれに準じるdisplay値を初期値とする要素）は自動的に親要素（この場合はbody）の幅いっぱいまで広がり、ブラウザ幅にあわせて伸縮します。

常にブラウザ幅いっぱいまで広がり、コンテンツの幅を固定する必要がない場合には、基本的に幅指定する必要はありません。このように、「横幅全幅、高さ成り行き」のボックスを積み上げるのがレイアウトの一番ベースとなる部分です。

最大幅を固定した1カラム　LESSON 01 ・ 01-02

HTML

```
<div class="container">
  <p>吾輩は猫である。名前はまだ無い。… (省略) </p>
</div>
```

CSS

```
.container {
  max-width: 1000px; /* 最大幅を固定 */
  margin-left: auto;
  margin-right: auto;
  background: #eee;
}
```

ブラウザ幅に応じてどこまでも広がるコンテンツというのは大型モニタ環境では可読性が落ちるため、テキストなどのコンテンツが収まる領域についてはボックス幅の最大値（max-width）を決めることが多くなります。幅が固定されるとボックスは左に寄ってしまうため、通常は左右のmarginをautoにして中央に配置されるようにしておきます。

❺ Point

幅を指定したボックスの左右のmarginを両方ともautoにすると、親要素と自分自身の幅の差分となる余白を2等分してボックスの左右それぞれに均等に配置し、その結果ボックスが中央に配置されるという仕組みになっています。

013

❶ 記事テーマ

LESSON番号とテーマタイトルを示しています。

❷ 解説文

記事テーマの解説文。文章中の重要部分は太字で示しています。

❹ ソースコード+図版

サンプルデータのHTML・CSSのソースコードや、Webブラウザに表示した状態などを掲載しています。

❸ サンプルのテーマと収録フォルダ

学習用サンプルのテーマと、該当のサンプルデータを収録しているフォルダ名を示しています。

❺ Word／Point／Memo

用語説明や実制作で知っておくと役立つ内容を補足的に載せています。

EXERCISE エクササイズページ

各章で学んだことをベースに、章の「まとめ」としてコーディングの実践練習を行います。

サンプルデータの完成形や仕様、制作手順などをヒントに、制作現場の実作業に近い感覚で、実際にコーディングにチャレンジしていただくパートです。ソースコードの詳細は掲載していませんので、コーディングが完成した状態はサンプルデータでご確認ください。

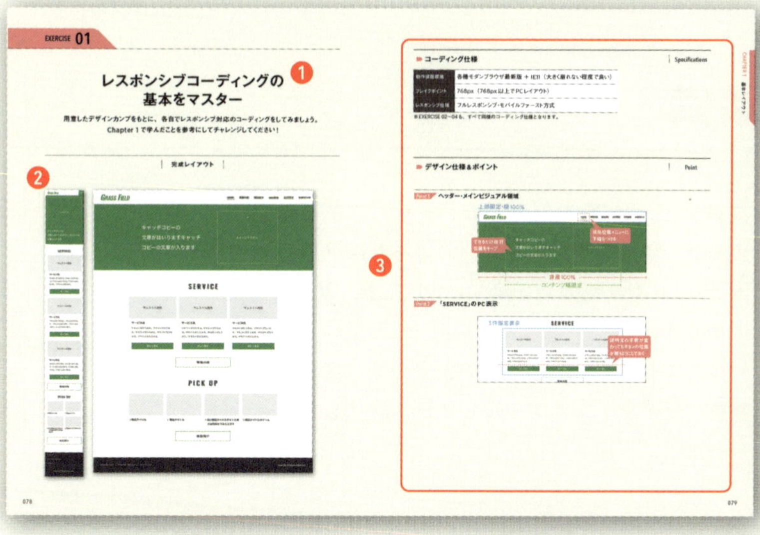

❶ **テーマ**

制作するサンプルのテーマタイトルを示しています。

❷ **完成レイアウト**

コーディング後の完成した状態を示しています。

❸ **仕様や制作手順**

サンプルのデザイン仕様やポイント、制作手順などを掲載しています。

本書のダウンロードデータ　DOWNLOAD

本書の解説で使用しているHTML・CSSファイルなどは、下記のURLからダウンロードしていただけます。

https://books.mdn.co.jp/down/3221303016/

【注意事項】

- 弊社Webサイトからダウンロードできるサンプルデータは、本書の解説内容をご理解いただくために、ご自身で試される場合にのみ使用できる参照用データです。その他の用途での使用や配布などは一切できませんので、あらかじめご了承ください。
- 弊社Webサイトからダウンロードできるサンプルデータの著作権は、それぞれの制作者に帰属します。
- 弊社Webサイトからダウンロードできるサンプルデータを実行した結果については、著者および株式会社エムディエヌコーポレーションは一切の責任を負いかねます。お客様の責任においてご利用ください。
- 本書に掲載されているHTML・CSSなどの改行位置などは、紙面掲載用として加工していることがあります。ダウンロードしたサンプルデータとは異なる場合がありますので、あらかじめご了承ください。

事前準備と前提知識

エディタの準備

学習するにあたってエディタはWeb開発用にコードカラーリングが可能なものであれば何でも構いませんが、特にこだわりがないのであれば近年のWeb開発現場でシェアNo1であるMicrosoft社のVisual Studio Code（VSCode）を使用することを推奨しておきます。

インストール直後はメニューなどすべて英語となっていますので、日本語環境にしたい場合は日本語の言語パックをインストールして日本語化しておきましょう。

Memo

VSCodeのダウンロード：https://azure.microsoft.com/ja-jp/products/visual-studio-code/

日本語化の手順

❶Visual Studio Codeを開く
❷メニューから［View］-［Command Palette］を選択
❸［Configure Display Language］を選択
❹［Install Additional Laugage］を選択
❺サイドバーから［Japanese Language Pack for Visual Studio Code］を探して［Install］ボタンをクリック
❻右下に出るポップアップウィザードで［Restart Now］をクリック

再起動が完了すればメニューなどが日本語化されます。

レスポンシブ用の雛形HTML

HTML5の雛形について

すべてのサンプルはVSCodeのEmmetが書き出すHTML5の基本雛形に沿って作成されています。

解説用のサンプルデータは用意してありますので基本的にご自身でHTMLを書いていただく必要はありませんが、自分で一から書きたい場合には最低限以下の記述は含めるようにしてください（なおこのコードはVSCodeで新規ファイルを拡張子htmlで作成・保存したのち、「html:5」と入力してタブキーを押すと自動的に展開されます)。

HTML

```
<!DOCTYPE html>
<html lang="ja">
<head>
  <meta charset="UTF-8">
  <meta http-equiv="X-UA-Compatible" content="IE=edge">
  <meta name="viewport" content="width=device-width, initial-scale=1.0">
  <title>Document</title>
</head>
<body>

</body>
</html>
```

viewportについて

レスポンシブ用の雛形として一番重要なのは「viewport」の記述です。

HTML

```
<meta name="viewport" content="width=device-width, initial-scale=1.0">
```

viewportの記述がないと多くのスマホ用ブラウザは画面幅を980px相当とみなして表示しようとします。物理的には375pxとか360pxしかない画面に980px相当の領域を確保するのですから、レイアウトとしてはPC向けのものがそのまま縮小表示されることになります。viewportの設定でwidth=device-width と指定することではじめてデバイスの物理的な幅に合わせて表示させることが可能となるため、この一文がないとレスポンシブ表示となりませんので注意してください。

レスポンシブ用のベースCSS

リセットCSS

本書はごく初歩的なものから段階を追ってレスポンシブコーディングを学べるように構成してありますが、あくまで実務ベースで活用することを目的としていますので、最初から「リセットCSS」を読み込ませた状態でCSSを記述する前提となっています。

リセットCSSは

❶ブラウザ間の初期値の違いやバグを吸収して表示を統一する
❷各要素の初期値を必要に応じて変更してコーディングしやすくする

といったことを目的としており、HTML5 Doctor、Normalize.css、sanitize.css、ress.css、modern-css-resetなど様々なものが存在していますが、本書においては必要最小限の設定のみを施したクセのないオリジナルのリセットCSSを使用しています。なおサンプルによって若干内容が異なる場合がありますのでご了承ください。

box-sizingの設定について

本書のサンプルで使用しているリセットCSSでは、すべての要素のbox-sizingの値をborder-boxに設定しています。

これにより、widthやheightのサイズ計算時にborder, paddingを除くような面倒な計算をしなくても済むようになります。ただしこれはあくまでリセットCSSですべての要素をborder-boxに指定しているから可能なことであり、CSSの初期値の設定ではないことに注意をしてください。

本書では基礎的なCSSは学習済みである読者を対象としていますので、本編ではボックスモデル仕様の解説はしておりません。知識が曖昧な方は以下の解説であらかじめ理解しておくようにしておいてください。

ボックスモデルとbox-sizingの関係

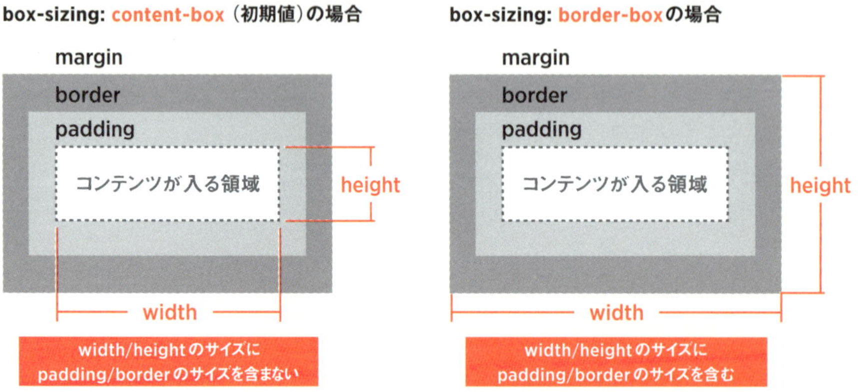

Memo

marginとborderを除いたpaddingまでの領域は「padding-box」と呼ばれます。ただしbox-sizingの値として設定することはできません。

padding, borderを除いた純粋なコンテンツ領域のことをcontent-box、padding, borderも含めたボックスの可視領域全体のことをborder-boxと呼びます。初期状態では各要素（ボックス）のサイズであるwidth, heightはcontent-boxのサイズで計算されますが、box-sizingの値をborder-boxに変更することで、width, heightのサイズ計算対象をborder-box領域に変更することができます。

Memo

box-sizingの値がどちらになっているかでボックスのサイズ計算方法が変わるため、自分が用意したのではないリセットCSSを利用する際には、必ずこの点を確認しておくようにする必要があります。

CHAPTER

1

基本レイアウト

Basic Layout

Chapter1では、レスポンシブレイアウトの基礎となる「可変レイアウト」「メディアクエリ」「単位」「主要なレイアウト手法の仕組み」などを、簡単なサンプルを通して一通り学んでいきます。CSSの初歩的な仕様の解説はしていませんが、特にレスポンシブでコーディングする際に重要と思われるポイントについては重点的に解説していますので、しっかり理解しておくようにしましょう。

LESSON 01

一番簡単なレスポンシブ

レスポンシブコーディングを学ぶ上で一番の基礎となるものは、「要素の可変」とそれを支える基本的な仕様の知識です。可変幅ボックスを自由に扱えるようにするため、復習も兼ねてこれらを基礎から固めていきましょう。

1段組みの可変レイアウト

シンプルな1カラムのボックスをブラウザ幅に合わせて伸縮させ、可変対応させてみましょう。

シンプルな1カラム

LESSON 01 ▶ 01-01

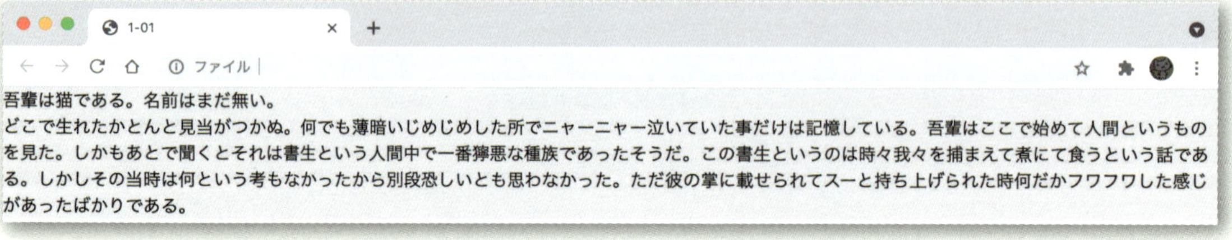
1-01
ファイル
吾輩は猫である。名前はまだ無い。
どこで生れたかとんと見当がつかぬ。何でも薄暗いじめじめした所でニャーニャー泣いていた事だけは記憶している。吾輩はここで始めて人間というものを見た。しかもあとで聞くとそれは書生という人間中で一番獰悪な種族であったそうだ。この書生というのは時々我々を捕まえて煮にて食うという話である。しかしその当時は何という考もなかったから別段恐しいとも思わなかった。ただ彼の掌に載せられてスーと持ち上げられた時何だかフワフワした感じがあったばかりである。

HTML

```
<div class="container">
  <p>吾輩は猫である。名前はまだ無い。…（省略）</p>
</div>
```

CSS

```
.container {
  background: #eee;
}
```

width の指定をしなくても、ブロックレベルの要素（display:block および それに準じる display 値を初期値とする要素）は自動的に親要素（この場合は body）の幅いっぱいまで広がり、ブラウザ幅にあわせて伸縮します。

常にブラウザ幅いっぱいまで広がり、コンテンツの幅を固定する必要がない場合には、基本的に幅指定する必要はありません。このように、「横幅全幅、高さ成り行き」のボックスを積み上げるのがレイアウトの一番ベースとなる部分です。

最大幅を固定した1カラム

LESSON 01 ▶ 01-02

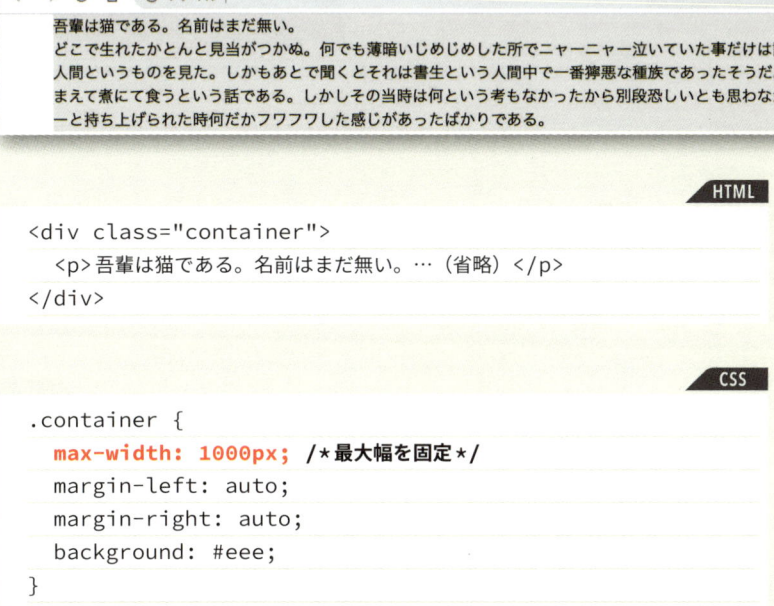

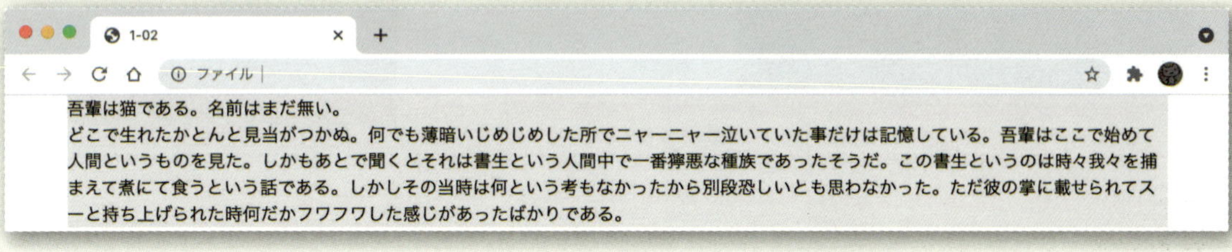

HTML

```
<div class="container">
  <p>吾輩は猫である。名前はまだ無い。…（省略）</p>
</div>
```

CSS

```
.container {
  max-width: 1000px; /*最大幅を固定*/
  margin-left: auto;
  margin-right: auto;
  background: #eee;
}
```

ブラウザ幅に応じてどこまでも広がるコンテンツというのは大型モニタ環境では可読性が落ちるため、テキストなどのコンテンツが収まる領域についてはボックス幅の最大値（max-width）を決めることが多くなります。幅が固定されるとボックスは左に寄ってしまうため、通常は左右の margin を auto にして中央に配置されるようにしておきます。

Point

幅を指定したボックスの左右の margin を両方とも auto にすると、親要素と自分自身の幅の差分となる余白を2等分してボックスの左右それぞれに均等に配置し、その結果ボックスが中央に配置されるという仕組みになっています。

画像のフルードイメージ化

HTML

```
<div class="container">
  <p>吾輩は猫である。名前はまだ無い。…（省略）</p>
  <figure><img src="pic01.jpg" width="640" height="480" alt="九十九里浜"
loading="lazy"></figure>
</div>
```

CSS

```
.container {
  ～省略～
}
/*画像のフルード化*/
img {
  max-width: 100%;
  height: auto; /*画像のアスペクト比（縦横比）を維持するための指定*/
}
```

ボックスやテキスト類は何もしなくても標準で可変幅となりますが、画像は明示的に幅が可変となるように設定する必要があります。方法は次の2種類です。

❶ width: 100%;
❷ max-width: 100%;

Word

フルードイメージ

「フルード」とはfluid（液体）という意味です。液体のように容器の大きさに合わせて変化する画像、というイメージでつけられた名称になります。

width:100%でフルード化した場合は、画像自体の物理的な幅を超えて親要素の幅いっぱいまで広がります。max-width:100%とした場合は、画像自体の物理的な幅を最大値としてそれ以上は広がらず、自分より親要素の幅が狭くなった場合には親要素幅に合わせて縮小するという挙動になります。どちらが良いかはデザインの性質や素材提供の事情などで一概には言えませんので、どちらか一方の指定をリセットCSSに加えておき、選択しなかったほうは別途classで上書きできるようにしておくと良いでしょう。

なお画像のフルード化をする際には**height: auto**を明示しておかないと伸縮時に画像のアスペクト比（縦横比）がおかしくなってしまうので、必ずセットで指定する必要があります。

多段組の可変レイアウト

2カラム以上の段組みをレスポンシブで作る場合には、各カラムのwidthを％などの相対単位で指定します。段組みを作る仕組みはfloat、flex、gridなど多数ありますが、どれを使うかは用途の問題であり、本質的には「相対単位で指定する」という点がポイントとなります。

％で作るシンプルな2カラム

LESSON 01 ▶ 01-04

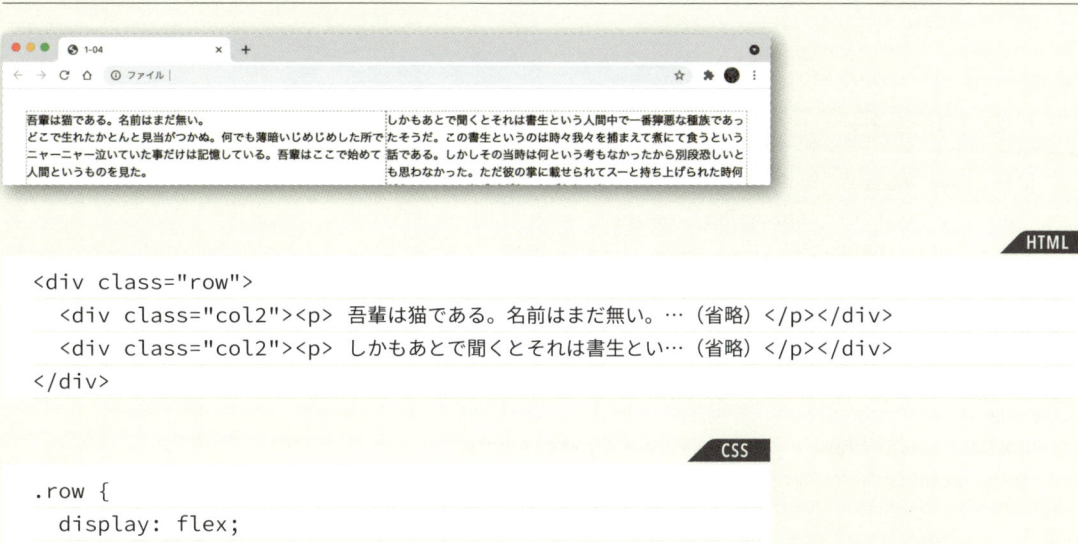

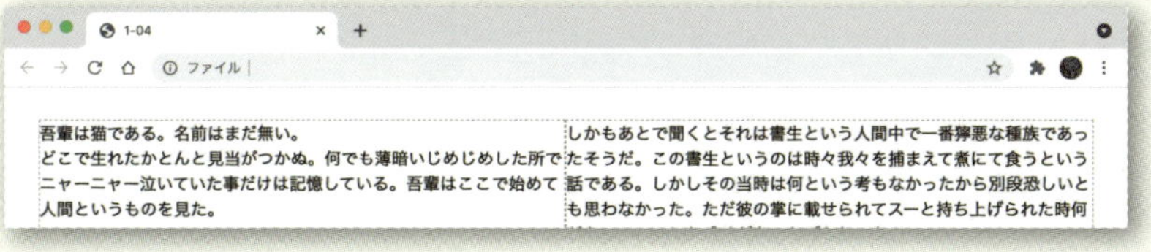
1-04
ファイル |
吾輩は猫である。名前はまだ無い。
どこで生れたかとんと見当がつかぬ。何でも薄暗いじめじめした所でニャーニャー泣いていた事だけは記憶している。吾輩はここで始めて人間というものを見た。
しかもあとで聞くとそれは書生という人間中で一番獰悪な種族であったそうだ。この書生というのは時々我々を捕まえて煮にて食うという話である。しかしその当時は何という考もなかったから別段恐しいとも思わなかった。ただ彼の掌に載せられてスーと持ち上げられた時何

HTML

```
<div class="row">
  <div class="col2"><p> 吾輩は猫である。名前はまだ無い。…（省略）</p></div>
  <div class="col2"><p> しかもあとで聞くとそれは書生とい…（省略）</p></div>
</div>
```

CSS

```
.row {
  display: flex;
}
```

```
.col2 {
  width: 50%;
  border: 1px dashed #999;
}
```

一番基本の相対単位は「%」となります。%は**親要素のcontent-boxサイズを基準（=100%）**とし、自分自身のサイズの割合を算出します。単純に1/2、1/3、1/4とする場合は50%、33.3333%、25%、といった具合に指定すれば良いので特に難しいことはありません。ただし、子要素の%幅の合計が100%を超えるとカラム落ちする場合があるので注意して下さい。

Memo

リセットCSSの段階で全ての要素のbox-sizingがborder-boxに設定されているため、本書のサンプルではボックスのサイズ計算の際にborderやpaddingのサイズを考慮する必要はありません。

指定のpxサイズから%サイズを計算する

LESSON 01 ▶ 01-05

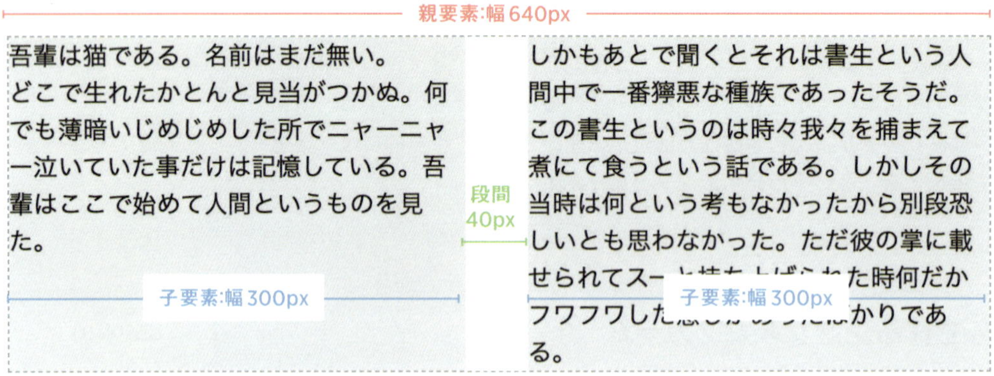

親要素:幅640px
吾輩は猫である。名前はまだ無い。
どこで生れたかとんと見当がつかぬ。何でも薄暗いじめじめした所でニャーニャー泣いていた事だけは記憶している。吾輩はここで始めて人間というものを見た。
子要素:幅300px
段間
40px
しかもあとで聞くとそれは書生という人間中で一番獰悪な種族であったそうだ。この書生というのは時々我々を捕まえて煮にて食うという話である。しかしその当時は何という考もなかったから別段恐しいとも思わなかった。ただ彼の掌に載せられてスー
た時何だか
フワフワした
かりである。
子要素:幅300px

CSS

```
.row {
  display: flex;
  justify-content: space-between;
  max-width: 640px;
  margin: 0 auto;
  outline: 1px dashed #999;

}
.col2 {
  width: calc((300 / 640) * 100%); /*46.875%*/
  background: #e7e7e7;
}
```

実務においては、最初から切りのいい数字で%指定できるケースばかりではありません。実際にはデザインカンプで静的にデザインされたものを元に、同一比率で可変レイアウトに変換する必要があることのほうが多いでしょう。

計算式は単純で以下のようになります。

[子要素のサイズ]÷[親要素のcontent-boxサイズ]×100%

Memo

サンプル01-05ではカンプ上のpx値を%に変換するために何をしているのか分かりやすくするために%算出式をそのままcalc()を使って記述していますが、自分で計算したりSassのmixinなどで計算済みの値を直接指定してももちろん構いません。

Point

calc()

calc()はCSSの値に計算式（四則演算）を使用することができる便利な関数です。異なる単位の値同士を計算できるため、レスポンシブコーディングでは欠かせないものとなっています。

例：width: calc((100% - 40px) / 2);

※全体の幅（100%）から40pxの固定値を除いた残りのサイズを1/2に分割する

※式を整理してwidth: calc(50% - 20px) としてもよい

親要素にpaddingがついている場合

LESSON 01 ▶ 01-06

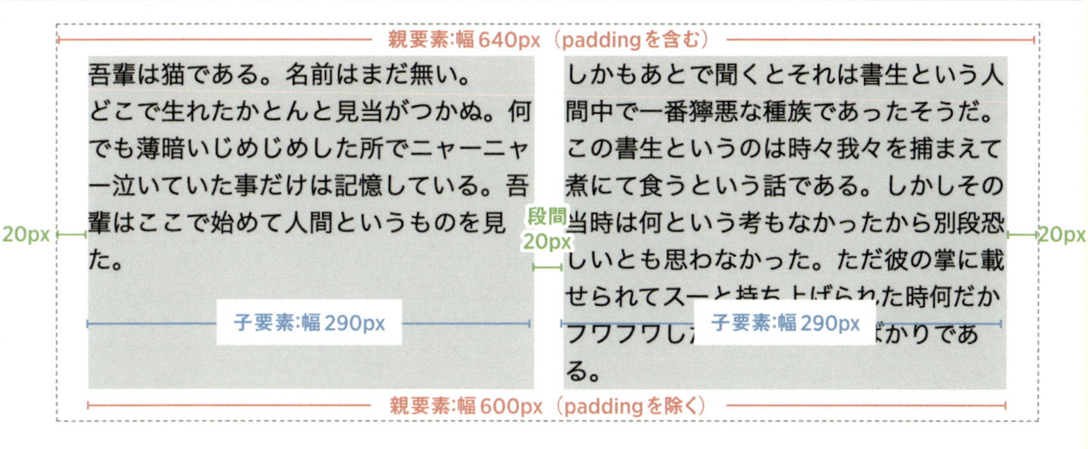
親要素:幅640px（paddingを含む）
吾輩は猫である。名前はまだ無い。どこで生れたかとんと見当がつかぬ。何でも薄暗いじめじめした所でニャーニャー泣いていた事だけは記憶している。吾輩はここで始めて人間というものを見た。
しかもあとで聞くとそれは書生という人間中で一番獰悪な種族であったそうだ。この書生というのは時々我々を捕まえて煮にて食うという話である。しかしその当時は何という考もなかったから別段恐しいとも思わなかった。ただ彼の掌に載せられてスーと持ち上げられた時何だかフワフワした感じがあったばかりである。
20px
段間
20px
20px
子要素:幅290px
子要素:幅290px
親要素:幅600px（paddingを除く）

CSS

```
.row {
  display: flex;
  justify-content: space-between;
  max-width: 640px; /*padding左右20pxずつを含んだサイズ*/
  margin: 0 auto;
  padding: 20px;
  outline: 1px dashed #999;
}
```

pxサイズ	
親	640px （padding: 20pxを含む）
子	290px
段間	20px

```
.col2 {
  width: calc((290 / 600) * 100%); /*48.3333%*/
  background: #e7e7e7;
}
```

親要素にpaddingがある場合、子要素の%計算の基準となる領域はpaddingを除いた**純粋なコンテンツ領域（=content-box）のサイズ**を使用します。サンプル01-06のcalc()で、分母が640ではなく600になっているのはそのためです。デザインカンプを元にpxサイズを算出する際には、paddingサイズが何pxで、content-boxのサイズが何pxになるのかを厳密に計算した上で%値を算出する必要があります。

掲載したサンプルは非常に簡略化されたものですが、基本的にレスポンシブでのレイアウトは、このような細かい計算の積み重ねになります。

特にグリッドに沿っていない自由でグラフィカルなデザインが施されたものなどは、地道にpxを%やその他の相対単位に変換して可変レイアウト化することになりますので、どのようなデザインが来てもCSSのボックスモデル仕様に当てはめてサイズ計算ができるようにしておきましょう。

Memo

content-boxはpaddingとborderを除いたコンテンツ領域のことなので、親要素にborderがついている場合はそのサイズも除外する必要があります。

様々な単位とその特徴

CSSでは様々な単位を使用します。

ここではよく使う単位の特徴と、主な活用シーンを見ていきましょう。

各単位を使った事例はサンプルソースの「Lesson01/01-07」にまとめているので、実際のコードと挙動についてはそちらも参照してください。

Memo

単位ごとに
- 何を表す単位なのか？
- どんなメリットやデメリットがあるのか？
- 代表的な用途は何か？

を把握しておきましょう。

px（ピクセル）

スクリーンの1ピクセルの長さを1とした単位です。レスポンシブサイトであっても固定サイズで表示したい箇所全般に広く使用されますが、文字サイズに指定した場合、ブラウザの文字サイズ変更機能が効かなくなるというユーザビリティ的な問題が生じます。

px指定のイメージ

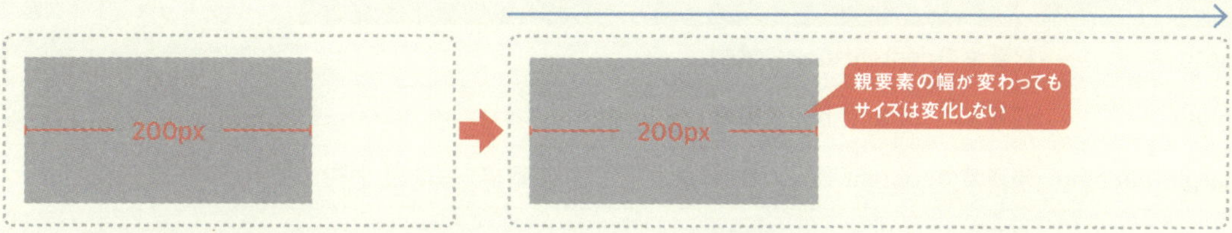

用途：固定サイズで表示したい箇所

% (パーセント)

割合を表す単位です。幅、高さ、余白、位置などのサイズを親要素を基準として相対的な割合で指定し、ブラウザ幅が変動しても指定した割合を維持したまま伸縮する状態を作ることができます。可変レイアウトを作る場合の主要な単位となりますが、

- 適用するプロパティによって親要素の何のサイズを基準とするのかが微妙に異なる
- 要素が入れ子になっている場合は計算が複雑になる可能性がある

といったクセがあるので、どこのサイズを基準として％値を算出しているのかよく考えて使用する必要があります。

%指定のイメージ

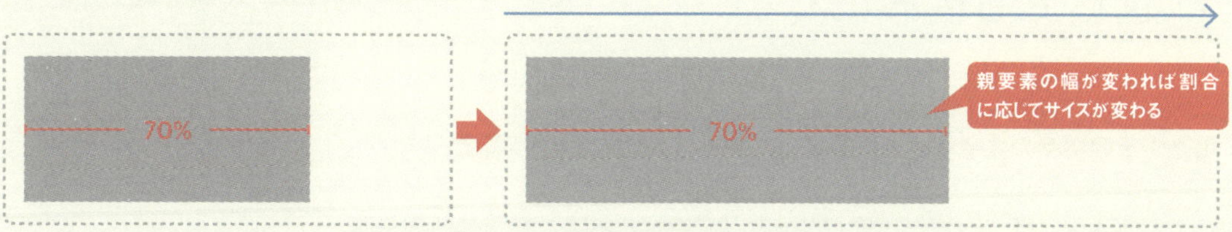

用途：親要素のサイズに比例して変化するようにしたい箇所

%対象のプロパティと算出基準となるサイズ

対象のプロパティ	基準となるサイズ
width	親要素のcontent-boxの横幅
height	親要素のcontent-boxの縦幅
margin・padding	親要素のcontent-boxの横幅（※上下左右とも横幅を基準とします）
left・right	親要素のpadding-boxの横幅
top・bottom	親要素のpadding-boxの縦幅
font-size	親要素に指定・継承されたフォントサイズ（※挙動としてはemと同じ）

Memo

ボックスモデル概念図はp.10を参照してください。

em（エム）

親要素に指定・継承されている文字サイズ（大文字Mの高さ＝全角1文字分）を基準とした単位です。その時々の文字サイズに連動して変動するようなサイズ指定をしたい場合に重宝する単位ですが、emは親要素の文字サイズを基準としているため、em指定の要素が入れ子になった場合は計算が複雑になるので注意が必要です。

em指定のイメージ

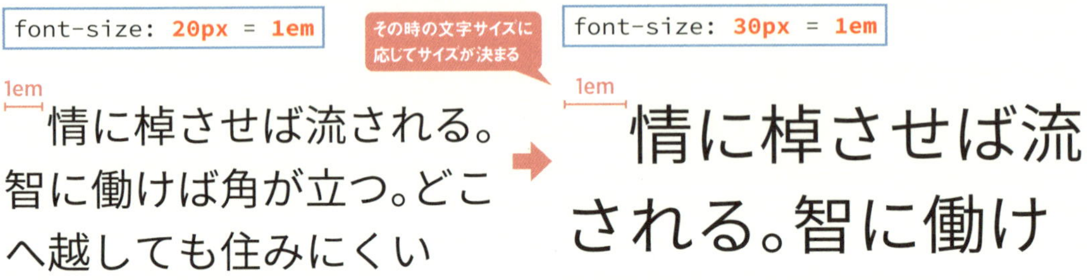

font-size: 20px = 1em
その時の文字サイズに応じてサイズが決まる
font-size: 30px = 1em
1em
情に棹させば流される。智に働けば角が立つ。どこへ越しても住みにくい
1em
情に棹させば流される。智に働け

用途：その時々の文字サイズに連動したサイズ指定をしたい箇所

主な活用事例
・本文の字下げ ・一行の高さ（行送り） ・リンクやボタンのテキストに付随するアイコン類

rem（レム）

ルート要素（html要素）で指定されている文字サイズを基準とした単位です。多くのブラウザでルートの標準文字サイズは16pxに設定されているため、何もしなければ1rem=16pxとして計算されます。

常にルート要素の文字サイズを参照してサイズ計算され、ブラウザ幅が変動したり要素が入れ子になったりしても常に一定の固定値で表示されるため、一見するとpx指定したのと同じように見えますが、remはブラウザの設定で文字サイズだけ変更する機能を無効にしないという大きな違いがあります。

rem指定のイメージ

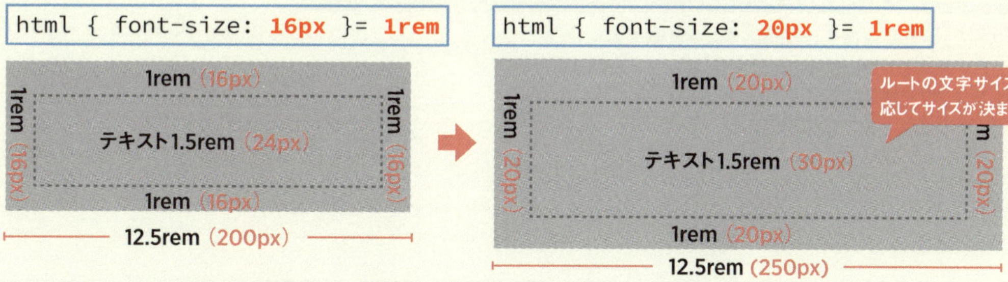

用途：ブラウザの文字サイズ変更機能を生かしたまま、固定サイズで表示したい箇所

主な活用事例

- font-sizeにpxの代わりに使用することで、ブラウザの文字サイズ変更機能を阻害しないようにする
- paddingやmarginなどに使用することで、ブラウザの文字サイズ変更機能を使われた場合でも文字と余白のデザインバランスを担保できるようにする

Memo

widthやheightにremを使う場合は、文字サイズが変更された場合にレイアウトが破綻しないかよく確認する必要があります。

vw・vh（ブイダブリュー・ブイエイチ）

ビューポートサイズを基準とした単位です。100vwでviewportの幅いっぱい、100vhでviewportの高さいっぱいを表します。親要素ではなく、どの階層からでも常にビューポート（ブラウザ）のサイズを基準とするため、%よりも相対サイズ指定が容易になるメリットがあります。

vw,vh指定のイメージ

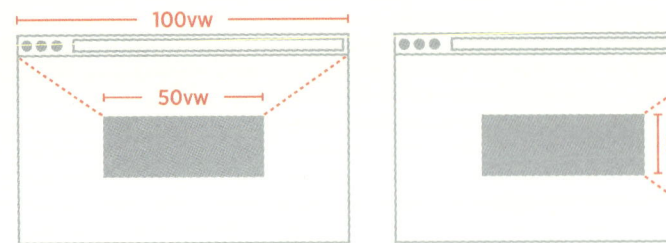

用途：viewportサイズに連動してシームレスに伸縮させたい箇所

主な活用事例

・ファーストビュー全体を覆うようなボックスを実装する
・縦横比率を維持したボックスを実装する
・テキストをブラウザ幅に応じてなめらかに伸縮させる

line-height

1行の高さ（行送り）を表すline-heightの値には、通常1.5とか1.8といったような形で**単位をつけない倍数**で指定します。この場合は基本的に1.5em、1.8emのように「em」で指定されたものと同様に解釈されますが、単位をつけてしまうと**親要素で計算された行の高さ（font-size × line-height）が子要素の行の高さにも継承されてしまう仕様**となっています

例えば親要素のfont-sizeが16px・line-heightが1emとすると計算された行の高さは16pxとなりますが、仮に子要素の一部にfont-size: 32pxと指定してもその箇所の行の高さは16pxのままで、結果として行の高さより文字サイズのほうが大きい状態となるため、一部のブラウザでは行の高さからはみ出した分の表示が切れてしまう問題が発生してしまうのです。

この現象は%など他の単位でline-heightを指定した場合も同様です。単位をつけない倍数で指定した場合は子要素の文字サイズが変更されたら改めて子要素自身の文字サイズを使って行の高さが再計算されますので、文字の一部が切れてしまうような不具合は発生しません。

このような仕様があるため、line-heightの値だけは例外的に単位をつけないのが定石となっています。

新しい値の指定方法

CSSには値を動的に算出するための便利な関数が色々用意されています。

代表的なものはcalc()ですが、他にも複数の値の中から最大値・最小値になるものを自動的に選択して設定することができる**比較関数**と呼ばれるものもあり、うまく使うとメディアクエリを使って複雑に記述しなくてはならなかったものを簡単に記述できるようになります。

比較関数はいずれもIE11では非対応ですが、その他のモダンブラウザでは実装済みですので、使える場合は積極的に利用すると良いでしょう。

min()

min()関数は画面幅に応じて動的に変化する値に対してあらかじめ**最大値を設定**する時に使います。

width: min(50%, 800px);
※親要素の50%で伸縮するが、800px以上にはならないようにする

これは

```
width: 50%;
max-width: 800px;
```

と書いたものと同じ挙動ですが、1行で書けるというメリットがあります。

また、marginやpaddingなど、最大値を指定するプロパティが存在しない場合でもメディアクエリなしで最大値の設定ができるため、そうした場面で特に恩恵を受けることができます。

max()

max()関数は画面幅に応じて動的に変化する値に対してあらかじめ**最小値を設定**する時に使います。

width: max(50%, 300px);
※親要素の50%で伸縮するが、300px以下にはならないようにする

これは

```
width: 50%;
min-width: 300px;
```

と書いたものと同じ挙動であり、そのメリットもmin()関数と同じです。

clamp()

clamp()関数は画面幅に応じて動的に変化する値に対してあらかじめ**最小値・最大値ともに設定**しておく時に使います。

width: clamp(150px, 50%, 800px);
※親要素の50%で伸縮するが、150px以下、800px以上にはならないようにする

これは

```
width: 50%;
min-width: 150px;
max-width: 800px;
```

と書いたものと同じ挙動です。clamp()関数は特に見出しなどのテキストをvwで指定して画面幅に応じて動的に拡大縮小させる際、最小値・最大値を設定しておきたいような場面で特に威力を発揮します。

font-size: clamp(18px, 2.8vw, 36px);
※最小18px、最大36pxの間で画面幅に応じて伸縮するようにする

font-sizeの指定で使う単位

Twitterなどで定期的に「font-sizeはpx指定かrem指定か？」「rem指定する際にルートのfont-sizeを62.5%に指定するか？」という議論が盛り上がることがあります。

結論から言えば、「メリット・デメリットを把握した上での判断ならどちらでも良い」ということなのですが、ここでは筆者の考えを簡単にまとめておきます。

font-sizeはpx指定か、rem指定か?

どちらがユーザーにとってより良い指定方法かと問われたら、「rem」であると言えます。理由は簡単で、font-sizeにpx指定を使うと、ブラウザの設定で文字サイズを変更してもサイズを変えられなくなってしまうからです。ブラウザのズーム機能を使うとか、OSレベルで解像度を上げるなど他の手段が多数あるため、実際には文字サイズが変えられなくても致命的な問題ではないのですが、「可能な限りユーザの自由を奪わない実装」を心がけようとするなら、remで指定するほうが良い（マストではなくベター）ということになるでしょう。

ただし、remでの実装は開発効率を落とす可能性があるなどのデメリットも存在します。

remでのサイズ指定は直感的でない

font-sizeに限らずremで何かを指定しようとすると、デフォルトでは16pxが基準となります。16px = 1rem、32px = 2rem、48px = 3rem……といった具合です。しかしここで問題が発生します。

単純に16の倍数しか使わないのであれば良いのですが、では10pxは？ 15pxは？ 18pxは？ 348pxは？……と問われてすぐにパッと答えられる人はそう多くはないでしょう。少なくとも筆者には無理です。電卓が手放せません。

これが単純にremを使う場合のハードルになります。要するに「計算が面倒くさい」のです。

妥協案としてのhtml {font-size: 62.5%}

そこで考え出されたのが、もっと直感的にサクッとpxからremに数値を変換できるようにするため、ルート要素の文字サイズを62.5% = 10pxに指定してしまう手法です。こうすることで10px = 1.0rem、15px = 1.5rem、18px = 1.8rem、348px = 34.8rem といった具合に直感的にpx／remの変換ができるようになり、remの最大のデメリットである「計算の面倒臭さ」は解消されます。

また、px→remだけでなくrem→pxも誰でもひと目で直感的に分かるので、ユーザビリティの担保と開発効率の低下のトレードオフ関係を解消するための妥協案としては個人的にはアリだと思っています。特にSassなどの開発環境を導入できない、あるいは納品後には生のCSSを編集されてしまう可能性がある場合でもどうしてもremを使いたいのであれば、やはりこの方法が一番現実的なのではないでしょうか。

Sassのmixinや関数で自動計算

ルートの文字サイズを62.5%にする手法は正直ハック的なやり方で、問題がないわけでもないため、初期開発中も運用開始後もずっとSassなどの開発環境を維持できるのであれば、ルート要素の文字サイズは変更せず、px→remの自動変換をmixinや関数で作っておき、rem指定したいところではそれを使うようにするのが良いかと思います。（筆者の場合は納品後に自分の手を離れて生のCSSで運用されてしまう前提の案件がかなりあるのでなかなかこちらに踏み切れませんが）

mixinで指定する場合

```
@mixin fz($size) {
  font-size: ($size / 16) + rem;
}
//呼び出し
@include fz(12);
```

関数で指定する場合

```
//定義
@function
 fz($size) {
@return
 ($size / 16) + rem;
}
//呼び出し
font-size: fz(12);
```

※font-sizeだけではなく他の要素にも使いたい場合は、関数名をrem()など汎用的な名前にしたほうが良いでしょう

結局は選択肢の問題

ざっくりいうと、「ユーザビリティの担保を重視するならrem、開発効率を重視するならpx」あとはどちらを重視するのか、一方を選択した場合のデメリットをどう軽減するか、各自の環境に合わせて選択すればいい、ということになるかと思います。

この件に関して非常によくまとまった記事がありますので、もっと深くremのメリット・デメリットを考えたい方は参照してみると良いでしょう。

参考:「闇雲なrem信仰に物申す」
https://to.camp/lesson?v=syr7IVIVoL7ZIoPVuHps

LESSON 02

メディアクエリで段組み切替

レスポンシブで画面幅によってレイアウトを切り替えるためには、メディアクエリ（@media）を使用します。ここではメディアクエリを使ったレイアウト切替方法のパターンを学びましょう。

モバイルファーストとデスクトップファースト

　レスポンシブのコーディング方法には、大きく分けるとモバイル向けのスタイルをベースとして、大きな画面向けのスタイルをmin-widthで上書きしていく方法（モバイルファースト方式）と、PC向けのスタイルをベースとして、小さな画面向けのスタイルをmax-widthで上書きしていく方法（デスクトップファースト方式）の2種類があります。
　以下に全く同じレイアウトをそれぞれモバイルファースト／デスクトップファーストで組んだ2つの例を用意したので、コードを比較してみましょう。

（SP表示）

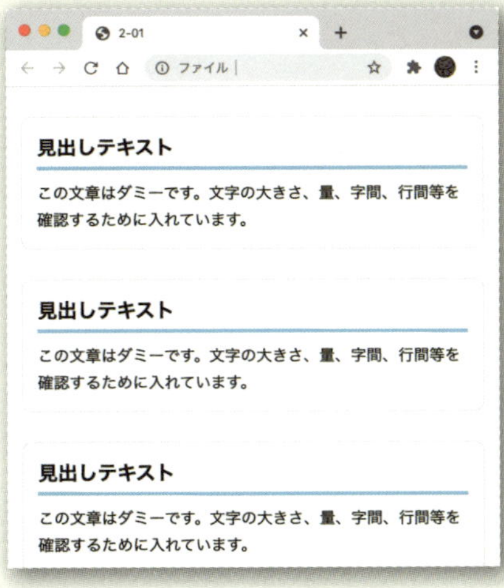
2-01
ファイル
見出しテキスト
この文章はダミーです。文字の大きさ、量、字間、行間等を確認するために入れています。
見出しテキスト
この文章はダミーです。文字の大きさ、量、字間、行間等を確認するために入れています。
見出しテキスト
この文章はダミーです。文字の大きさ、量、字間、行間等を確認するために入れています。

（PC表示）

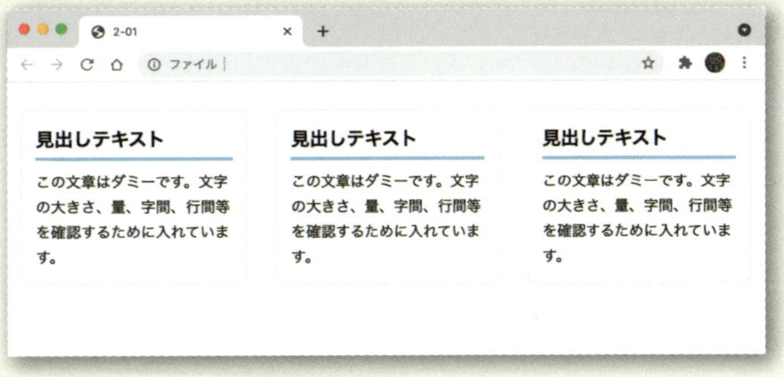
2-01
ファイル
見出しテキスト
この文章はダミーです。文字の大きさ、量、字間、行間等を確認するために入れています。
見出しテキスト
この文章はダミーです。文字の大きさ、量、字間、行間等を確認するために入れています。
見出しテキスト
この文章はダミーです。文字の大きさ、量、字間、行間等を確認するために入れています。

HTML ※サンプル02-01,02-02共通

```
<div class="cardList">
  <section class="cardList__item">
    <a href="#" class="card">
      <h2 class="card__ttl">見出しテキスト</h2>
      <p class="card__txt">この文章はダミーです。（省略）</p>
    </a>
  </section>
  以下同じ<section class="cardList__item">が2回続きます
</div>
```

モバイルファーストでの組み方

LESSON 02 ▶ 02-01

CSS（レイアウト部分のみ抜粋）

```
/*全てのデバイス向け+SP用のスタイル*/
.cardList__item + .cardList__item {
  margin-top: 30px;
}
/*PC用のスタイル*/
@media screen and (min-width: 768px),print {
  .cardList {
  display: flex;
  justify-content: space-between;
  }
  .cardList__item {
  width: calc((100% - 60px) / 3);
  }
  .cardList__item + .cardList__item {
  margin-top: 0;
  }
}
```

ここで指定したスタイルは全ての環境向けに継承される

指定の画面幅以上の環境向けのスタイルを上書き指定する

「print」のように印刷向けの指定も入れておかないと印刷時にモバイル用のレイアウトで出力されてしまうので要注意

複数のブレイクポイントをもたせる場合は「値が小さいほうから順に上書きされるように記述」する

デスクトップファーストでの組み方

CSS（レイアウト部分のみ抜粋）

```
/*全てのデバイス向け+PC用のスタイル*/
.cardList {
  display: flex;
  justify-content: space-between;
}
.cardList__item {
  width: calc((100% - 60px) / 3);
}
/*SP用のスタイル*/
@media screen and (max-width: 767px) {
  .cardList {
  display: block;
  }
  .cardList__item {
  width: auto;
  }
  .cardList__item + .cardList__item {
  margin-top: 30px;
  }
}
```

ここで指定したスタイルは全ての環境向けに継承される

指定の画面幅以下の環境向けのスタイルを上書き指定する

複数のブレイクポイントをもたせる場合は「値が大きいほうから順に上書きされるように記述」する

デスクトップファーストの場合、カードアイテムのwidthをモバイル用メディアクエリの中で打ち消す記述が入っています。

どちらの方式でも全く同じ見た目を作ることはできますが、モバイルデバイスへの負荷が低く、比較的シンプルなコードで書きやすいという点で、一般的にはモバイルファースト方式が推奨されています。本書では特別な理由がない限りは原則としてモバイルファースト方式で記述していきます。

Memo

一般的にモバイル用のレイアウトは1カラムの縦積みとなることが多いため、カラム数の多いPC用から記述するとどうしても打ち消しが多くなる傾向があります。

コンテンツ単位でブレイクポイントを変更

受託制作の現場ではデザインカンプはPC版とモバイル版の2パターンしか作られないことがほとんどであるため、実際にコーディングしてみるとブレイクポイント付近でのレイアウトの維持が難しい箇所が出てくる可能性があります。

例えばモバイル用レイアウトからPC用レイアウトに切り替わるブレイクポイントを768pxに設定した場合、768px〜900px前後の画面幅の環境では事前に用意されているPC用レイアウトをそのまま縮小したのではレイアウトが維持できなかったり、可読性が損なわれる箇所がところどころ発生することがあります。

中間幅でのレイアウト崩れの事例

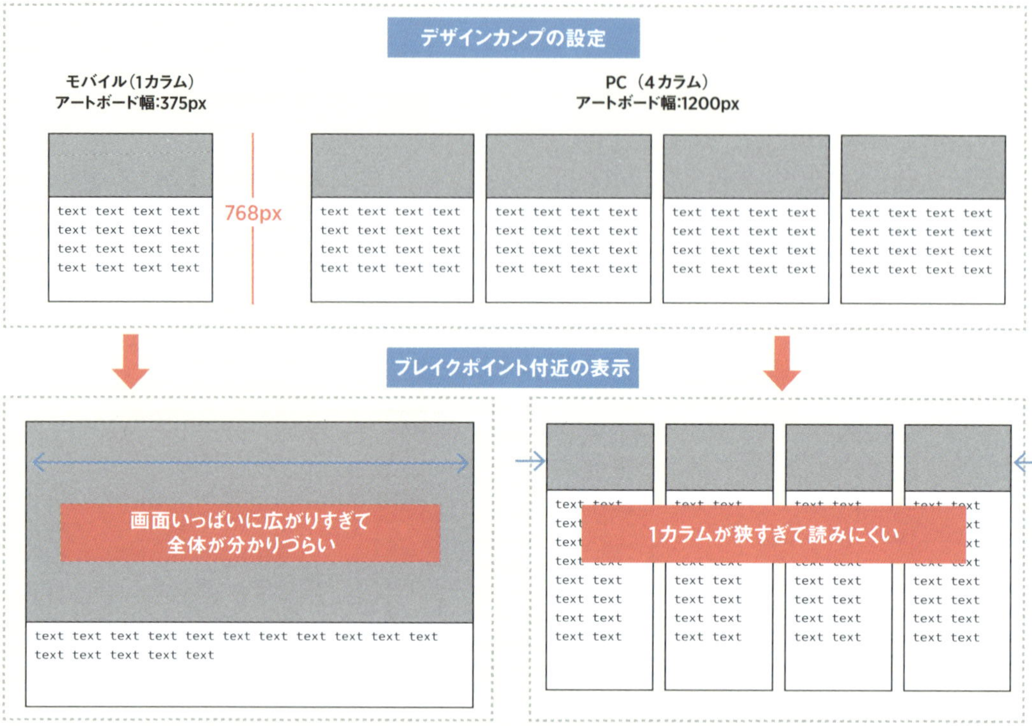

このような場合、すべての画面で中間サイズ向けのデザインを新たに作成することはあまり現実的ではないため、多くの場合はコーディングで対応することになります。

具体的には、大きくレイアウトが変わるメジャーブレイクポイントの他にいくつか**段階的にブレイクポイントをあらかじめ用意しておき、パーツ単位でモバイル向け・PC向けのレイアウトを切り替えるブレイクポイントを変更したり、カラム数を変更**したりするなどして対応すると良いでしょう。

ブレイクポイント設定例

small	576px
medium	768px ☆**基本のブレイクポイント**
large	992px
x-large	1200px
xx-large	1400px

Memo

※このブレイクポイント設定は有名なCSSフレームワークBootstrap5の値を参考にしています。
※large以上はそのサイトのPC向けレイアウトで設定されているコンテンツ幅などを参考に調整するとより柔軟な対応ができます。

では実際にコンテンツ単位でブレイクポイントを変更・追加し、レイアウトを調整してみましょう。デザインカンプ通りのレイアウトを768pxで切り替えただけの場合の、768px前後での表示はこのようになっています。

サンプル02-03（ブレイクポイント変更前）

2-03（ブレイクポイント変更前）
ファイル
Grass Field
Grass Field とは
事業案内
会社概要
商品一覧
よくあるご質問
お問い合わせ
SERVICE
サービス名1
この文章はダミーです。文字の大きさ、量、字間、行間等を確認するために入れています。この文章はダミーです。文字の大きさ、量、字間、行間等を確認するために入れています。
詳しく
サービス名2
この文章はダミーです。文字の大きさ、量、字間、行間等を確認するために入れています。この文章はダミーです。文字の大きさ、量、字間、行間等を確認するために入れています。
詳しく
サービス名3
この文章はダミーです。文字の大きさ、量、字間、行間等を確認するために入れています。この文章はダミーです。文字の大きさ、量、字間、行間等を確認するために入れています。
詳しく
サービス名4
この文章はダミーです。文字の大きさ、量、字間、行間等を確認するために入れています。この文章はダミーです。文字の大きさ、量、字間、行間等を確認するために入れています。
詳しく
© GrassField All Rights Reserved.

Memo

サンプルファイルでは具体的なスタイルは設定済みなので、メディアクエリのみ変更してブラウザ幅を変更したときのページ全体のレイアウトの変化を確認してみましょう。

ヘッダーだけブレイクポイントを変更

LESSON 02 ▶ 02-03

CSS

```
/*----------------------------------------
  Header
----------------------------------------*/
～SP向けヘッダースタイル指定（省略）～
/*for PC*/
@media screen and (min-width: 992px),print { /*768px→992pxに変更*/
  ～PC向けヘッダースタイル指定～
}
```

今回はPC向けレイアウトに変更するブレイクポイントを768pxから992pxに変更することでヘッダーの崩れを解消しています。メニュー名が長い、メニュー数が多いなどの場合はブレイクポイントを変更してしまうのが最も手軽で確実です。逆に少しだけ余裕がない程度であれば、PC向けレイアウトのまま文字サイズや余白を小さくして対応することも可能です。

コンテンツのカラム数を段階的に変更

LESSON 02 ▶ 02-03

CSS

```
/*---------------------------------------
  card一覧レイアウト
---------------------------------------*/
～SP向けヘッダースタイル指定（省略）～
/*for Tab*/
@media screen and (min-width: 768px) {
  .cardList {
  display: flex;
  flex-wrap: wrap;
  justify-content: space-between;
  margin-top: -30px;
  }
  .cardList__item {
  width: calc((100% - 30px) / 2); /*2カラムを追加*/
  }
}
/*for PC*/
@media screen and (min-width: 992px) { /*4カラムを992px以上に変更*/
  .cardList__item {
  width: calc((100% - 60px) / 4);
  }
}
```

モバイル向けは1カラム、PC向けは4カラムのデザインですが、カラム数が多いとどうしてもブレイクポイント前後が窮屈になるので、このような場合はブレイクポイントを増やして段階的にカラム数が変化するように実装すると良いでしょう。

サンプル02-03（ブレイクポイント変更後）

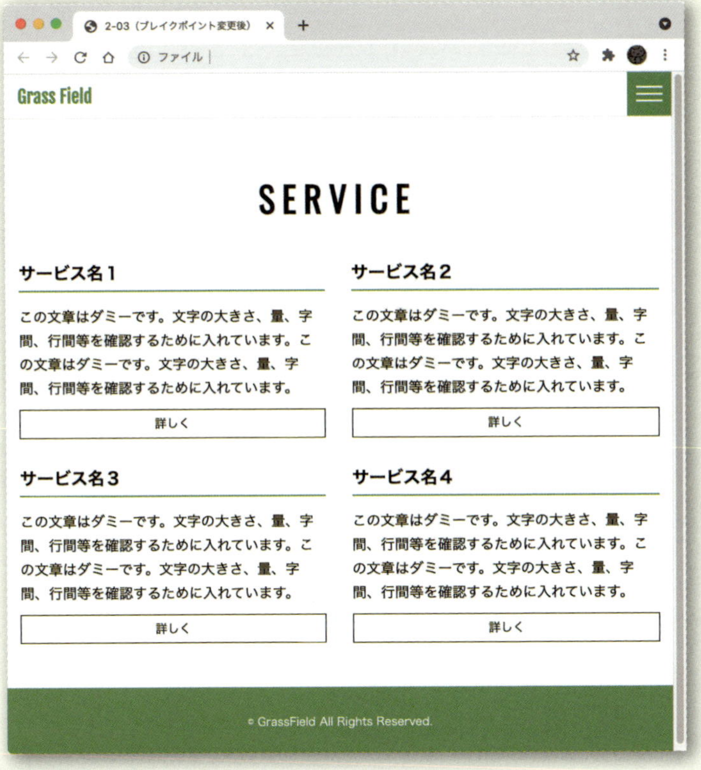
2-03（ブレイクポイント変更後）
ファイル
Grass Field
SERVICE
サービス名1
この文章はダミーです。文字の大きさ、量、字間、行間等を確認するために入れています。この文章はダミーです。文字の大きさ、量、字間、行間等を確認するために入れています。
詳しく
サービス名2
この文章はダミーです。文字の大きさ、量、字間、行間等を確認するために入れています。この文章はダミーです。文字の大きさ、量、字間、行間等を確認するために入れています。
詳しく
サービス名3
この文章はダミーです。文字の大きさ、量、字間、行間等を確認するために入れています。この文章はダミーです。文字の大きさ、量、字間、行間等を確認するために入れています。
詳しく
サービス名4
この文章はダミーです。文字の大きさ、量、字間、行間等を確認するために入れています。この文章はダミーです。文字の大きさ、量、字間、行間等を確認するために入れています。
詳しく
© GrassField All Rights Reserved.

PCのみ固定レイアウト（アダプティブレイアウト）

多くのサイトはサンプル02-03で説明したようなブレイクポイントの変更・追加でパーツ単位でレイアウトを切り替えることで対応可能なのですが、中にはどうしてもPC向けレイアウトでデザインされている最大の横幅を維持しないと可読性が損なわれる、あるいは実装コストがかかりすぎるようなケースもあります。

そのような場合の選択肢として、

- モバイル向けレイアウトは幅100％で伸縮
- PC向けレイアウトは幅固定

とし、ブレイクポイントをまたいで2つのレイアウトを切り替える手法があります。メディアクエリでレイアウトを切り替えるものの、伸縮レイアウトと固定レイアウトを切り替えて表示するレスポンシブの方法は、「アダプティブレイアウト」と呼ばれます。

PCのみ固定幅のレイアウト

次のサンプルは、02-03と同じものを、モバイル用レイアウトを適用する767pxまでは幅100%での伸縮レイアウト、768px以上は幅1000pxでの固定レイアウトとしてコーディングしたものです。PC環境でブラウザ幅を狭くして、フルレスポンシブとの見え方の違いを確認しましょう。

CSS

```
/*---------------------------------------
  Layout
---------------------------------------*/
～SP用スタイル指定（省略）～
/*for PC*/
@media screen and (min-width: 768px),print {
  body {
    min-width: 1000px; /*横スクロール発生時に背景が途切れないように*/
  }
  .container {
    width: 1000px; /*横幅固定*/
    margin: 0 auto;
    padding: 0 15px;
  }
}
/*---------------------------------------
  Header
---------------------------------------*/
～SP用スタイル指定（省略）～
/*for PC*/
@media screen and (min-width: 768px),print {
  .header__inner {
    width: 1000px; /*横幅固定*/
    margin: 0 auto;
    height: 100px;
    padding: 0 15px;
  }
  ～以下省略～
}
```

サンプル02-04（768〜999pxで横スクロールが発生している状態）

2-04
ファイル
Grass Field
Grass Fieldとは
事業案内
会社概要
商品一覧
SERVICE
サービス名1
この文章はダミーです。文字の大きさ、量、字間、行間等を確認するために入れています。この文章はダミーです。文字の大きさ、量、字間、行間等を確認するために入れています。
詳しく
サービス名2
この文章はダミーです。文字の大きさ、量、字間、行間等を確認するために入れています。この文章はダミーです。文字の大きさ、量、字間、行間等を確認するために入れています。
詳しく
サービス名3
この文章はダミーです。文字の大きさ、量、字間、行間等を確認するために入れています。この文章はダミーです。文字の大きさ、量、字間、行間等を確認するために入れています。
詳しく
© GrassField All Rights Reserved.

PCのみ固定幅のレイアウトの問題点

LESSON 02 ▸ 02-05

この方式は中間幅のレイアウトを考慮しなくても良いという点で楽ではあるのですが、いくつか問題点があります。

❶タブレット環境での横スクロール発生

幅1000pxでレイアウトを固定していますので、当然768px〜999pxの幅に該当するタブレット環境でも横スクロールが発生してしまいます。これを防ぐためには、JavaScriptでデバイスと画面幅の判定をして、viewportそのものを固定幅のものに差し替えるといった対応が必要になります。

❷ヘッダーなどを固定表示にした際、横スクロールせずに見切れてしまう

ヘッダーなどをposition: fixedで固定した場合は更に厄介な問題が発生します。サンプル02-05をブラウザで表示して、幅を狭くしてみてください。コンテンツ部分は横スクロールで閲覧できますが、固定されたヘッダーはスクロールバーが出ないため、右端に配置した要素が見切れてしまいます。

サンプル02-05（ヘッダーのみ右端が見切れている状態）

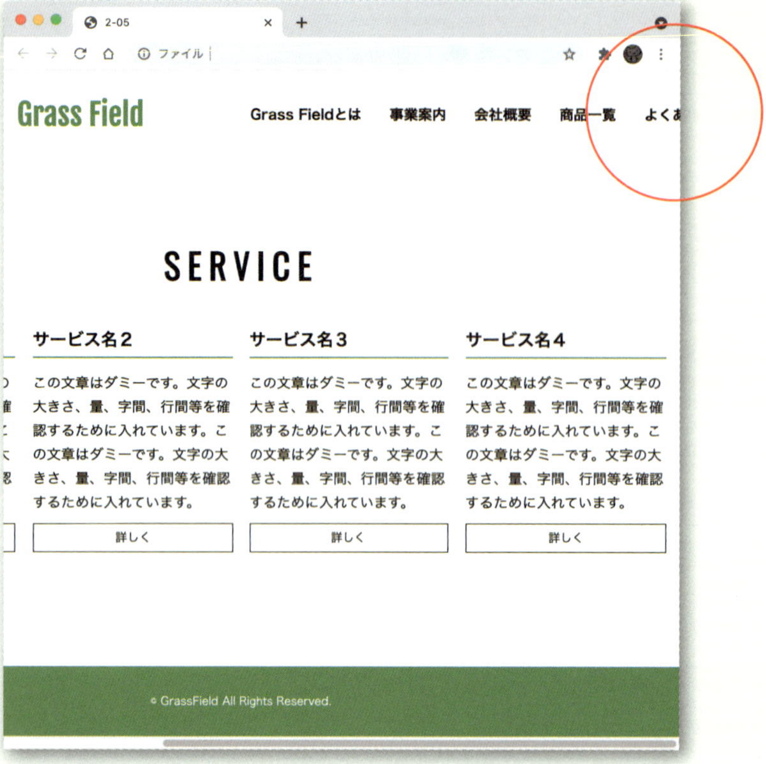
2-05
ファイル
Grass Field
Grass Fieldとは
事業案内
会社概要
商品一覧
よくあ
SERVICE
サービス名2
この文章はダミーです。文字の大きさ、量、字間、行間等を確認するために入れています。この文章はダミーです。文字の大きさ、量、字間、行間等を確認するために入れています。
詳しく
サービス名3
この文章はダミーです。文字の大きさ、量、字間、行間等を確認するために入れています。この文章はダミーです。文字の大きさ、量、字間、行間等を確認するために入れています。
詳しく
サービス名4
この文章はダミーです。文字の大きさ、量、字間、行間等を確認するために入れています。この文章はダミーです。文字の大きさ、量、字間、行間等を確認するために入れています。
詳しく
© GrassField All Rights Reserved.

この問題を解決するには、

- PCレイアウトでのヘッダー固定をやめる
- 固定ヘッダーだけ幅100%で伸縮するように組む
- 固定されたヘッダー自体にも横スクロールバーが出るように組む（※要JavaScript）

など、いくつかの方法が考えられますので、案件ごとに対策を検討する必要があることを覚えておきましょう。

このように、レスポンシブのコーディングには単純にボックスを可変で伸縮させれば良いだけではない細かい注意点がいくつもあります。静止画であるデザインカンプを見ているだけでは気付きづらいことも沢山ありますので、コーディングする際には小まめにブラウザの幅を変えてレイアウトが破綻するような箇所がないかどうか気にかけるようにしましょう。また、デザインする側も文字数が大きく変動した場合を想定して様々な文字数のサンプルを入れてデザインするようにしておくと、コーディング時の事故を未然に防ぐことにつながります。

要素の横並びと左右中央揃え

レスポンシブのレイアウトの基本は、要素ブロックの縦並び／横並びを変化させて画面幅に応じたレイアウトを実装する点にあります。このパートでは最も基本的なレイアウトの要望である横並びと左右中央揃えについて、基本的なCSSの仕様の説明もまじえて解説していきます。

display: block／inline／inline-block

まずCSSレイアウトの基本として確実に理解しておきたいのは、block／inline／inline-blockの3つのdisplayプロパティの値とその表示の特徴です。ほとんどの要素がdisplayプロパティの初期値としてこの3つのいずれかの値を持っており、制作者が何もスタイル指定をしなかった場合の要素の配置状態はこれらの値とその表示特性によって決まっています。

サンプル03-01（初期状態）

各要素の初期表示状態を確認

LESSON 03 ▶ 03-01

HTML

```
<div class="btns">
  <div class="btns__item"><a href="#" class="btn">ボタン</a></div>
  <div class="btns__item"><a href="#" class="btn">ボタン</a></div>
</div>
```

CSS

```
.btns {
  background: #e7e7e7;
}
.btns__item {
  margin: 10px;
  border: 1px dashed #999;
}
.btn {
  background: skyblue;
}
</div>
```

サンプル03-01は、横並びの2つのボタンを画面の中央に配置することを想定した場合のマークアップ例と、各要素がどのような形で画面上でレイアウトされているのかを視覚的に分かりやすくするために最低限のスタイルを設定したものです。

さて、このマークアップがなぜ初期状態でこのようにレイアウトされるのか、説明できるでしょうか？

また次のような完成形のレイアウトにしたいと思った時、どこをどう変えたら実現できるのか、パッと思いつくでしょうか？

Memo

本書はすでにHTML・CSSの基礎を学んだ方を対象としていますが、もしうまく説明できない、どうしたらいいのかよくわからない、という場合はdisplayプロパティの仕様について、しっかり復習する必要があります。

完成見本

display: inline

LESSON 03 ▶ 03-02

まずはボタンをボタンとしての形状にするため、a要素である.btnに幅指定や余白などを指定してみましょう。すると、意図したように四角いボタン形状にはならないことが分かります.

CSS
```
.btn {
  width: 80%;
  max-width: 300px;
  padding: 15px;
  background: skyblue;
  border-radius: 8px;
  text-align: center;
  text-decoration: none;
}
```

これは**a要素のdisplayプロパティの初期値がinline**であることが原因です。この状態だとpaddingは効きますが、上下方向のmarginは無効、更に最大の特徴として「**width / heightの指定が無効**」となります。

display: block

LESSON 03 ▶ 03-03

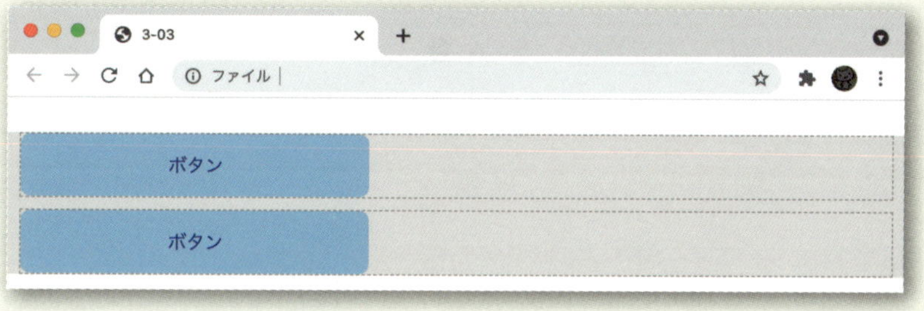

CSS
```
.btn {
  display: block; /*a要素のブロック化*/
  width: 80%;
  max-width: 300px;
 ～省略～
}
```

サンプル03-03はa要素をdisplay: blockに変更した場合の表示です。サンプル03-02では無効となっていたmax-widthが有効となり、paddingの領域も親要素の外側にはみ出していないことがわかります。

a要素の初期値であるdisplay: inlineの状態では一切のサイズ指定が効かないため、ボタン形状のリンクを作成したい場合にはこのようにa要素を**ブロック化**する必要があります。このような処理はa要素だけでなく、span要素など、初期値がinlineとなっている他の要素でマークアップされていた場合も同様です。

displey: inline-block

次に、2つのボタンを横並びにしてブラウザの中央に配置するようにレイアウトを変更します。これには複数の方法がありますが、ここではdisplay: inline-blockを活用してレイアウトしています。

inline-blockは、blockとinlineの特徴を併せ持つため、

- 要素に幅や高さをもたせてブロック状にする（blockの特徴）
- 自動的に横並びにする（inlineの特徴）
- 親要素のtext-align指定で中央寄せする（inlineの特徴）

といったレイアウトが可能となります。他にも横並びさせる方法はありますが、この方法には**どんなにレガシーなブラウザ環境でも横並びで表示できる**というメリットがあります。

サンプル03-04（STEP1）

CSS

```
.btns {
  background: #e7e7e7;
  text-align: center; /*2つのボタンを中央寄せに配置*/
}
.btns__item {
  display: inline-block; /*横並びするようにインラインブロック化*/
  margin: 10px;
  border: 1px dashed #999;
}
```

サンプル03-04で実際に.btns__item をinline-blockに変更してみると、確かにボタンは横並びになりますが、各ボタンの幅は小さくなってしまいます。a要素である.btnに幅の指定を入れてあるのになぜ？　と思うかもしれませんが、これはdisplayプロパティの仕様通りの挙動です。

inline / block / inline-blockのwidthを明示しない初期状態の表示仕様は次の通りです。

displayの値	初期状態（width: auto）の場合の要素の幅
inline	内容物のサイズに依存（※幅指定無効）
block	親要素の幅いっぱいまで広がる
inline-block	内容物のサイズに依存（※幅指定有効）

.btnにはwidth: 80%が指定されていますが、%指定なのでこれは親要素、つまり.btn__item の幅を基準とした幅の設定となっています。今は.btns__item をinline-blockに変更し、かつ幅指定はしていない状態であるため、.btnのwidthの基準となっている.btns__itemのwidth自体が「内容物に依存して決定される状態」となってしまっているため、ボタン全体の幅が小さくなってしまっているのです。

サンプル03-04（STEP2）

（PC表示）

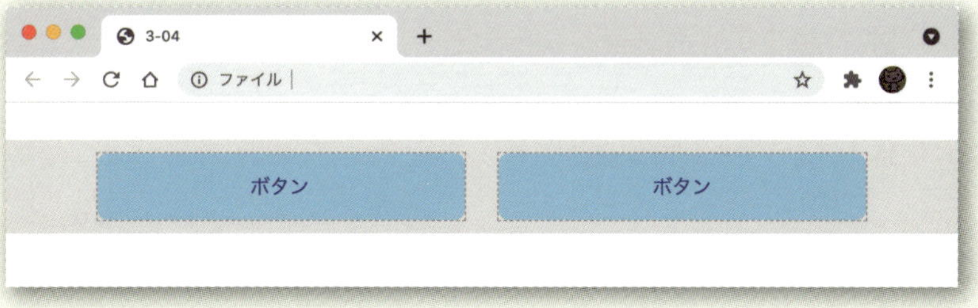

（SP表示）

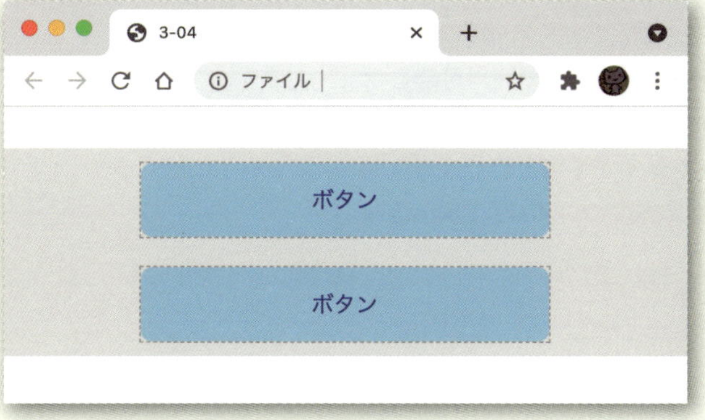

Memo

WordPressのブロックエディタ（Gutenbelg）で挿入できるボタンパーツもdisplay:inline-blockで自動的に複数ボタンが横並びになるように設定されています。

```
.btns {
  background: #e7e7e7;
  text-align: center;
}
.btns__item {
  display: inline-block;
  width: 80%; /*.btnから移動*/
  max-width: 300px; /*.btnから移動*/
  margin: 10px;
  border: 1px dashed #999;
}
.btn {
  display: block;
  padding: 15px;
  background: skyblue;
  border-radius: 8px;
  text-align: center;
  text-decoration: none;
}
```

最終的な完成形のレイアウトのようにするためには、サンプル03-04（Step2）のようにwidthとmax-widthの指定を.btnから.btns__itemに移動してください。.btn自身はブロック化していますので、親要素側でサイズが指定されていれば自動的にその幅いっぱいまで広がります。これで

- 各ボタンはブラウザ幅の80%（ただし最大300pxで固定）
- 各ボタンはブラウザ幅の中央に配置
- ブラウザ幅に余裕がある時は横並び、そうでない時は縦並び

という意図したレイアウトにすることができました。あとはここから見た目のスタイルを好きな形に整えれば完成です。

なお、ここではdisplayプロパティの値を変更すると表示がどのように変わるか、またその理由は何か、ということを解説するためにあえてボタンとそのレイアウトを一体化して解説していますが、実際にはボタンそのもののスタイルとレイアウトに関するスタイルを切り分け、「単体で利用可能なボタン」をまず先に作成し、その後でレイアウトや配置にかかわるスタイルをラッパー要素で指定してレイアウトすると考えたほうが手順としてはやりやすいと思います。このあたりのパーツ設計の考え方については、Chapter4で詳しく紹介します。

display: flex

次は今のWeb制作現場で主流となっているレイアウト手法であるdisplay: flexを使って同じレイアウトを実現してみましょう。

display: flexを使ったレイアウト手法（以後flexboxレイアウト）は、**display: flexが指定された親要素（flexコンテナ）の直下の子要素を「flexアイテム」としてレイアウトコントロールできるようにする手法**です。このことは、flexboxレイアウトを使ってレイアウトをしたい場合には、**それらのボックスを囲むコンテナ要素が必要になる**ということを意味します。

横並び前の状態を確認

LESSON 03 ▶ 03-05

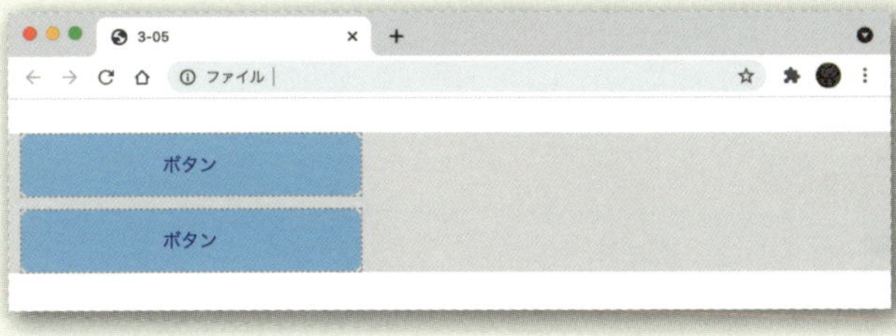

HTML

```
～サンプル03-04と同じであるため省略～
```

CSS

```
.btns {
  background: #e7e7e7;
}
.btns__item {
  margin: 10px;
  width: 80%;
  max-width: 300px;
  border: 1px dashed #999;
}
.btn {
  display: block;
  padding: 15px;
  background: skyblue;
  border-radius: 8px;
  text-align: center;
  text-decoration: none;
}
```

サンプル03-05は、03-04で作ったものと同じボタン形状になるようにあらかじめ整えた状態のものです。この状態から、flexboxレイアウトでボタン横並び・左右中央揃えとなるように調整してみましょう。

flexboxで横並び+左右中央揃え

LESSON 03 ▸ 03-06

(PC表示)

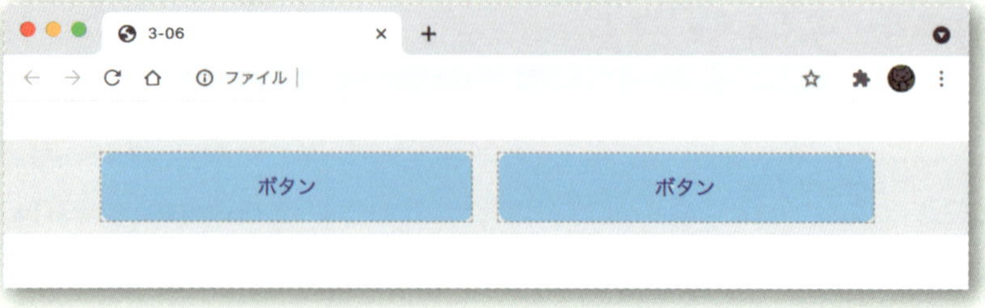

(SP表示)

CSS

```
.btns {
  display: flex; /*flexbox化*/
  justify-content: center; /*主軸方向に中央揃え*/
  background: #e7e7e7;
}
```

まず、2つのボタンの直近の親要素である.btnsに**display: flex**を指定します。この時点で横並びとなりますが、このままでは左詰めとなるため、justify-content: centerを指定して左右中央配置としています。これで画面幅が広い時のレイアウトは03-04と同じになりました。ただし、ブラウザ幅を狭くすれば分かりますが、**inline-blockで横並びにした時とは違って画面幅が狭くなっても自動的にカラム落ちして1カラムにはなってくれません。**そこでメディアクエリを使ってレスポンシブ対応を追加します。

flexboxでレスポンシブ対応

（PC表示）

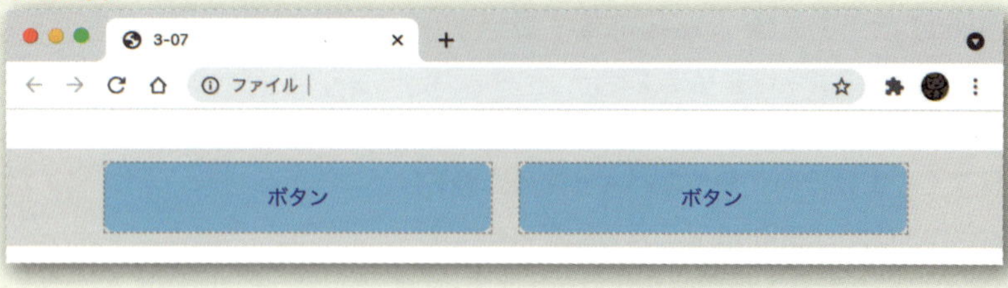

（SP表示）

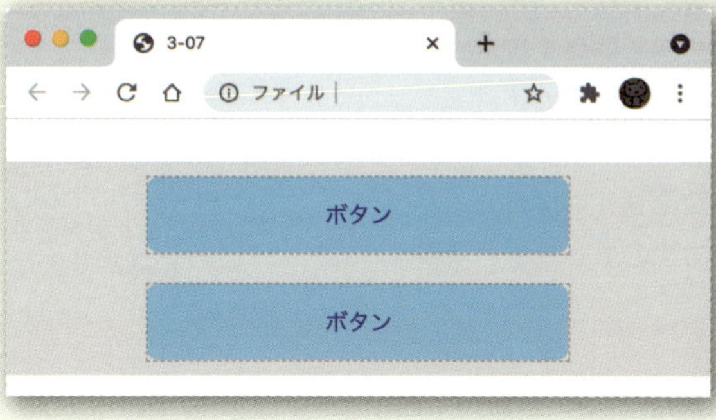

CSS

```
.btns {
  display: flex; /*flexbox化*/
  flex-direction: column; /*主軸を上から下に変更*/
  align-items: center; /*交差軸方向に中央揃え*/
}
@media screen and (min-width: 768px),print {
  .btns {
    flex-direction: row; /*主軸を左から右に変更*/
    justify-content: center; /*主軸方向に中央揃え*/
  }
}
```

display: flexを適用すると、初期値では常に1行横並びで表示しようとします。したがって、「モバイルでは縦並び、PCでは横並び」のように並びを変化させたい場合にはメディアクエリを使って設定を変更する必要があります。

flexboxレイアウトで縦並び／横並びを変更するには、**flex-direction**プロパティで「主軸」の方向を変更します。上から下の縦並びにしたい場合はcolumn、左から右の横並びにしたい場合はrowを設定します。これをメディアクエリを挟んで切り替えることで縦並び／横並びを自由に変更することができます（column-reverse、row-reverseで逆順に並べることもできます）。

flexboxの「軸」とjustify-content / align-itemsの挙動

flexboxレイアウトでしっかり意識しておきたいのが「**軸**」の概念です。flexコンテナには「**主軸（main axis）**」と「**交差軸（cross axis）**」というものがあり、flexアイテムは主軸に沿って並ぶようになります。

サンプル03-06で「左右中央揃え」とするために使ったjustify-contentは、厳密には「左右方向」の位置ではなく「主軸方向」の位置揃えをするためのプロパティです。したがってflex-direction: columnで主軸方向が上から下に変更されると、「ボタンの左右中央揃え」としては機能しなくなります。

一方、主軸と90度でクロスする軸のことを交差軸（cross axis）といい、交差軸方向のアイテムの位置揃えはalign-itemsプロパティで行います。主軸の方向がcolumnとなっている時、左右方向は交差軸方向を制御するalign-itemsで設定することになりますので、モバイル用のレイアウトではalign-items: centerとすることで左右中央揃えを実現します。

flex-directionによる主軸方向の制御と、それに伴う位置揃えプロパティの使い分けは、flexboxレイアウトの根幹となる仕組みですので、しっかり理解しておきましょう。

Memo

単純に要素を横並びにする方法であれば他にもdisplay:gridを使う方法、floatを使う方法などもありますが、複数の要素を左右中央揃えと併用して横並びにする用途の場合は、この章で紹介したdisplay:inline-block / flexを使う方法が適しているので、基本的にどちらかを使うようにしましょう。

flexboxの軸とアイテムの整列方向

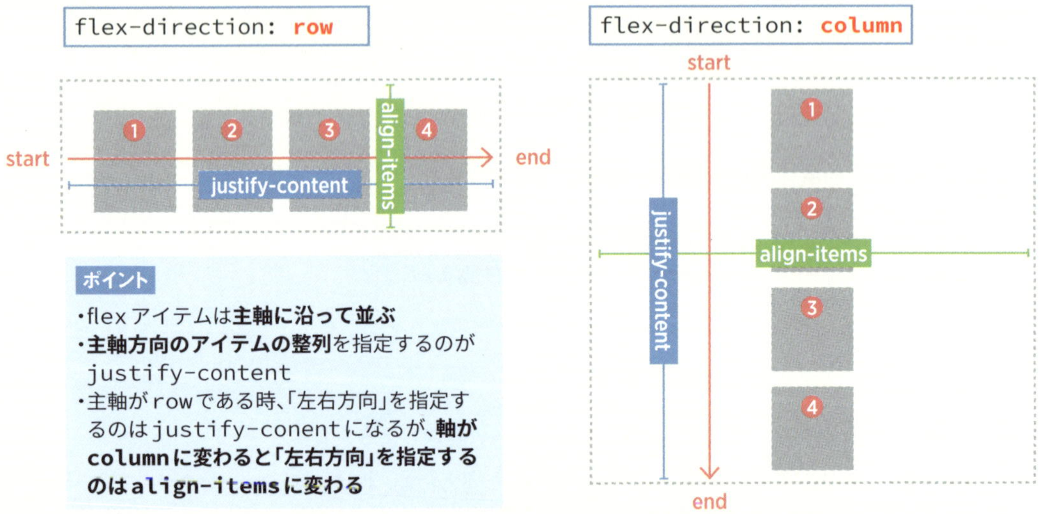

ポイント
- flexアイテムは**主軸に沿って並ぶ**
- **主軸方向のアイテムの整列**を指定するのが `justify-content`
- 主軸がrowである時、「左右方向」を指定するのは`justify-conent`になるが、**軸が`column`に変わると「左右方向」を指定するのは`align-items`に変わる**

基本のカード型レイアウト

このパートではWebサイトのコンテンツエリアで多用される基本のカード型レイアウトの作り方について、いくつかのパターンを解説しておきたいと思います。これらはレスポンシブレイアウトの基本パターンとなりますので、しっかりマスターしておきましょう。

flexbox／space-betweenでのカード型レイアウト

レイアウト手法はflexbox、アイテムの横方向の並べ方はjustify-content: space-betweenを使う方法で様々なカラム数のレイアウトを組んでみましょう。

いずれもモバイル向けは1カラム、PC向けは2カラムでの表示からスタートして、メディアクエリで段階的に3カラム、4カラムまでカラム数を増やします。

なお、段間は上下左右ともに20px固定とし、残りのエリアを均等に分割することとします。

モバイル：1カラム・PC：2カラム

LESSON 04 ▶ 04-01

HTML

```
<ul class="cardList">
  <li class="cardList__item">この文章はダミーです…</li>
  ～以降4項目繰り返し～
</ul>
```

CSS

```
.cardList {
  display: flex; /*flexbox化*/
  flex-direction: column; /* 縦並びにする*/
  margin-top: -20px; /*1行目の上マージンを相殺*/
```

```
}
.cardList__item {
  margin-top: 20px;
}
/*2カラム*/
@media screen and (min-width: 768px),print {
  .cardList {
    flex-direction: row; /*横並びにする*/
    justify-content: space-between; /*アイテムを両端に揃えて均等配置*/
    flex-wrap: wrap; /*折り返して複数行にする*/
  }
  .cardList__item {
    width: calc((100% - 20px) / 2); /*アイテムの幅を指定*/
  }
}
```

（SP表示）

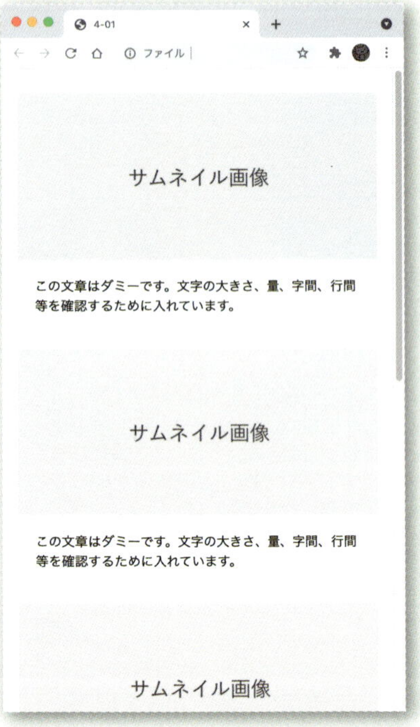
4-01
ファイル
サムネイル画像
この文章はダミーです。文字の大きさ、量、字間、行間等を確認するために入れています。
サムネイル画像
この文章はダミーです。文字の大きさ、量、字間、行間等を確認するために入れています。
サムネイル画像

（PC表示）

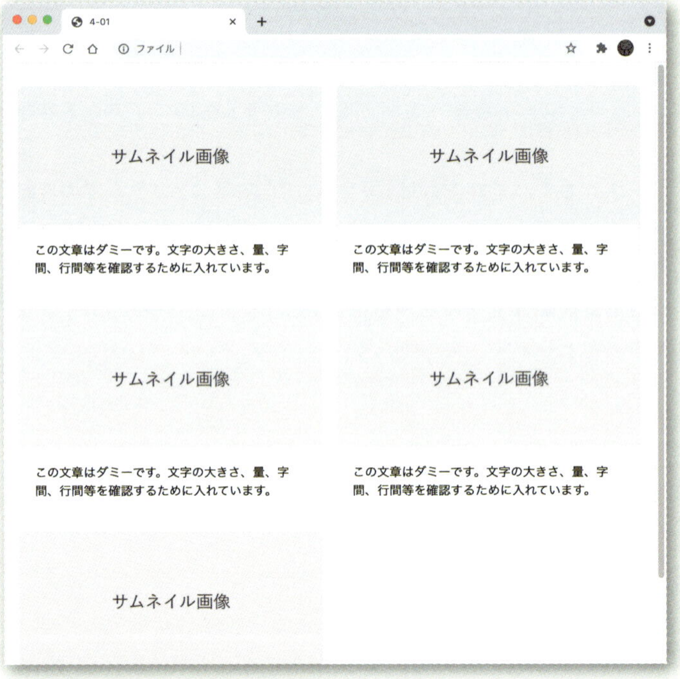
4-01
ファイル
サムネイル画像
サムネイル画像
この文章はダミーです。文字の大きさ、量、字間、行間等を確認するために入れています。
この文章はダミーです。文字の大きさ、量、字間、行間等を確認するために入れています。
サムネイル画像
サムネイル画像
この文章はダミーです。文字の大きさ、量、字間、行間等を確認するために入れています。
この文章はダミーです。文字の大きさ、量、字間、行間等を確認するために入れています。
サムネイル画像

space-betweenで作る2カラムのレイアウトは簡単です。まずベースとなる1カラムモバイル向けレイアウトではflex-direction: columnで縦並びのflexboxを作り、縦方向の余白を指定しておきます。

次に@mediaでブレイクポイントを指定し、flex-direction: rowで横並びレイアウトに変更します。アイテムの並べ方はspace-betweenで両端に揃えて均等配置となるようにしておきます。この指定には、アイテム自身の幅だけ指定すれば横方向の段間のサイズ指定はしなくても良いというメリットがあります。

最後に、PCレイアウト時の複数行表示に対応するため、flex-wrap: wrapで折り返し指定を入れておけば完成です。

なお、1カラム時にはflexbox化せず、display: blockのまま縦並びにしておくことも可能です。ただ、通常ブロックと違いflexboxのブロックはmargin相殺のルールが異なる（flexboxの子要素はmarginが相殺されない）ので、パーツ単位で揃えておいたほうが何かと都合が良いと判断し、1カラム時でもflexbox化した状態でレイアウトをしています。

また、縦方向のアイテム間余白については「複数カラムになった場合の1行目」を一括して指定するセレクタやプロパティが存在しないため、上下については一律に上marginをつけた上で親要素側にマイナスの値のmargin（**ネガティブマージン**）をつけることで相殺する方法を採用しています。

Lesson4の以降のサンプルでも同様にネガティブマージンを使っています。

Memo

1行目に該当するアイテムの上のmarginだけ0になるように直接値を変更してしまうと、カラム数が変更した時の修正が大変になってしまいます。

モバイル：1カラム・PC：3カラム

LESSON 04 04-02

CSS

```
～省略～
/*3カラム*/
@media screen and (min-width: 992px),print {
  .cardList__item {
    width: calc((100% - 40px) / 3);
  }
  .cardList::after { /*最終行を左詰めにする*/
    content: "";
    display: block;
    width:  calc((100% - 40px) / 3);
  }
}
```

次のブレイクポイントで3カラム表示となるようにスタイルを上書きします。3カラム表示にする場合も基本的には2カラムと同じなのですが、1点注意が必要です。space-betweenでレイアウトする場合、必ずアイテムが左右両端に揃ってしまうため、最終行にアイテムが2つしかないと、意図したレイアウトになりません。

最終行だけを左詰めにするといったプロパティはflexboxには存在しないため、この問題を解決するためにはあらかじめ**末尾にアイテムと同じ幅を持つ空の擬似要素を入れておく**というテクニックが必要となります。

カラム幅だけ変更した場合

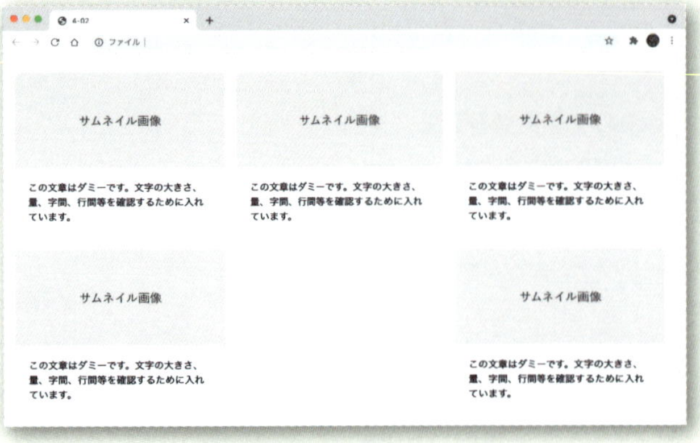
サムネイル画像
この文章はダミーです。文字の大きさ、量、字間、行間等を確認するために入れています。

最終行をafter擬似要素で調整した場合

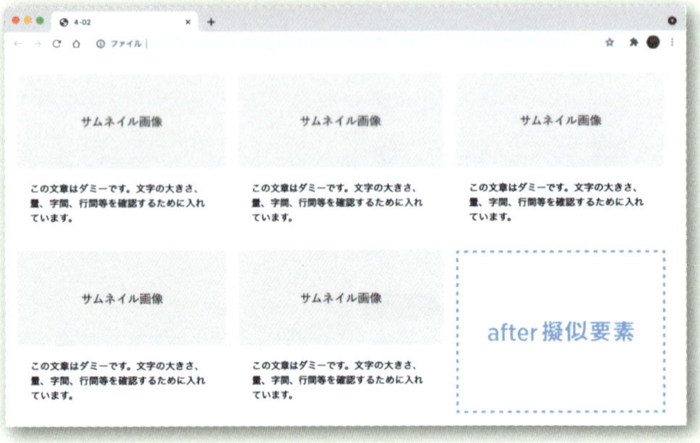
サムネイル画像
この文章はダミーです。文字の大きさ、量、字間、行間等を確認するために入れています。
after擬似要素

モバイル:1カラム・PC:4カラム

LESSON 04 ▶ 04-03

CSS

```
～省略～
/*4カラム*/
@media screen and (min-width: 1200px),print {
  .cardList__item {
    width: calc((100% - 60px) / 4);
  }
  .cardList::before,
  .cardList::after { /*最終行を左詰めにする*/
    content: "";
    display: block;
    width: calc((100% - 60px) / 4);
  }
  .cardList::before {
    order: 1;   /*before擬似要素を末尾に移動*/
  }
}
```

　4カラム表示にする場合も最終行の左揃え問題が発生するため、after擬似要素だけでなくbefore擬似要素も同様に作成しておきます。ただし、before擬似要素は要素の先頭に配置されてしまうため、orderプロパティを使って末尾に移動させておく必要があります。

最終行をafter擬似要素だけで調整した場合

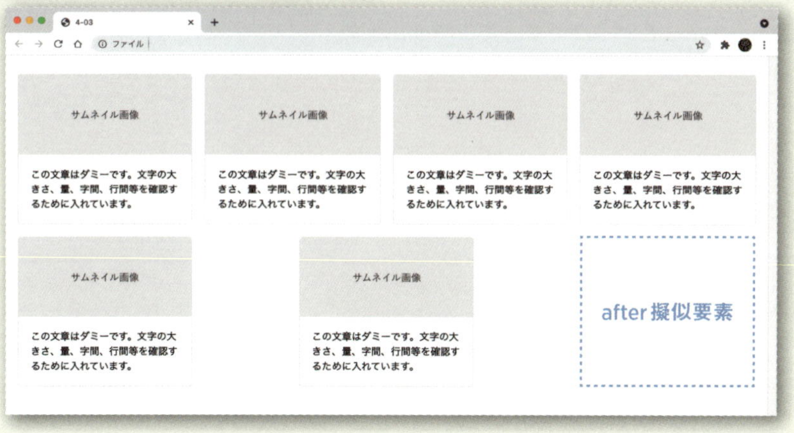
4-03
ファイル
サムネイル画像
この文章はダミーです。文字の大きさ、量、字間、行間等を確認するために入れています。
after擬似要素

最終行にbefore擬似要素も追加した場合

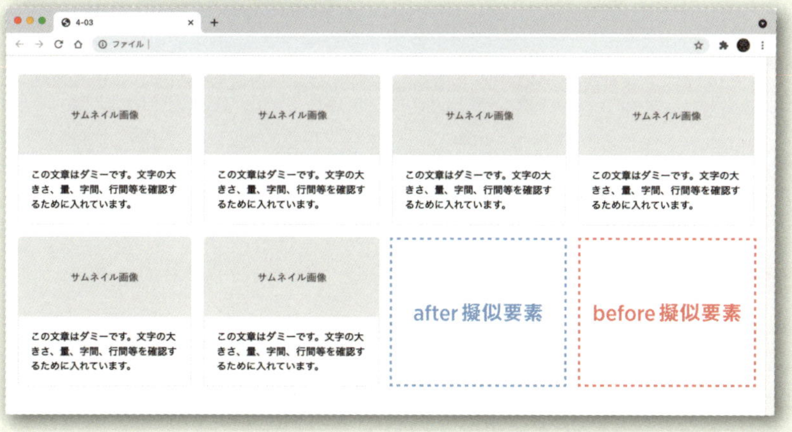
4-03
ファイル
サムネイル画像
この文章はダミーです。文字の大きさ、量、字間、行間等を確認するために入れています。
after擬似要素
before擬似要素

　なお5カラム以上になる場合は物理的にdiv要素などで空要素を入れておかなければならなくなるため、そもそもspace-betweenではない方法を検討したほうが良いでしょう。

flex-start＋marginでのカード型レイアウト

space-betweenを使わないでflexboxの横並びレイアウトを使うのであれば、横方向の段間もmarginで指定することになります。

marginで段間を指定した場合、問題となるのは、いかにして隣り合うアイテム同士の間の余白だけを指定するか？　という点です。ここではflexboxでmarginを使って段間指定する2つの方法を見てみましょう。

Memo

このセクションのサンプルの表示結果は04-03と同じであるため、表示結果のキャプチャは省略しています。実際の表示はサンプルファイルを開いてご確認ください。

左端のアイテムだけmarginを0にする

LESSON 04 ▶ 04-04

サンプル04-04のマージン設計

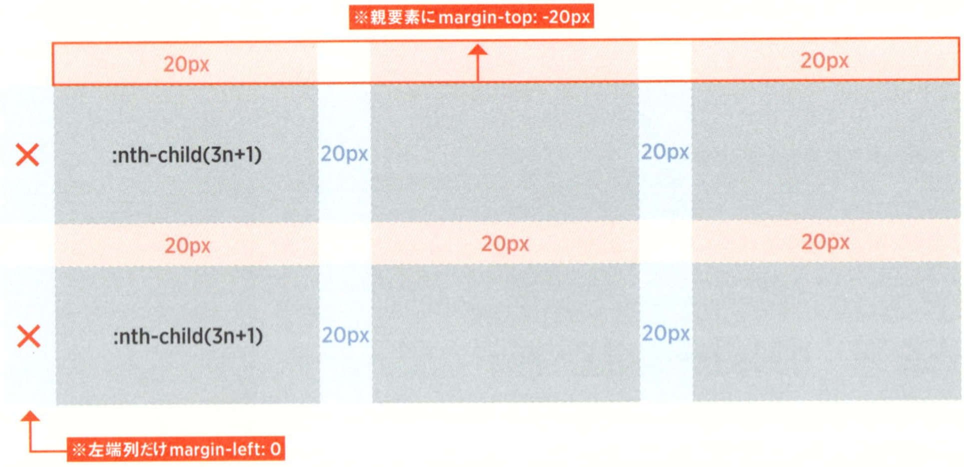

HTML

```
<ul class="cardList02">
  <li class="cardList02__item">この文章はダミーです…</li>
  ～以降5項目繰り返し～
</ul>
```

CSS

```
.cardList02 {
  display: flex;
  flex-direction: column;
  margin-top: -20px; /*1行目の上マージンを相殺*/
}
.cardList02__item {
  margin-top: 20px;
```

```
}

/*PCレイアウト共通の設定*/
@media screen and (min-width: 768px),print {
  .cardList02 {
    flex-direction: row;
    flex-wrap: wrap;
  }
  .cardList02__item {
    margin-left: 20px;
  }
}
/*768～991pxのみ2カラム*/
@media screen and (min-width: 768px) and (max-width: 991px),print {
  .cardList02__item {
    width: calc((100% - 20px) / 2);
  }
  .cardList02__item:nth-child(2n+1) {
    margin-left: 0; /*左端列の左マージンを0にする*/
  }
}
/*992px～1199pxのみ3カラム*/
@media screen and (min-width: 992px) and (max-width: 1199px),print {
  .cardList02__item {
    width: calc((100% - 40px) / 3);
  }
  .cardList02__item:nth-child(3n+1) {
    margin-left: 0; /*左端列の左マージンを0にする*/
  }
}
/*1200px以上4カラム*/
@media screen and (min-width: 1200px),print {
  .cardList02__item {
    width: calc((100% - 60px) / 4);
  }
  .cardList02__item:nth-child(4n+1) {
    margin-left: 0; /*左端列の左マージンを0にする*/
  }
}
```

まず1つ目の方法は、横方向にも一律に左にmarginをつけておいてから、各行で左端に来るアイテムの左のmarginだけを上書きして0にする、という手法です。

一律に並べたアイテムのうち、各行の右端や左端だけを選択するためには、**nth-child(n)擬似クラス**を利用します。2カラム、3カラム、4カラムの右端を指定する場合にはnth-child(2n)、nth-child(3n)、nth-child(4n)と()の中でカラム数に応じた倍数を指定しますので、左端を選択する場合にはそれに+1をつけてやればOKです。

ただこの方法はカラム数が変更すると左marignを0にする対象も変わるため、通常のメディアクエリのように上書き方式にしていると、公倍数の関係でどうしても対象が重複し、打ち消しの指定が多くなってややこしいという問題が発生します。

通常の上書き方式で記述した場合

CSS

```
/*768px以上2カラム*/
@media screen and (min-width: 768px) ,print {
  .cardList02__item {
    width: calc((100% - 20px) / 2);
  }
  .cardList02__item:nth-child(2n+1) {
    margin-left: 0; /*2カラム左端列の左マージンを0にする*/
  }
}
/*992px以上3カラム*/
@media screen and (min-width: 992px),print {
  .cardList02__item {
    width: calc((100% - 40px) / 3);
  }
  .cardList02__item:nth-child(2n+1) {
    margin-left: 20px; /*2カラム左端列の左マージンを20pxに戻す (1,3,5,7,9...) */
  }
  .cardList02__item:nth-child(3n+1) {
    margin-left: 0; /*3カラム左端列の左マージンを0にする (1,4,7,10,13...) */
  }
}
/*1200px以上4カラム*/
@media screen and (min-width: 1200px),print {
  .cardList02__item {
    width: calc((100% - 60px) / 4);
  }
  .cardList02__item:nth-child(3n+1) {
    margin-left: 20px; /*3カラム左端列の左マージンを20pxに戻す (1,4,7,10,13...) */
  }
  .cardList02__item:nth-child(4n+1) {
    margin-left: 0; /*4カラム左端列の左マージンを0にする(1,5,9,13,17...)*/
  }
}
```

そこでこのサンプルでは特定の範囲のみスタイルが効くようにメディアクエリのほうを切り分け方式で記述して打ち消しの発生を回避しています。

この方法は対象セレクタの選択が直感的にわかりづらく、コードが複雑になるためあまりおすすめはしませんが、横方向の段間を固定値ではなく、%で指定しなければならないような場合でも使えるテクニックですので、選択肢の1つとして覚えておいて損はないかと思います。

Memo

左ではなく一律に右のmarginをつけて、右端列だけ0で上書きする方法でも問題ありません。

横方向も親要素のネガティブマージンで相殺する

LESSON 04 ▶ 04-05

サンプル04-05のマージン設計

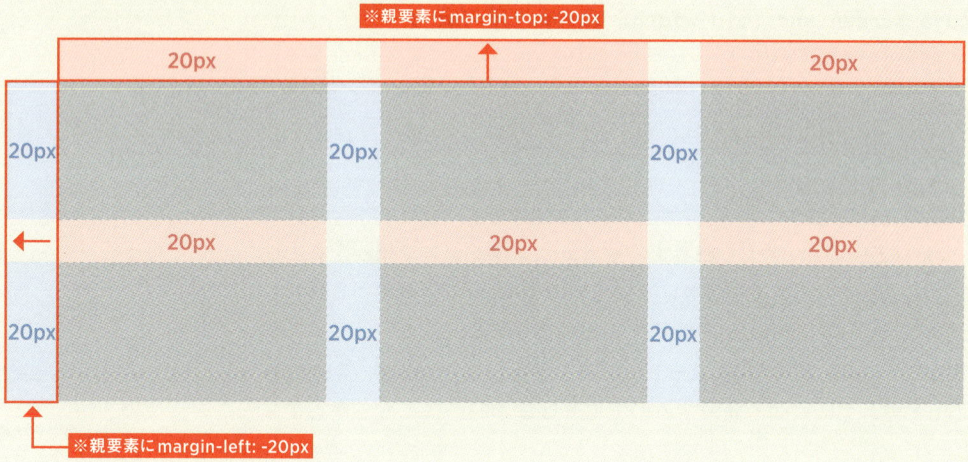

HTML

```
<ul class="cardList03">
  <li class="cardList03__item">この文章はダミーです…</li>
  ～以降5項目繰り返し～
</ul>
```

CSS

```
.cardList03 {
  display: flex;
  flex-direction: column;
  margin-top: -20px; /*1行目の上マージンを相殺*/
}
.cardList03__item {
  margin-top: 20px;
}
@media screen and (min-width: 768px),print {
  .cardList03 {
    flex-direction: row;
    flex-wrap: wrap;
```

```
    margin-left: -20px; /*左端列の左マージンを相殺*/
  }
  .cardList03__item {
    margin-left: 20px;
    width: calc((100% - 40px) / 2);  /*各列の左マージン分合計を除いて1/2*/
  }
}
@media screen and (min-width: 992px),print {
  .cardList03__item {
    width: calc((100% - 60px) / 3); /*各列の左マージン分合計を除いて1/3*/
  }
}
@media screen and (min-width: 1200px),print {
  .cardList03__item {
    width: calc((100% - 80px) / 4); /*各列の左マージン分合計を除いて1/4*/
  }
}
```

こちらは横方向のmarginも親要素のネガティブマージンで相殺するという手法です。marginが%でなければ、縦方向のmarginを親要素から相殺したのと同様に横方向のmarginも親要素で相殺できます。こちらはカラム数に関係なく、非常にシンプルなコードで記述できるため、flexboxでspace-betweenを使わずに段間を表現するのであれば基本的にはこちらがおすすめです。

ただし、各アイテムのカラム幅の指定の際、calc()で親要素の幅100%から除外する段間のサイズを、隣接するアイテム同士の間の余白分のみのサイズではなく、親要素で相殺する予定の20pxも含めた**各列の左マージン分合計**のサイズで計算する必要があるので注意が必要です。

Memo

他にもアイテム間の余白をmarginではなくpaddingで持たせることで幅の計算を簡略化する手法や、アイテム間余白を片側でなく上下左右均等につける手法など様々なパターンが考えられますが、いずれの場合も何かしらの制約や注意点があるというのが現状です。

grid でつくるカード型レイアウト

ここまでflexboxでカード型レイアウトを作ってきましたが、どの手法を使ってもやや面倒だったと思います。

実はこの手の格子状にアイテムを並べるレイアウトを作るのに最も適しているのは、gridレイアウトです。

gapプロパティでアイテム間余白を一発指定

LESSON 04 ▶ 04-06

gridのレイアウト設計

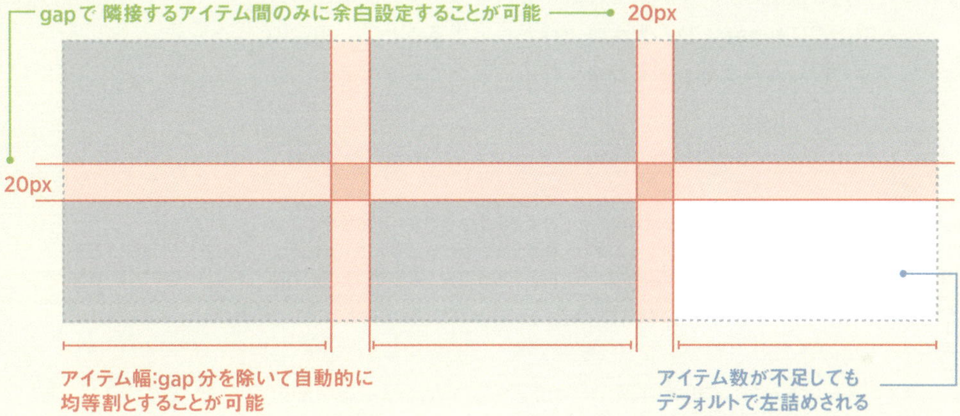
gapで 隣接するアイテム間のみに余白設定することが可能
20px
20px
アイテム幅:gap分を除いて自動的に均等割とすることが可能
アイテム数が不足してもデフォルトで左詰めされる

HTML

```
<ul class="cardList04">
  <li class="cardList04__item">この文章はダミーです…</li>
  ～以降5項目繰り返し～
</ul>
```

CSS

```
.cardList04 {
  display: grid; /*gridレイアウトにする*/
  gap: 20px; /*隣接するアイテム間余白を20pxに設定*/
}
@media screen and (min-width: 768px),print {
  .cardList04 {
    grid-template-columns: repeat(2,1fr); /*均等2カラム指定*/
  }
```

```
}
@media screen and (min-width: 992px),print {
  .cardList04 {
    grid-template-columns: repeat(3,1fr); /*均等3カラム指定*/
  }
}
@media screen and (min-width: 1200px),print {
  .cardList04 {
    grid-template-columns: repeat(4,1fr); /*均等4カラム指定*/
  }
}
```

display: gridにして、gapプロパティを使うだけで、flexboxではあれだけ苦労した「アイテム間の余白」を簡単に指定できます。また、gridレイアウトというのは行・列を指定してアイテムを任意で並べるのが基本的な使い方ですが、カラムの指定に**repeat(アイテム数,1fr)**と指定することで、指定のカラム数で均等幅の繰り返しグリッドも簡単に作ることができます。

Point

fr

「fr」は「fraction(分割、分数の意味)」の略で、gridレイアウトの中で利用できる新しい単位です。親要素に余白がある場合に指定した比率に応じてアイテムを引き伸ばすことができるもので、ちょうどflexboxレイアウトでアイテムに「flex-grow」を指定したのと同じような挙動と考えていただければ理解しやすいかと思います。

repeat()

IE11は本来このようなgridアイテムの自動繰り返し配置には非対応ですが、Autoprefixer（p.65参照）というツールでIE11を機能補完することで同様のレイアウトを実現できます。

repeat()関数の基本構文

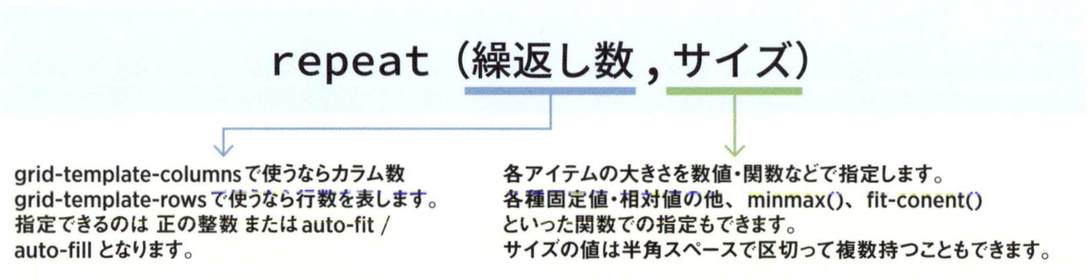

repeat（繰返し数 , サイズ）
grid-template-columnsで使うならカラム数
grid-template-rowsで使うなら行数を表します。
指定できるのは 正の整数 または auto-fit / auto-fill となります。
各アイテムの大きさを数値・関数などで指定します。
各種固定値・相対値の他、minmax()、fit-conent()
といった関数での指定もできます。
サイズの値は半角スペースで区切って複数持つこともできます。

メディアクエリなしでレスポンシブ

HTML

```
～サンプル04-06と同じであるため省略～
```

CSS

```
.cardList04 {
  display: grid; /*gridレイアウトにする*/
  gap: 20px; /*アイテム間余白を20pxに設定*/
  grid-template-columns: repeat(auto-fit,minmax(335px,1fr));
}
```

更に、gridレイアウトを使うとメディアクエリすら使わずにカラム数を自動的に変化させることも可能です。ポイントはrepeat()の中でアイテム数を**auto-fitまたはauto-fill**、アイテム幅を**minmax()関数**を使って指定することです。

minmax()関数は、最小値と最大値を同時に指定できる関数で、サンプルでは最小サイズを335px、最大サイズを1fr（幅いっぱいに広げる）としています。例えばこれを単純にrepeat(2, minmax(335px,1fr))とすると、アイテムの最小値が335pxに設定されているため、ブラウザ幅が700pxを下回った時にコンテナに入りきらずに横スクロールが発生してしまいます。このように指定したアイテムがコンテナに入りきらなくなった際、自動的に次の行にカラムを移動させ、複数行で表示できるのがauto-fit/auto-fillという値です。なおauto-fitとauto-fillの違いは、一行に配置可能なアイテム数に対して実際のアイテムが不足した場合に余った余白をどう処理するか？　という点です。

minmax関数の基本構文

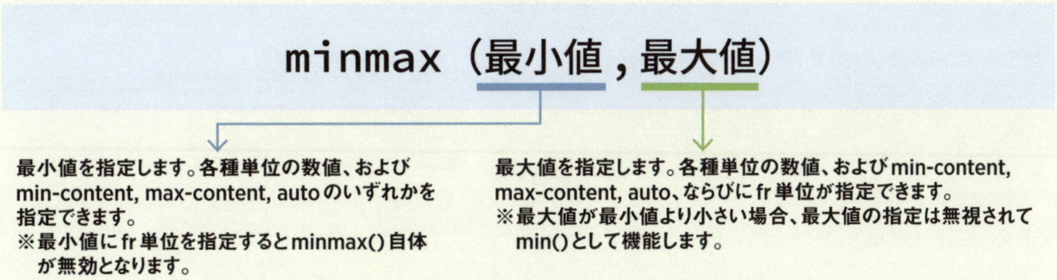
minmax（最小値,最大値）
最小値を指定します。各種単位の数値、およびmin-content, max-content, autoのいずれかを指定できます。
※最小値にfr単位を指定するとminmax()自体が無効となります。
最大値を指定します。各種単位の数値、およびmin-content, max-content, auto、ならびにfr単位が指定できます。
※最大値が最小値より小さい場合、最大値の指定は無視されてmin()として機能します。

auto-fitとauto-fillの違い

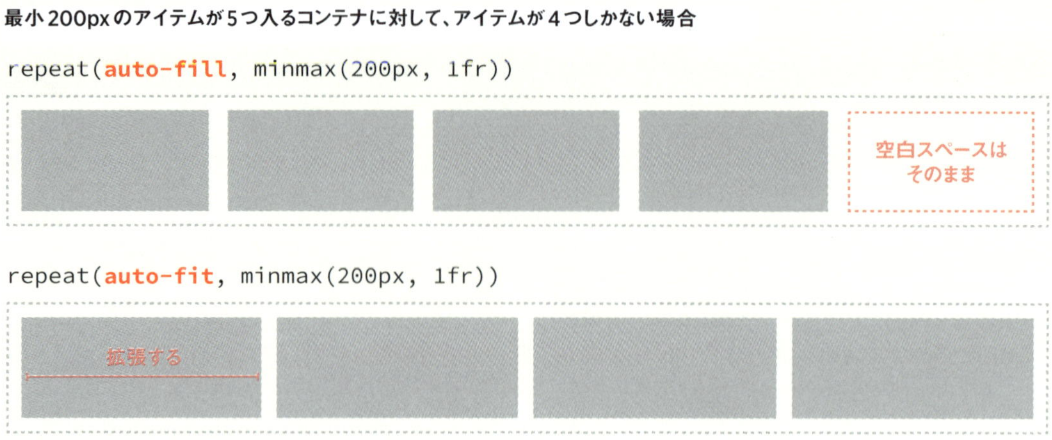

Point

auto-fit / auto-fill

コンテナに収まりきらずに横スクロールが発生する場合、自動的に次の行に送るという意味ではflexboxレイアウトにおけるflex-wrap: wrapの役割のgrid版と考えると分かりやすいかと思います。また、コンテナに余った余白をアイテムに分配して拡張するという点ではauto-fitはflex-grow: 1の役割と同等と言えるでしょう。

なお、いいことづくめのように見えるこの手法にもいくつか弱点があります。

1つ目は、auto-fit／auto-fillを利用する場合、**想定される最大カラム数に対してアイテム数が不足する場合、意図したようなレイアウトにならない可能性がある**ということです。同じようなカードレイアウトが複数あった際、アイテム数不足のモジュールだけカードの表示サイズが違う、という状態になることが考えられますので、闇雲にauto-fit／auto-fillに頼るのはやめたほうが良いでしょう。

アイテム数不足による事故例

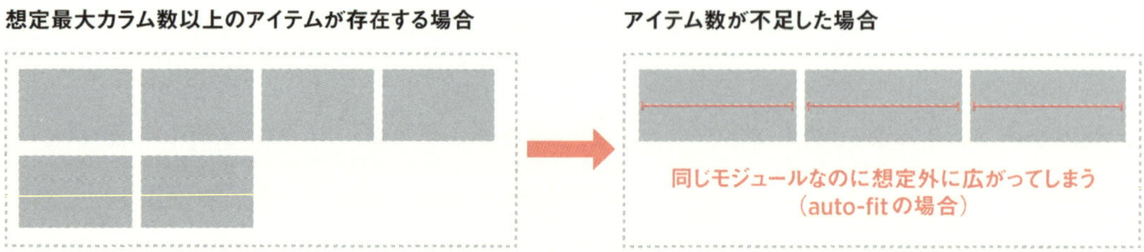

もう1つは**「IE11で機能しない」**という点です。gridプロパティ自体はIE11も対応していますが、今回のサンプルで使ったようなminmax()関数や、rep eat()関数でのauto-fitなどの値は非対応であるため、IE11でもある程度レイアウトを崩さずに見せたいという要望がある場合は使えません。特に受託制作の現場の場合はクライアント都合で対応を求められることもありますので、ケースバイケースで対応を検討する必要があるでしょう。

gapプロパティ

本書ではgridレイアウトでgapを使うとカード型レイアウトなどでの段間の指定が非常に簡単に実装できると紹介しましたが、実は**flexboxでもgapプロパティは使えます**。

```
.selector {
  display: flex;
  gap: 20px;
}
```

このようにgridレイアウトと同じ感覚で隣接するアイテム同士の間にだけ指定サイズの余白を設定できるので、サンプル04-04, 04-05で解説したようなmarginを使った面倒な指定は、実はもう必要ありません。

ただしflexboxでのgapプロパティは2021年5月にSafariを含めたモダンブラウザ全てに実装されたばかりです。モダンブラウザの最新版が世間に浸透するスピードはかなり早いとはいえ、後方互換を全く気にせずに自由に使えるようになるまでには少し時間がかかるかもしれませんし、当然ですがIE11は非対応です。したがって実務で実際に利用できるかどうかは案件ごとの動作保証環境の条件による、という状況がしばらく続くかもしれません。

LESSON 05

3つのレイアウト手法とその使い分け

現在CSSにはflexboxレイアウト、gridレイアウト、floatレイアウトという3つの主なレイアウト手法があります。Chapter1の最後に、3つのレイアウト手法の特徴と使い分けについて触れておきたいと思います。

floatレイアウトの問題点と現在の用途

3つのレイアウト手法のうち、最も古く、長らくCSSレイアウトの中心的役割を担ってきたのはfloatレイアウトです。ただし、floatプロパティは本来「回り込み」を実現するためのものであって、複雑な段組みレイアウトのために作られたものではなかったため、

- 横並びにしたブロックの高さを揃えられない
- 横並びにしたブロックは上揃えにしかならない
- 少しでも幅の計算を間違えるとすぐにカラム落ちする
- float解除の仕組みが分かりづらい

といった問題が多く、長らくコーディング実装者を悩ませてきました。

現在ではflexboxレイアウト・gridレイアウトといった新しいレイアウト手法が使えるため、基本的に段組みレイアウトをするのにfloatを使うことはありませんが、唯一本来の役割である「テキストの回り込み」をさせたい場合はfloatプロパティでなければ実現ができないので、floatを使うことになります。

floatプロパティの用途

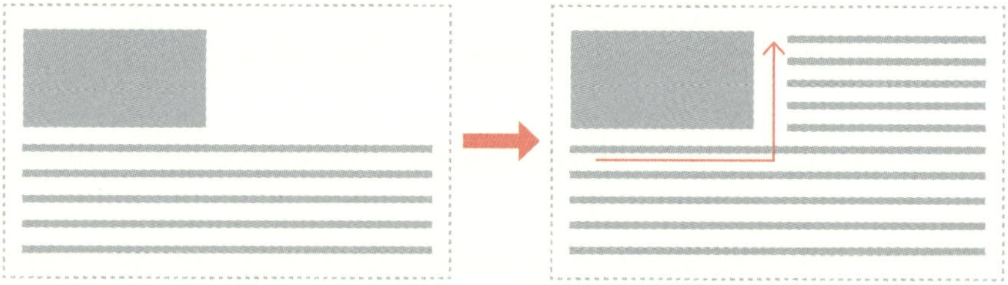

flexboxの特徴と主な用途

flexboxレイアウトは現在のWeb制作においてレイアウト手法の主流となるものであり、大半のレイアウトはflexboxで実現できます。

flexboxレイアウトの特徴は一方向の軸に沿ってアイテムを並べる**「一次元のレイアウト」**であるという点にあります。

一次元のレイアウト概念図

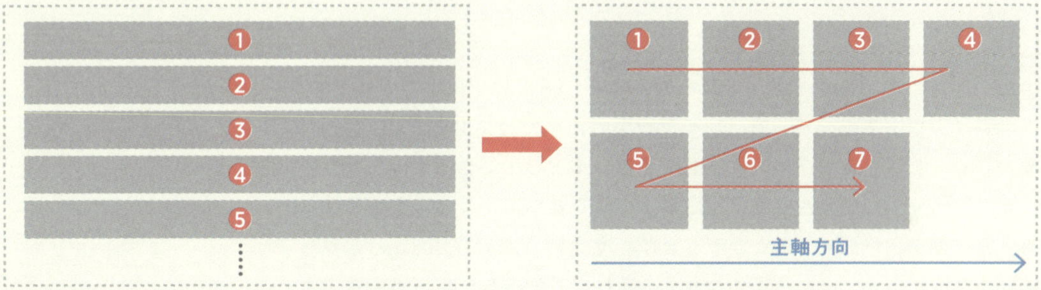

1行だけの横並びはもちろんのこと、折り返して複数行で横並びにする際も、常に決められた軸の方向に沿って1列にアイテムが並ぶ特徴があるため、**要素の追加・削除などの変更に強く、成り行きでコンテンツを配置することの多いCMS環境での実装とも非常に相性が良い**のが特徴です。

また、IE11も含めて主要なすべてのモダンブラウザ環境でベンダープレフィックスなしで利用できます。

gridの特徴と主な用途

gridレイアウトは**あらかじめ決められた枠の中にアイテムを入れていく**ようなレイアウトで最も威力を発揮します。gridレイアウトではdisplay:gridでgridレイアウトを利用するためのコンテナを指定した後、縦横のグリッド線で仕切られたエリア枠を設定し、その中に必要なコンテンツを配置する**「二次元のレイアウト」**である点が大きな特徴です。

二次元のレイアウト概念図

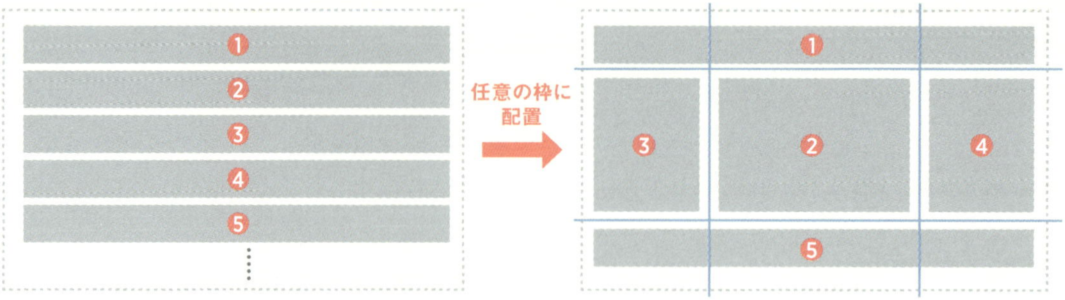

gridレイアウトではレイアウトのための枠をCSSだけで設定できるため、従来のレイアウトで必須だった「レイアウトのためだけに必要なdiv枠」が不要となり、とてもシンプルなHTML構造でレイアウトできるようになります。また、「grid」の名の通り格子状にボックスを並べていくようなレイアウトも非常に簡単に作成することができます。そういう点ではflexboxよりも更に守備範囲が広く、近い将来flexboxに変わってCSSレイアウトの主流となる可能性が高いものであると言えます。

ただし前述の通りIE11だけはgridの仕様や構文が他と異なったり、使えない機能や値が多く、できることが限られるなど、flexboxほど自由に使えるわけではないという問題があります。この点についてはIE11を完全にサポート外とすることができる状況であれば気にする必要はありませんが、念の為、実案件で使用する場合には必ず事前にIE11対応の有無について確認したほうがよいでしょう。また、仮に対応する必要があればAutoprefixerを導入した上で、IE11でも問題なく利用できる範囲内での使い方に留めるなどの配慮が必要となります。

Point

IE11のサポート期限

Windows10のIE11は2022年6月15日でMicrosoftのサポートが終了します。Windows7,8.1のIE11については2025年までサポートが継続するとはいえ、最もシェアの大きいOS上でサポートが終了（これ以降はIE11の起動もできなくなり、Edgeにリダイレクトされる）となるため、2022年以降はクライアントに対してIE11をサポート対象から外すよう提案しやすくなることが予想されます。

AutoprefixerとIE11のgrid対応

Autoprefixerとは、ブラウザのサポート状況に応じて必要なベンダープレフィックスや別構文を自動的に補完してくれるツールです。制作現場では標準仕様のCSSを使用しながら、数世代前のモダンブラウザやIEなどにも対応できるようにコードを補完するために広く使用されています。Autoprefixerには主に次の3つの導入方法があります。

1. オンラインツールを利用（https://autoprefixer.github.io/@end）
2. エディタの拡張機能を利用（VSCode用、Brackets用など）
3. gulpなどのタスクランナーやwebpackなどのモジュールバンドラーを利用

ただし、gridプロパティのIE11対応に関してはエディタの拡張機能では対応できないので、IE11のgrid対応の目的で使用する場合には1か3を選択するようにしましょう。

なお、IE11でgridレイアウトを利用するための環境設定や、IE11でも実現可能な機能について筆者がまとめたブログ記事がありますので、まだIE11対応が必要な環境にいる方は参照してください。

参考:

「<IE11対応>実務で使うGridレイアウト【環境構築編(gulp)】」
http://roka404.main.jp/blog/archives/384

参考:

「<IE11対応>実務で使うGridレイアウト【機能編】」
http://roka404.main.jp/blog/archives/419

flexboxが得意とするレイアウト

実務でよく使うflexboxの利用シーンをサンプルを交えていくつか確認しておきましょう。

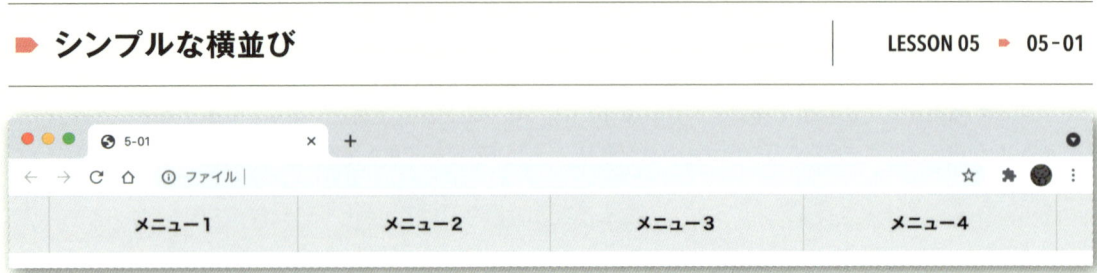

シンプルな横並び

LESSON 05 ▶ 05-01

HTML

```
<nav class="gnav">
  <ul class="gnavList">
    <li class="“gnavList__item">
      <a href="#" class="“gnavList__link">メニュー1</a>
    </li>
    <li class="“gnavList__item">
      <a href="#" class="“gnavList__link">メニュー2</a>
    </li>
    <li class="“gnavList__item">
      <a href="#" class="“gnavList__link">メニュー3</a>
    </li>
    <li class="“gnavList__item">
      <a href="#" class="“gnavList__link">メニュー4</a>
    </li>
  </ul>
</nav>
```

CSS

```
.gnav {
  background: #e7e7e7;
}
.gnavList {
  display: flex;
  max-width: 1000px;
  margin: 0 auto;
  border-right: 1px solid #ccc;
}
```

```
.gnavList__item {
  width: 25%;
  border-left: 1px solid #ccc;
}
～以下省略～
```

4つのメニューを単純に横並びで配置するだけのシンプルなグローバルナビです。このような一行完結の横並びレイアウトで、flexboxは最も威力を発揮します。

上記のCSSコードで「横並び」を実現しているのはたった1行「display: flex」だけであることに注目して下さい。これだけで直下の子要素は自動的に横一列に並び、かつ高さも自動的に揃います。

上下左右中央揃え

LESSON 05 ▶ 05-02

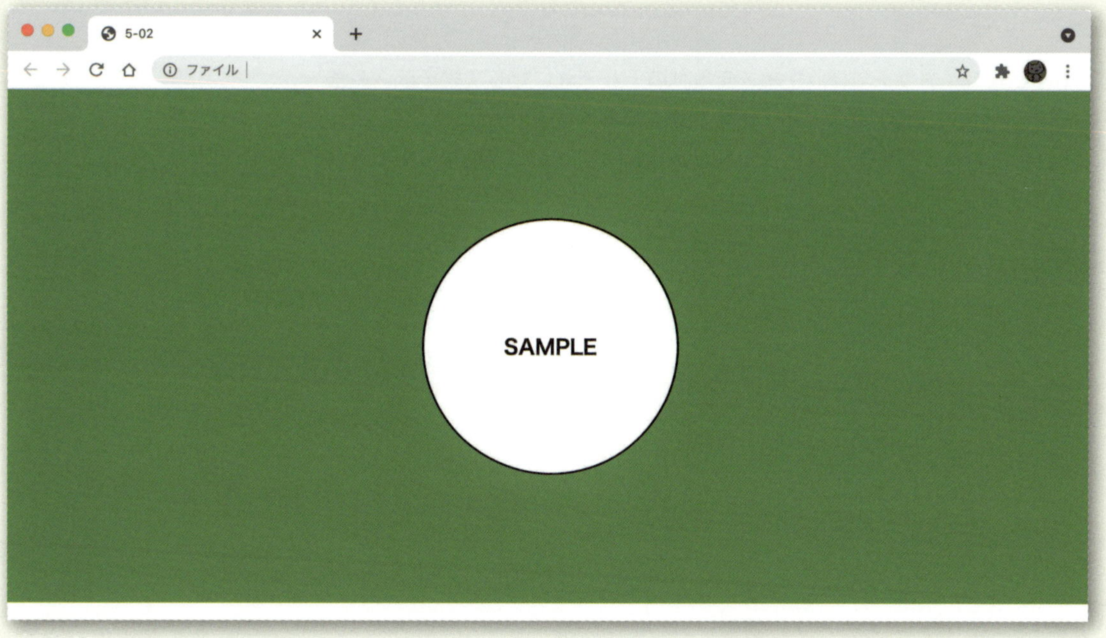

HTML

```
<div class="hero">
  <div class="hero__inner">
    <p class="hero__txt">SAMPLE</p>
  </div>
</div>
```

CSS

```css
.hero {
  display: flex;
  justify-content: center;
  align-items: center;
  height: 500px;
  background: #509422;
}
.hero__inner {
  display: flex;
  justify-content: center;
  align-items: center;
  width: 250px;
  height: 250px;
  border-radius: 50%;
  border: 2px solid #000;
  background: #fff;
}
.hero__txt {
  font-weight: bold;
  font-size: 20px;
}
```

flexboxレイアウトでは、主軸・交差軸のそれぞれに対してアイテムの整列方法を自由に設定できるため、主軸がrowであればalign-items: center、主軸がcolumnであればjustify-content: centerとすることで簡単に上下方向にも中央揃えを設定できます。

均等配置

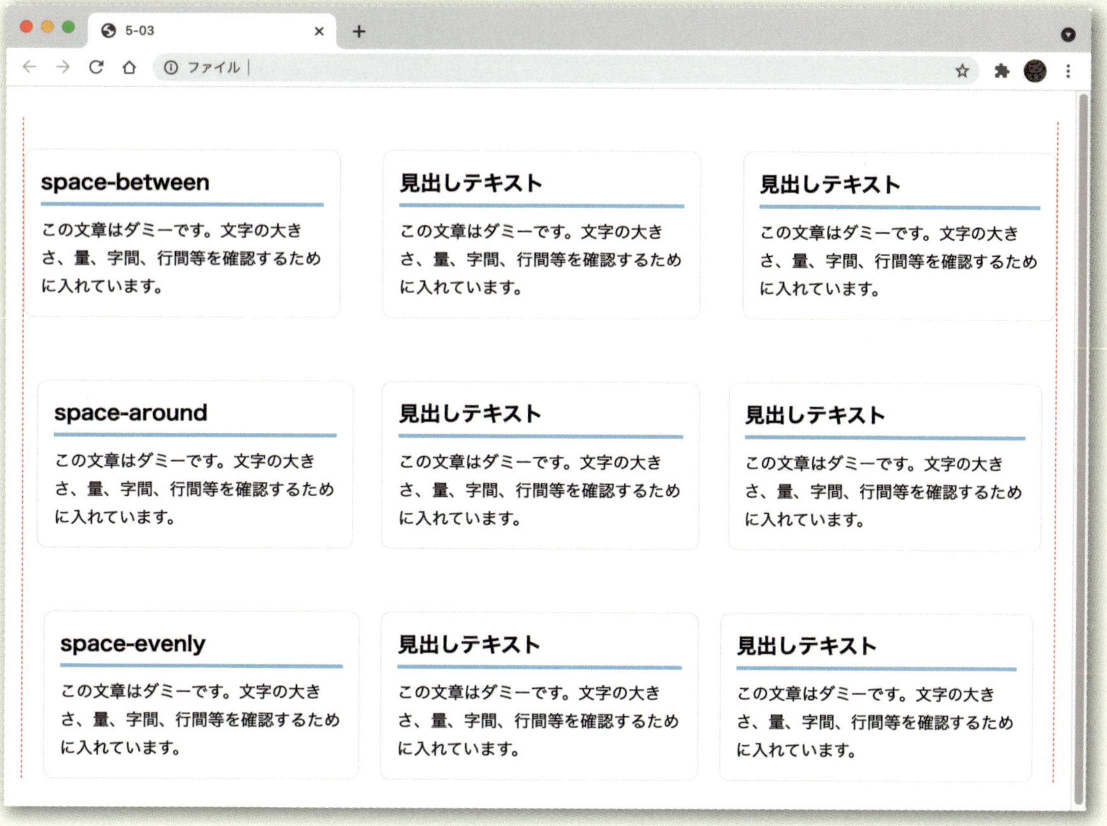

HTML

```
<div class="cardList _space-between">
  <section class="cardList__item"> ～省略～ </section>
  <section class="cardList__item"> ～省略～ </section>
  <section class="cardList__item"> ～省略～ </section>
</div>

<div class="cardList _space-around">
  <section class="cardList__item"> ～省略～ </section>
  <section class="cardList__item"> ～省略～ </section>
  <section class="cardList__item"> ～省略～ </section>
</div>

<div class="cardList _space-evenly">
  <section class="cardList__item"> ～省略～ </section>
  <section class="cardList__item"> ～省略～ </section>
  <section class="cardList__item"> ～省略～ </section>
```

```
</div>
```

CSS

```
.cardList__item {
  margin-top: 30px;
}
/*for PC*/
@media screen and (min-width: 768px),print {
  .cardList {
    display: flex;
    margin-top: 30px;
  }
  .cardList._space-between {
    justify-content: space-between;
  }
  .cardList._space-around {
    justify-content: space-around;
  }
  .cardList._space-evenly {
    justify-content: space-evenly;
  }
  .cardList__item {
    width: calc((100% - 80px) / 3);
  }
}
```

もう1つflexboxでよく使われるのが、アイテムの「均等配置」です。

均等配置の値にはspace-between／space-around／space-evenlyの3種類があります。3つの値の余白の分配方法の違いは以下の通りです。

justify-contentの値	余白分配の挙動
space-between	最初と最後のアイテムを両端に寄せ、残りの余白を均等にアイテム間に分配。
space-around	各アイテムの左右に均等に余白を分配。(※最初と最後のアイテムの外側の余白は、アイテム間余白の1/2)
space-evenly	最初と最後のアイテムの外側およびアイテム間の全ての余白が均等になるように分配。

※space-evenlyはIE11非対応です

均等配置3つの値と余白配分の違い

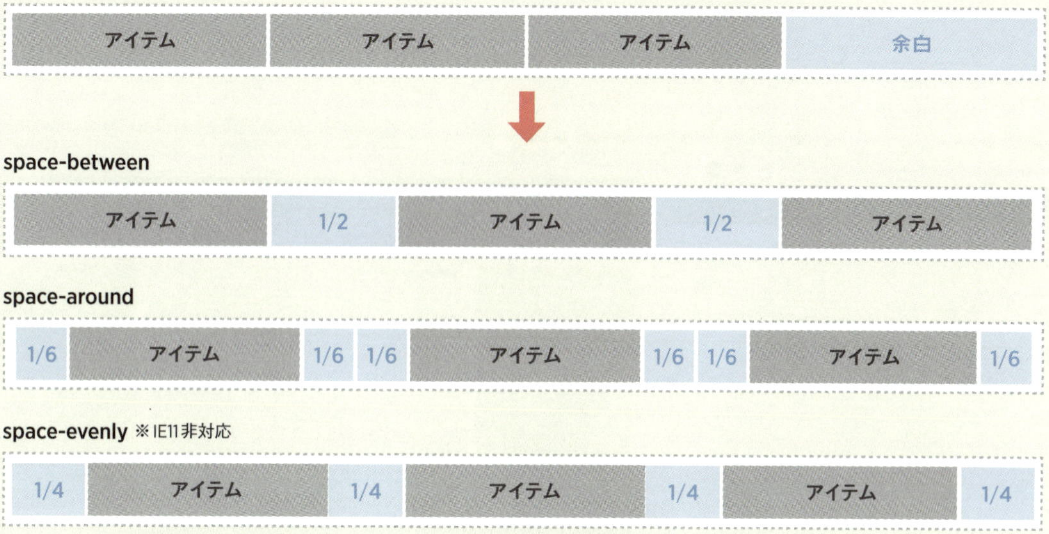

なお、flexboxレイアウトにおいてはjustify-contentで主軸方向の均等配置、align-contentで交差軸方向の均等配置となりますが、実際にはjustify-contentで使用するケースがほとんどです。

gridが得意とするレイアウト

gridが得意とする「決められた枠の中にアイテムを配置する」タイプのレイアウトのサンプルを確認しておきましょう。このタイプのレイアウトは、p.57で紹介した格子状にアイテムが並ぶカード型レイアウトと違ってIE11でも問題なく実装可能ですので、名実ともにgridの最も得意とする典型的な例であると言えます。

聖杯レイアウト

（SP表示）

（PC表示）

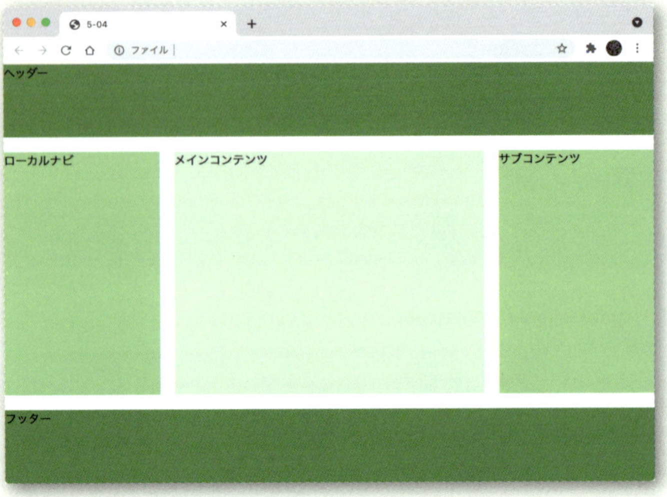

HTML

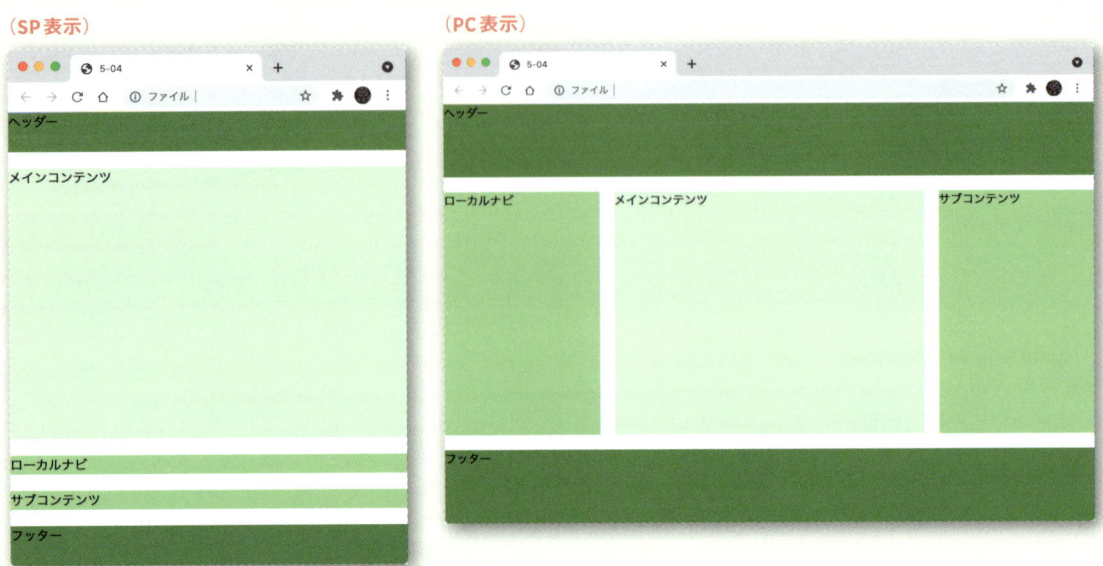

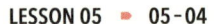

```
<div class="container">
  <header class="header">ヘッダー</header>
  <main class="main">メインコンテンツ</main>
  <nav class="lnav">ローカルナビ</nav>
  <aside class="sidebar">サブコンテンツ</aside>
  <footer class="footer">フッター</footer>
</div>
```

CSS

```
/*----------------------------------------
  Gridの設定
----------------------------------------*/
.container {
  display: grid;
  grid-template-columns: 1fr;
  grid-template-rows: 50px 1fr auto auto 50px;
  grid-template-areas:
    "header"
    "main"
    "lnav"
    "sidebar"
    "footer";
  gap: 20px;
```

```
  max-width: 1000px;
  min-height: 100vh;
  margin: 0 auto;
}
/*for PC*/
@media screen and (min-width: 768px),print {
  .container {
    grid-template-columns: 24% 1fr 24%;
    grid-template-rows: 100px 1fr 100px;
    grid-template-areas:
      "header header header"
      "lnav main sidebar"
      "footer footer footer";
  }
}

/*---------------------------------------
  Gridアイテムの設定
---------------------------------------*/
.header {
  background: #509422;
  grid-area: header;
}
.main {
  background: #e5f3db;
  grid-area: main;
}
.lnav {
  background: #aeda90;
  grid-area: lnav;
}
.sidebar {
  background: #aeda90;
  grid-area: sidebar;
}
.footer {
  background: #509422;
  grid-area: footer;
}
```

こちらはgridレイアウトが得意とするレイアウト例としてよく紹介される「聖杯レイアウト」のサンプルですが、中段の3カラムになっているエリアを囲む**レイアウト専用の枠が必要ない**という点に注目してください。

grid-templateプロパティで枠を定義するため、gridを利用すると決まった構造で縦横に結合されたような複雑なレイアウトでも必要最小限のマークアップのままレイアウトが実現できるというメリットがあります。

大胆に配置が変わるレイアウト

LESSON 05 ▶ 05-05

（SP表示）

（PC表示）

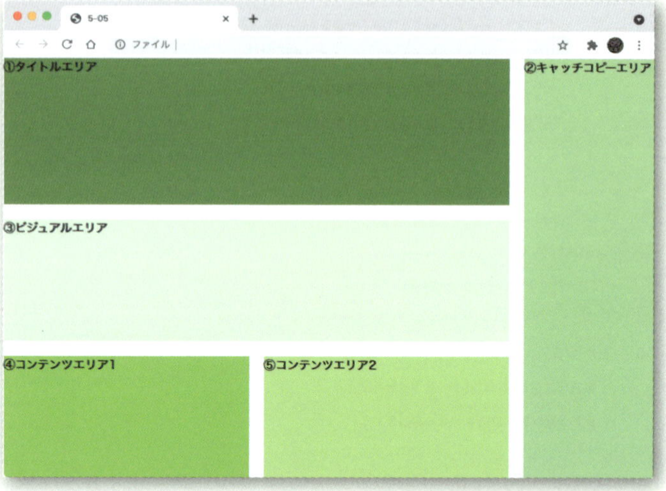

HTML

```html
<div class="container">
  <div class="title">①タイトルエリア</div>
  <div class="catch">②キャッチコピーエリア</div>
  <div class="visual">③ビジュアルエリア</div>
  <div class="contents1">④コンテンツエリア1</div>
  <div class="contents2">⑤コンテンツエリア2</div>
</div>
```

CSS

```css
/*----------------------------------------
  Gridの設定
----------------------------------------*/
.container {
  display: grid;
  grid-template-columns: 100%;
```

```
  grid-template-rows: 100px 100px 50vw 1fr 1fr;
  grid-template-areas:
    "title"
    "catch"
    "visual"
    "contents1"
    "contents2";
  gap: 20px;
  max-width: 1000px;
  min-height: 100vh;
  margin: 0 auto;
}
/*for PC*/
@media screen and (min-width: 768px),print {
  .container {
    grid-template-columns: 1fr 1fr 20%;
    grid-template-rows: 200px 1fr 1fr;
    grid-template-areas:
      "title title catch"
      "visual visual catch"
      "contents1 contents2 catch";
  }
}

/*-----------------------------------------
  Gridアイテムの設定
-----------------------------------------*/
.title {
  background: #509422;
  grid-area: title;
}
.catch {
  background: #aeda90;
  grid-area: catch;
}
.visual {
  background: #e5f3db;
  grid-area: visual;
}
.contents1 {
  background: #9acd32;
  grid-area: contents1;
}
.contents2 {
  background: #c5eb7b;
  grid-area: contents2;
}
```

05-05のサンプルは、PCレイアウトで②だけ右カラムに移動しているのがポイントです。文書構造的にマークアップはSP用の順番で記述する必要があるのですが、仮にflexboxで組もうとすると「②とそれ以外」のようにグルーピングすることができないため、物理的に実装できません。

しかしgridの場合、HTML構造とレイアウトに必要なグルーピングの構造が異なっていたとしても、物理的にHTMLタグを挿入する必要はないため、シンプルなHTML構造のまま自由なレイアウトが可能です。このようなレイアウトはgridを使わないと実装不可能か、あるいはコードに無理・無駄が多くなってメンテナンスしづらい難解な実装しかできない可能性が非常に高いため、gridが第一選択肢となる代表的なものであると言えます。

なおgrid以外での実装例をサンプルデータフォルダ内に用意してありますので、興味のある人はコードを確認してみてください。(Lesson05/5-05/)

EXERCISE 01

レスポンシブコーディングの基本をマスター

用意したデザインカンプをもとに、各自でレスポンシブ対応のコーディングをしてみましょう。
Chapter 1 で学んだことを参考にしてチャレンジしてください！

完成レイアウト

コーディング仕様

Specifications

動作保証環境	各種モダンブラウザ最新版 ＋ IE11（大きく崩れない程度で良い）
ブレイクポイント	768px（768px 以上でPCレイアウト）
レスポンシブ仕様	フルレスポンシブ・モバイルファースト方式

※EXERCISE 02〜04も、すべて同様のコーディング仕様となります。

デザイン仕様＆ポイント

Point

Point 1 ヘッダー・メインビジュアル領域

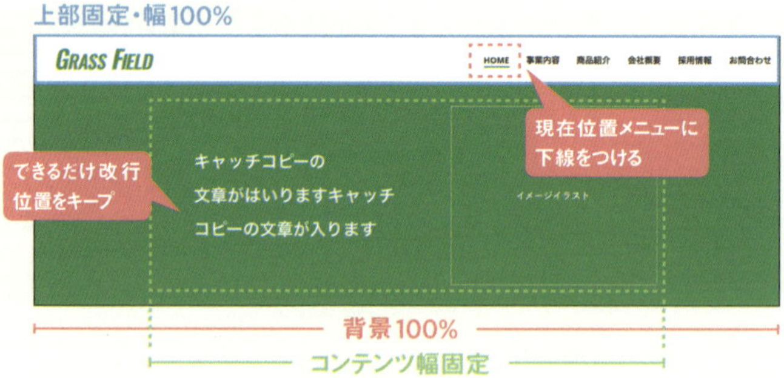

Point 2 「SERVICE」のPC表示

Point 3 「PICK UP」のPC表示

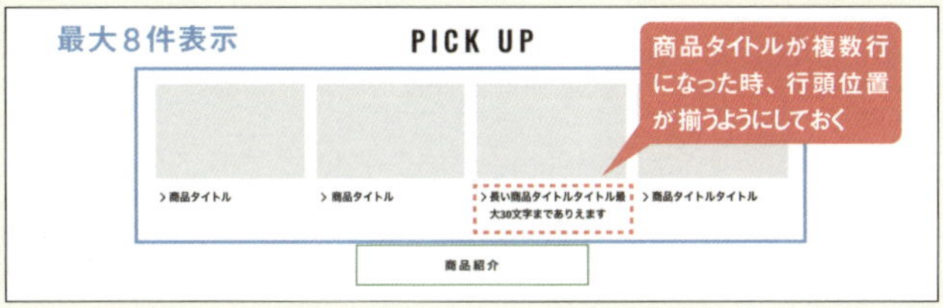

Point 4 スマートフォン・メニューの開閉

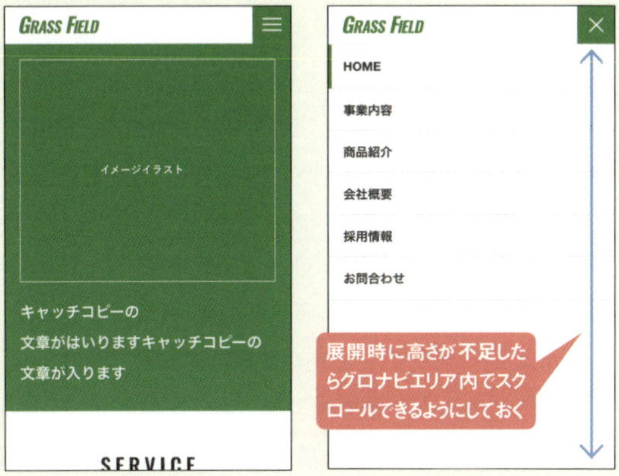

Point 5 「SERVICE」のスマートフォン表示

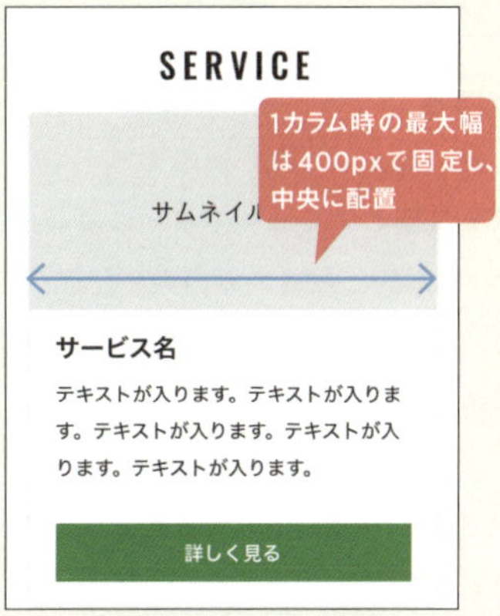

作業手順 Procedure

❶デザインカンプ（XD）上のコメントで細かいデザイン仕様を確認する
❷事前にマークアップ済みのHTMLとデザインカンプを照らし合わせて設定されている要素やclass名、ボックス枠のとり方などを把握する
❸コーディングに必要な数値（ボックスの幅、余白、色、文字サイズ・行間など）を確認する
❹指定されたコーディング仕様でレスポンシブコーディングする
❺各種ブラウザ環境で表示に問題がないか確認する
❻完成コード例を確認する

作業フォルダの構成

Folder

```
/EXERCISE01/
 ├/作業フォルダ/
 │ ├index.html
 │ ├/img/
 │ └/css/
 │   ├common.css ········ reset＋サイト共通スタイル
 │   └top.css ··········· トップページ専用スタイル
 └/完成サンプル/
```

作業上の注意

- この練習問題ではマークアップは事前に用意しているので、基本的にCSSのみ自力で記述してください。ただし、実装の都合でどうしてもHTMLを変更したい場合には各自の判断で追加・変更しても構いません。
- Sassなどのプリプロセッサを使っていないため、共通スタイル＋個別スタイルの2枚を読み込む方式でコーディングしています。追加スタイルがサイト共通のものならcommon.cssへ、このページ独自のものならtop.cssへ追記してください。
- 指定のブレイクポイント1つでそのままコーディングすると中間サイズでレイアウトに無理が生じる箇所が出てくるので、途中でカラム数を変化させるなどしてどのような画面幅で閲覧してもレイアウトに無理がないように調整してください。

補足

- コーディングに必要な数値はXDのカンプファイルから各自取得してください。また、細かいデザイン仕様などもXD上にコメントを記載してありますのでそちらを参照してください（無料のスタータープランがありますので所持していない人はインストールしてください）。
https://www.adobe.com/jp/products/xd/pricing/individual.html
- 基本フォントにNoto Sans、欧文見出しにOswaldを使用しています。XD上でデザインが崩れる恐れがあるので、フォントがインストールされていない場合はGoogle Fontsからダウンロード・インストールしておいてください。

CHAPTER 2

応用レイアウト

Practical Layout

Chapter2では、実務でよく見るコンポーネント（部品）のコーディングを通して、「アスペクト比の制御」「背景色エリアの制御」「カードレイアウト」「ブロークングリッドレイアウト」など、実務レベルのコーディングに必要な知識とテクニックを学んでいきます。また、どのようにサイズが変わってもレイアウトが破綻しないような細かい配慮についても、サンプルを通して解説していきます。

LESSON 06

アスペクト比固定ボックス

「アスペクト比（縦横比）を固定したまま拡大縮小するボックス」は、レスポンシブサイトでは必ずと言って良いほど出てくるものですが、CSSでこれを実現するには一工夫が必要になります。いくつかの実装方法がありますのでマスターしておきましょう。

Youtube／GoogleMapの埋め込み

デザイン通りのアスペクト比を維持したまま拡大縮小させたいボックス領域の事例として代表的なのが、YoutubeやGoogleMapなどの外部サービスを埋め込むケースです。

各サービスからHTML埋め込みタグを取得してくると、最初は幅と高さが固定されたiframe要素となっています。これを希望するデザインのアスペクト比（今回は16：9）で拡大縮小させてみましょう。

GoogleMapを埋め込む

LESSON 06 ▶ 06-01

（SP表示）

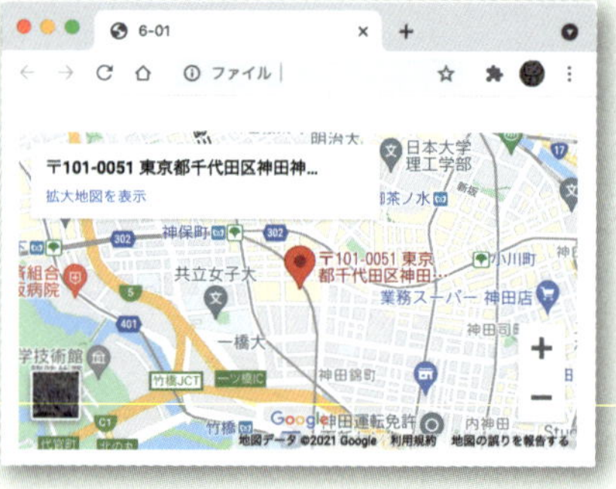

（PC表示）

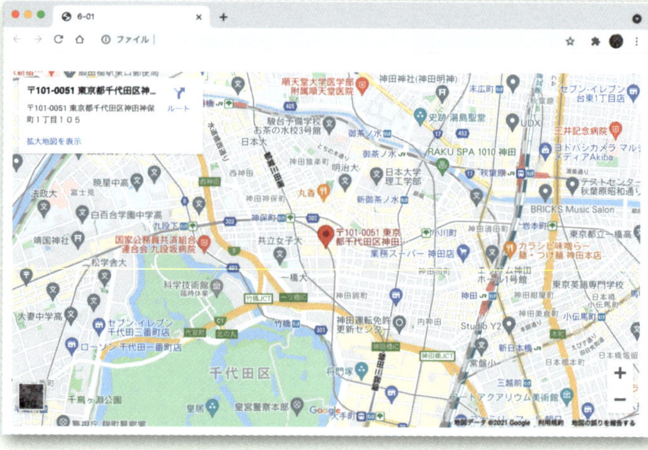

HTML

```html
<div class="map">
  <iframe src="https://www.google.com/maps/embed?…省略…" width="600"
height="450" style="border:0;" allowfullscreen="" loading="lazy"></iframe>
</div>
```

CSS

```css
.map {
  position: relative;
  padding-top: 56.25%; /* 9÷16×100 */
}
.map iframe {
  position: absolute;
  top: 0;
  left: 0;
  width: 100%;
  height: 100%;
}
```

これは「**padding-topハック**」と呼ばれる手法です。margin・paddingの%値は、上下左右いずれも「親要素の横幅」を基準として計算される仕様ですので、まず埋め込み用のiframeをdivタグで囲み、そこにpadding-topで希望する比率（今回は16：9の領域にしたいので9 ÷ 16 × 100% = 56.25%）になるように%値を計算して設定します。これで常に16：9の比率を保ったまま拡大縮小する領域を確保できます。

ただし、paddingで領域を確保しただけなのでそのままではこの中にコンテンツを入れることができません。**padding-topハックを利用する場合は必ず中に入れたいコンテンツを絶対配置（position: absolute）で上に乗せることがセット**になるので注意が必要です。

Memo

padding-topハックでは確保した領域の上にコンテンツを絶対配置で乗せているので、確保した領域からコンテンツがはみ出してはいけません。長文テキストや、長さの変動する不定量のテキストなどでは原則避けたほうが良いでしょう。

アスペクト比固定ボックスの最大幅を固定する

サンプル06-01ではアスペクト比固定領域がシングルカラム領域に配置される＝常に幅100%で配置される前提で考えましたが、例えばPCレイアウトで大きくなりすぎないように16：9のアスペクト比を維持したまま、最大幅は700pxで固定したい場合はどうでしょうか？

要素にpadding-topを付けたままmax-widthを指定

（SP表示）

（PC表示）

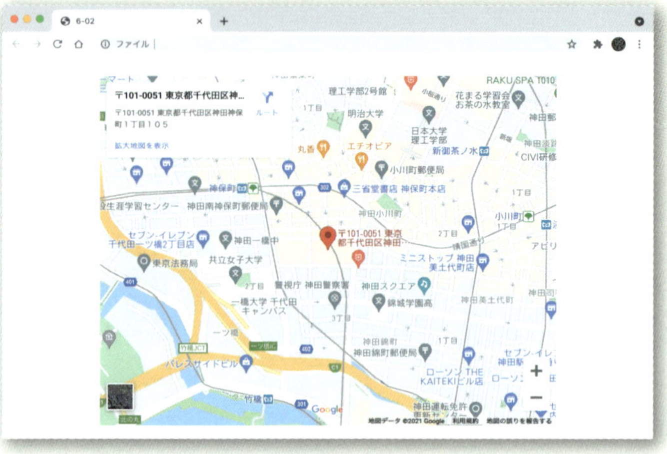

HTML

```
～サンプル06-01と同じであるため省略～
```

CSS

```
/*-----------------------------------------
  Google Map
-----------------------------------------*/
.map {
  position: relative;
  max-width: 700px;
  margin: auto;
  padding-top: 56.25%; /* 9÷16×100 */
}
.map iframe {
  ～省略～
}
```

サンプル06-01と同じくアスペクト比を16：9で固定してレスポンシブ化したGoogleMapに、max-widthで最大幅を指定した場合、700pxでGoogle Mapの幅が固定されたあとブラウザ幅を広げると、高さがどんどん大きくなって16：9のアスペクト比が崩れてしまいます。これは、**padding-topは要素自身の幅ではなく、あくまで「親要素の横幅」を基準に算出される**ためにおこる現象です。

▶ 擬似要素にpadding-topを付ける

（SP表示）

（PC表示）

CSS

```
/*----------------------------------------
  Google Map
----------------------------------------*/
.map {
  position: relative;
  max-width: 700px;
  margin: auto;
}
.map::before {
  content:“ ”;
  display: block;
  padding-top: 56.25%; /* ここに付ける */
}
.map iframe {
～省略～
}
```

こちらのサンプルでは.map自身ではなく、.mapのbefore擬似要素にpadding-topを付けています。このように**擬似要素に対してpadding-topを付けておけば、自分自身の幅がどのように変わっても常に自分の幅を基準にアスペクト比を算出できるようになります。**

padding-topハックを使ってアスペクト比を確保し、かつ自分自身の幅が100%以外の状態になる可能性がある場合には、擬似要素に対してpadding-topを付けるようにしておくのが良いでしょう。

aspect-ratio

CSS

```css
/*---------------------------------------
  Google Map
---------------------------------------*/
.map {
  position: relative;
  max-width: 700px;
  margin: auto;
  aspect-ratio: 16/9;
}
.map iframe {
  width: 100%;
  height: 100%;
}
```

ボックスのアスペクト比を指定したい、という要望はレスポンシブコーディングではかなり多いため、「**aspect-ratio**」というプロパティが追加されました。aspect-ratioは要素に対して直接アスペクト比を指定できるため、大変分かりやすく、コードもシンプルになります。

aspect-ratioは2021年9月にIEを除く全てのモダンブラウザに機能が実装されましたので、今後はpaddingハックに変わってアスペクト比固定の主要な手段となっていくものと思われます。

https://caniuse.com/?search=aspect-ratio

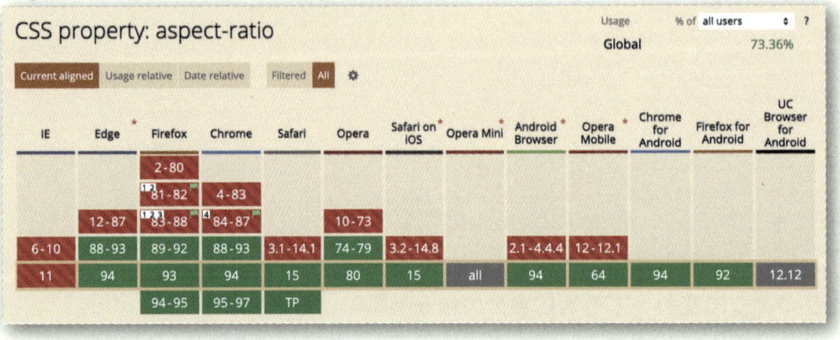

カード型レイアウト

Lesson04でボックスのみのカード型レイアウトを学びましたが、実際のデザインでは画像＋テキストで構成されたカード型のレイアウトが多用されます。画像が入ると画像のレスポンシブも考慮する必要があり、より細かな対応が求められるので、その対応方法を学びましょう。

サムネイルカード

サムネイルカードレイアウトの場合、サムネイルエリアを背景画像で実装するケースと、img画像で実装するケースに分かれます。背景画像とimg画像ではレスポンシブの対応方法が変わってきますので、それぞれのケースについて実装方法を見ていきましょう。

なお、このセクションではマルチカラム化のレイアウト自体はLesson04のサンプル04-05と同じ手法を採用しているので、解説は省略します。

背景画像サムネイル

LESSON 07 ▶ 07-01

（SP表示）

7-01
ファイル
この文章はダミーです。文字の大きさ、量、字間、行間等を確認するために入れています。
この文章はダミーです。文字の大きさ、量、字間、行間等を確認するために入れています。

（PC表示）

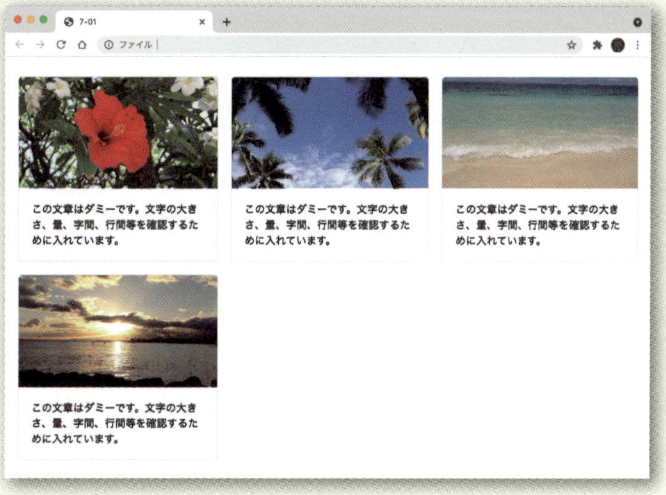
7-01
ファイル
この文章はダミーです。文字の大きさ、量、字間、行間等を確認するために入れています。
この文章はダミーです。文字の大きさ、量、字間、行間等を確認するために入れています。
この文章はダミーです。文字の大きさ、量、字間、行間等を確認するために入れています。
この文章はダミーです。文字の大きさ、量、字間、行間等を確認するために入れています。

HTML

```html
<ul class="cardList">
  <li class="cardList__item">
    <a href="#" class="card _card01">
      <p class="card__txt">この文章はダミーです。文字の大きさ、量、…</p>
    </a>
  </li>
  <li class="cardList__item">
    <a href="#" class="card _card02">
      <p class="card__txt">この文章はダミーです。文字の大きさ、量、…</p>
    </a>
  </li>
  <li class="cardList__item">
    <a href="#" class="card _card03">
      <p class="card__txt">この文章はダミーです。文字の大きさ、量、…</p>
    </a>
  </li>
  <li class="cardList__item">
    <a href="#" class="card _card04">
      <p class="card__txt">この文章はダミーです。文字の大きさ、量、…</p>
    </a>
  </li>
</ul>
```

CSS

```css
.card {
  display: block;
  border: 1px solid #e7e7e7;
  border-radius: 5px;
  color: inherit;
  text-decoration: none;
  transition: color .3s;
}
.card::before {
  content: "";
  display: block;
  padding-top: 56.25%;
  border-radius: 5px 5px 0 0;
  background-position: center;
  background-size: cover;
  transition: .3s;
}
.card__txt {
  margin: 20px;
}
/*サムネイル画像指定*/
.card._card01::before {
```

```
  background-image: url(img/001.jpg);
}
.card._card02::before {
  background-image: url(img/002.jpg);
}
.card._card03::before {
  background-image: url(img/003.jpg);
}
.card._card04::before {
  background-image: url(img/004.jpg);
}

/*hover*/
.card:hover {
  color: tomato;
}
.card:hover::before {
  opacity: 0.7;
}
```


背景画像で作るサムネイルのポイントは、前述のpadding-topハックとbackground-sizeプロパティを組み合わせる点です。**background-size: cover**を設定しておくことで指定領域のサイズがどのように変化しても自動的に背景画像で覆ってくれるため、サムネイルエリアの画像のコントロールが楽であることがメリットです。例えば、このサンプルで使用しているサムネイル画像の実寸サイズは640×480（1：3）ですが、CSSによって16：9の比率でトリミングして表示しています。

一方、使用する画像をCSSで指定するので、**頻繁に更新が必要となる場合はメンテナンス性が悪い**というデメリットが生じます。特にCMS組み込みなどで動的な出力が必要な場合は、**background-imageプロパティだけをHTML側にstyle属性で指定する**など、更新性の悪さをカバーする配慮が必要です。

CMSからの動的出力を考慮したコード例

HTML

```
<ul class="cardList">
  <li class="cardList__item">
    <a href="#" class="card" style="background-image:url(img/001.jpg)">
      <p class="card__txt">この文章はダミーです。文字の大きさ、量、…</p>
    </a>
  </li>
  ～以下省略～
</ul>
```

CSS

```
.card {
～同一であるため省略～
}
.card::before {
  content: "";
  display: block;
  padding-top: 56.25%;
  border-radius: 5px 5px 0 0;
  background-position: center;
  background-size: cover;
  transition: .3s;
}
.card__txt {
  margin: 20px;
}
/*サムネイル画像指定は削除*/
～以下省略～
```

img画像サムネイル

LESSON 07 ▶ 07-02

HTML

```
<ul class="cardList">
  <li class="cardList__item">
    <a href="#" class="card">
      <div class="card__thumb"><img src="img/001.jpg" alt="写真：赤いハイビスカス
"></div>
      <p class="card__txt">この文章はダミーです。文字の大きさ、量、…</p>
    </a>
  </li>
  ～以下省略～
</ul>
```

CSS

```
～省略～
.card__thumb {
  position: relative;
  transition: .3s;
}
.card__thumb::before {
  content: "";
  display: block;
  padding-top: 56.25%;
}
.card__thumb img{
  position: absolute;
  left: 0;
  top: 0;
  max-width: none;
  width: 100%;
  height: 100%;
  object-fit: cover;
  border-radius: 5px 5px 0 0;
}
～省略～
```

親要素にpadding-topハックで画像表示領域を確保

絶対配置でpadding領域に画像を被せる

padding領域全体にimg要素が広がる状態にした上で、object-fitでトリミング

商品写真など、画像自体が情報としての意味を持つようなサムネイル画像の場合は、マークアップの観点から背景画像ではなくimg画像を配置します。また、装飾としての意味合いが強いイメージ画像でも、背景画像化した場合の更新性の悪さを嫌う場合にはimg画像で実装するという選択肢もあります。

この場合、実画像そのままのアスペクト比で表示するなら何の問題もないのですが、実画像と表示上のアスペクト比を変えたいとなると背景画像のようにプロパティ1つで簡単に対応、というわけにはいきません。

特にクライアント自身が更新作業を行うCMS案件では、制作者サイドで登録する画像のサイズや比率を制御しきれないことが多いため、バラバラの素材が出力されてくることは十分に想像できます。デザイン段階では比率の揃った素材を準備できていたとしても、運用時にそれを維持できる保証がない場合にはあらかじめ対応できるように実装しておく必要があります。

このような場合、以前はpadding-topハック＋position: absolute＋overflow: hidden＋max-width/max-heightなど、複数のプロパティやテクニックを組み合わせてなんとか実現できるといった難易度の高い対応が必要でしたが、現在は**object-fit**を使うことで比較的簡単に解決できます。

（object-fitなし）

7-02
ファイル
この文章はダミーです。文字の大きさ、量、字間、行間等を確認
するために入れています。

（object-fitあり）

7-02
ファイル
この文章はダミーです。文字の大きさ、量、字間、行間等を確認
するために入れています。

Point

object-fit

IE11のサポートが必要な案件でobject-fitを使用する場合は、polyfillスクリプトで対応するようにしましょう。
URL: https://github.com/fregante/object-fit-images

object-fitはimg要素にpxなどの固定値でサイズを指定すればそのサイズの中に収まるように画像をトリミングしてくれますが、それ単体でアスペクト比を保ちつつ更に画像をレスポンシブ化することは基本的にできません。固定サイズでトリミングするのではなく、レスポンシブ対応でのトリミングを行いたい場合は、padding-topハックやaspect-ratioなど、**親要素側でアスペクト比を固定するテクニックと組み合わせて使用**することになります。

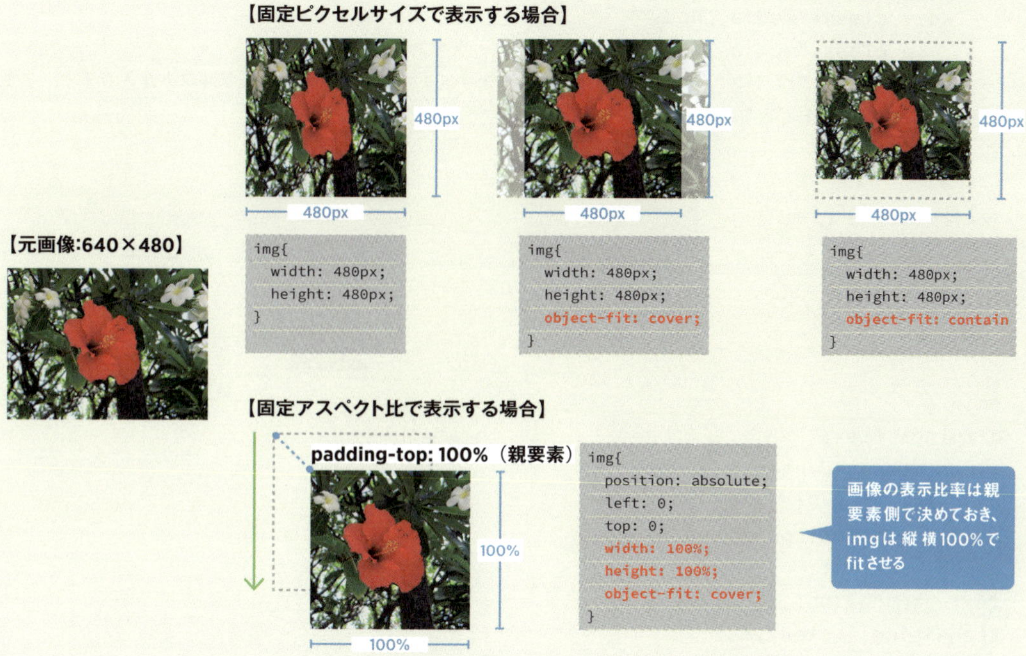

メディアカード

画像とタイトル・本文抜粋などのテキスト類を横並びにするレイアウトは、メディア系サイトの記事インデックスなどでよく使用されるため、メディアレイアウト、メディアカードなどと呼ばれることがあります。これも非常によくあるレイアウトパターンの1つです。

このタイプのレイアウトはfloat・flexbox・gridのいずれでも実装可能ですが、今回はflexboxで実装することを前提に実装上の注意点を見ていきましょう。

サムネイル幅のみ指定した場合の問題点

LESSON 07 ▶ 07-03

HTML

```
<ul>
  <li>
    <a href="#" class="media">
      <div class="media__thumb"><img src="img/001.jpg" alt="写真：赤いハイビスカス
"></div>
```

```
      <div class="media__body">
        <p class="media__catch">キャッチコピーテキスト</p>
        <p class="media__txt">テキストが入ります。テキストが入ります。テキストが入ります。テキストが入ります。テキストが入ります。テキストが入ります。</p>
      </div>
    </a>
  </li>
～省略～
</ul>
```

CSS

```
.media {
  display: flex;
  align-items: center;
  padding: 20px 0;
  border-bottom: 1px solid #e7e7e7;
  color: inherit;
  text-decoration: none;
  transition: color .3s;
}
.media__thumb {
  position: relative;
  transition: .3s;
  width: 30%;
  margin-right: 20px;
}
.media__body {
  font-size: 14px;
}
.media__catch {
  font-weight: bold;
}
.media__txt {
  margin-top: 1em;
  font-size: 0.8em;
}
～省略～
```

メディアカードの場合、基本的にサムネイル画像エリアに何らかのサイズ指定（%、pxなど）をしておき、テキストエリアは残りの幅いっぱいまでなりゆきで配置したいという場合がほとんどでしょう。

flexboxレイアウトはdisplay: flexとするだけでボックスを横並びにしてくれるので便利ではあるのですが、レイアウトの意図そのままにサムネイルエリアだけ幅指定した場合、次のような表示になってしまいます。

サムネイルだけwidth指定した場合の表示

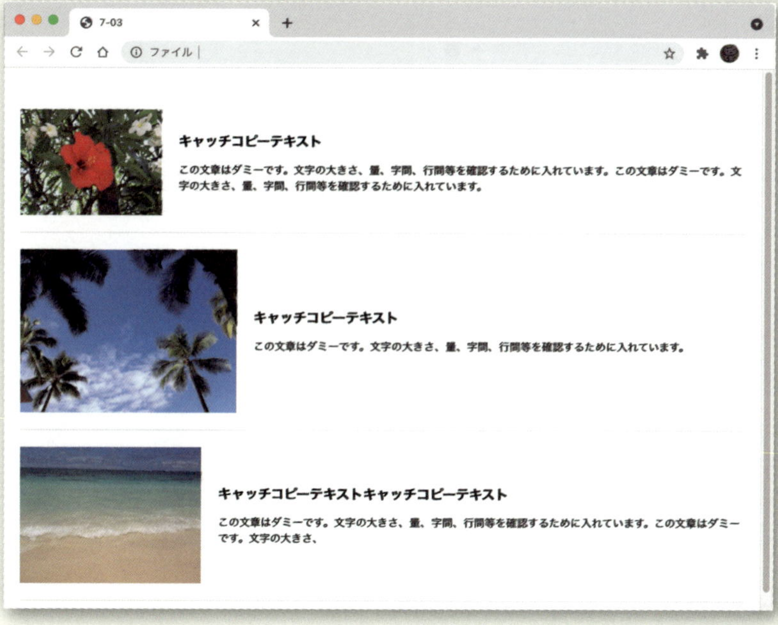
7-03
ファイル
キャッチコピーテキスト
この文章はダミーです。文字の大きさ、量、字間、行間等を確認するために入れています。この文章はダミーです。文字の大きさ、量、字間、行間等を確認するために入れています。
キャッチコピーテキスト
この文章はダミーです。文字の大きさ、量、字間、行間等を確認するために入れています。
キャッチコピーテキストキャッチコピーテキスト
この文章はダミーです。文字の大きさ、量、字間、行間等を確認するために入れています。この文章はダミーです。文字の大きさ、

flexboxの場合、コンテンツが1行に収まるように自動的にアイテム幅を調節します。この時、各アイテムの縮小率を指定する**flex-shrinkの初期値が1**（縮小する）になっているため、同じ行内に幅が指定されていない長文テキストがある場合、画像が押し込まれて縮小してしまいます。どの程度押し込まれてしまうかは隣接するアイテム内のテキスト量によって変動するので、このようにガタガタの表示になってしまうのです。

サムネイル幅のガタツキ防止例①

LESSON 07 ▶ 07-04

CSS

```css
.media__thumb {
  position: relative;
  transition: .3s;
  width: 30%;
  margin-right: 20px;
  flex-shrink: 0;
}
```

ガタツキ防止例の1つ目は、サイズ指定したいサムネイル側のボックスに、**flex-shrink: 0**を付けておくことです。flex-shrink: 0が設定されれば、指定した幅以下になることはありませんので、一番お手軽な対処法であると言えます。

サムネイルにflex-shrink:0を設定した場合の表示

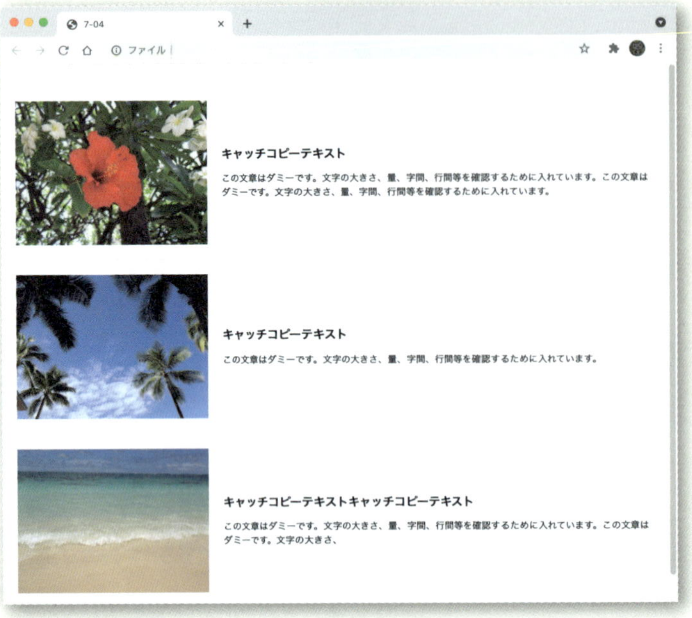
7-04
ファイル
キャッチコピーテキスト
この文章はダミーです。文字の大きさ、量、字間、行間等を確認するために入れています。この文章はダミーです。文字の大きさ、量、字間、行間等を確認するために入れています。
キャッチコピーテキスト
この文章はダミーです。文字の大きさ、量、字間、行間等を確認するために入れています。
キャッチコピーテキストキャッチコピーテキスト
この文章はダミーです。文字の大きさ、量、字間、行間等を確認するために入れています。この文章はダミーです。文字の大きさ、

ただし、実はこれだけではテキストボックス側のサイズはコンテナ幅いっぱいまで広がる状態にはなっていません。試しにテキストボックス側にダミーの背景色を付けてみるとこのような状態になっています。

サムネイルにflex-shrink:0を設定した場合の表示

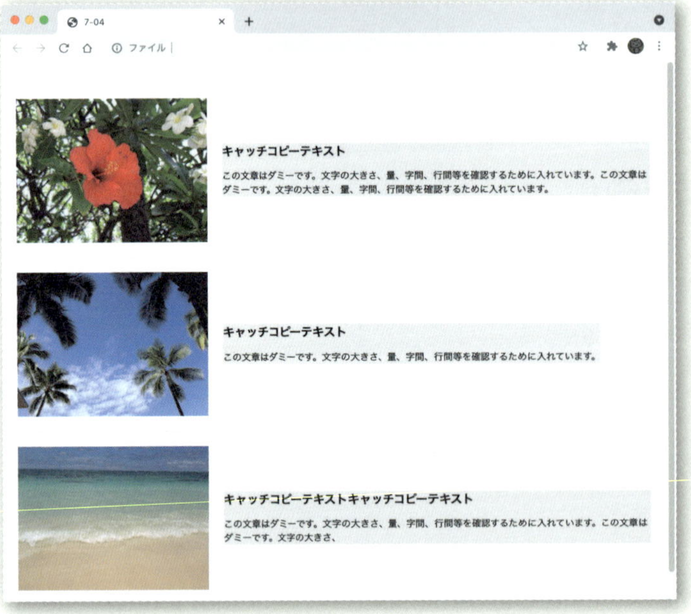
7-04
ファイル
キャッチコピーテキスト
この文章はダミーです。文字の大きさ、量、字間、行間等を確認するために入れています。この文章はダミーです。文字の大きさ、量、字間、行間等を確認するために入れています。
キャッチコピーテキスト
この文章はダミーです。文字の大きさ、量、字間、行間等を確認するために入れています。
キャッチコピーテキストキャッチコピーテキスト
この文章はダミーです。文字の大きさ、量、字間、行間等を確認するために入れています。この文章はダミーです。文字の大きさ、

今回のサンプルのようなデザインであれば仮にテキストボックス側のサイズが揃っていなくても表示上問題はないかもしれませんが、テキストボック

ス側に背景色やborderが付くようなデザインであった場合には大いに問題が生じます。

サムネイル幅のガタツキ防止例②

LESSON 07 ▶ 07-05

CSS

```
.media__thumb {
  position: relative;
  transition: .3s;
  width: 30%;
  margin-right: 20px;
  /* flex-shrink: 0;  なくても構わない*/
}
.media__body {
  width: calc(70% - 20px);
  font-size: 14px;
}
```

テキストボックス側の幅もきちんとコンテナの端まで伸ばすようにするためには、やはり全てのアイテムにwidthまたはflex-basisで幅を指定するのが確実です。全てのアイテムに正しく幅が指定されていれば、flex-shrinkの値は初期値のままでも問題は生じません。

各カラムにwidthを指定した場合の表示

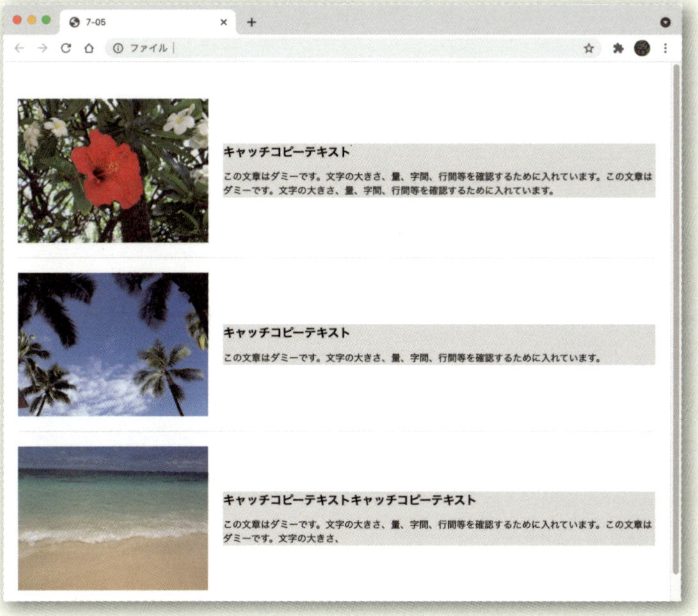
7-05
ファイル
キャッチコピーテキスト
この文章はダミーです。文字の大きさ、量、字間、行間等を確認するために入れています。この文章はダミーです。文字の大きさ、量、字間、行間等を確認するために入れています。
キャッチコピーテキスト
この文章はダミーです。文字の大きさ、量、字間、行間等を確認するために入れています。
キャッチコピーテキストキャッチコピーテキスト
この文章はダミーです。文字の大きさ、量、字間、行間等を確認するために入れています。この文章はダミーです。文字の大きさ、

ただし、同じメディアカードのコンポーネントであっても

- サムネイルがあるものとないものが存在する
- サムネイルがない場合は自動的にテキストボックスが全幅で表示される

という仕様にしたい場合はテキストボックス側にあらかじめ幅を指定しておくわけにはいきません。

サムネイル幅のガタツキ防止例③

LESSON 07 ▶ 07-06

CSS

```
.media__thumb {
  position: relative;
  transition: .3s;
  width: 30%;
  margin-right: 20px;
  flex-shrink: 0;
}
.media__body {
  flex-grow: 1;
  font-size: 14px;
}
```

サムネイルエリアの取り外しが可能なメディアカードとして組む場合は、

- サムネイルエリアにflex-shrink: 0 + 幅指定
- テキストエリアにflex-grow: 1

という設定にしておくのがおすすめです。flex-grow: 1としておけばテキストエリアのボックスは常にコンテナの残りの余白を全て埋めるように引き伸ばされて表示されるため、サムネイルエリアが存在すれば70%、サムネイルエリアが存在しなければ100%で表示されるようになります。

サムネイルが取り外し可能となるように実装した場合の表示

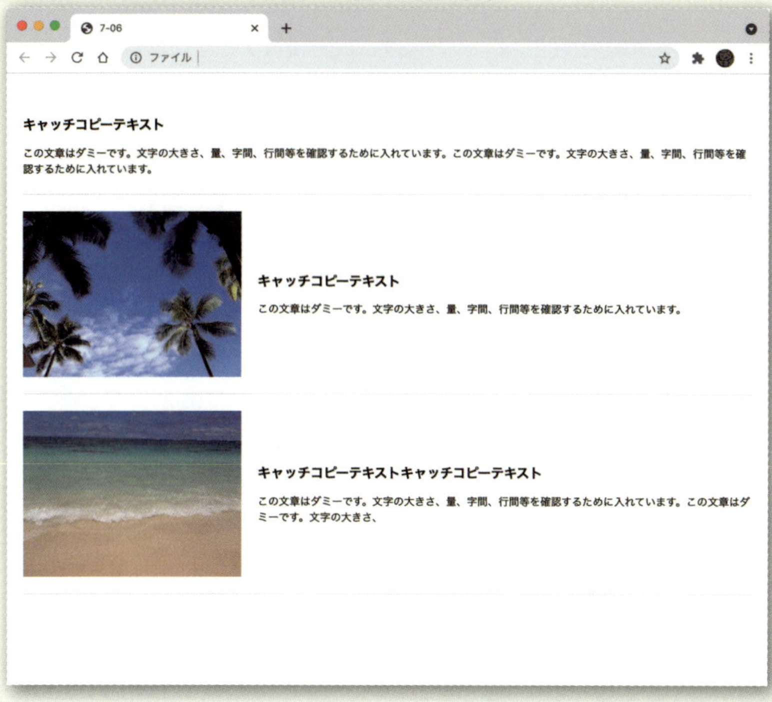
7-06
ファイル
キャッチコピーテキスト
この文章はダミーです。文字の大きさ、量、字間、行間等を確認するために入れています。この文章はダミーです。文字の大きさ、量、字間、行間等を確認するために入れています。
キャッチコピーテキスト
この文章はダミーです。文字の大きさ、量、字間、行間等を確認するために入れています。
キャッチコピーテキストキャッチコピーテキスト
この文章はダミーです。文字の大きさ、量、字間、行間等を確認するために入れています。この文章はダミーです。文字の大きさ、

LESSON 08

市松レイアウト

メディアレイアウトの応用で、画像エリアとテキストエリアを1：1で分割して、1行ずつ左右交互に配置するレイアウトもよく見かけます。特別な名前は付いていませんが、本書では市松レイアウトと呼ぶようにしたいと思います。

基本の市松レイアウト

市松レイアウトは、基本的にSP用とPC用で縦並び／横並びが切り替わるのが前提となっています。1：1で左右に分割し、片側にはテキストが入りますので、そのままSP用に同じレイアウトを持ち込むとその多くはレイアウトが破綻するからです。多くの場合、SP用では同じレイアウトを繰り返す形になりますので、まずSP用のレイアウトを実装してから、PC用に横並びに変更するモバイルファーストの組み方と相性が良いレイアウトです。

SP用のレイアウトを実装する

LESSON 08 ▶ 08-01

8-01
ファイル
常夏の楽園
この文章はダミーです。文字の大きさ、量、字間、行間等を確認するために入れています。

HTML

```
<section class="alternate">
  <div class="alternate__body">
```

```
    <h2 class="alternate__ttl">常夏の楽園</h2>
    <p class="alternate__txt">この文章はダミーです。文字の大きさ、量、字間、…</p>
  </div>
  <figure class="alternate__thumb">
    <img src="img/001.jpg" alt="写真：赤いハイビスカス">
  </figure>
</section>
～以下省略～
```

CSS

```
.alternate {
  display: flex;
  flex-direction: column-reverse;
}
.alternate__body {
  padding: 30px;
  background: #f9fae9;
}
.alternate__ttl {
  text-align: center;
  font-size: 18px;
  letter-spacing: 0.2em;
}
.alternate__sttl {
  display: block;
  font-size: 10px;
}
.alternate__txt {
  margin-top: 20px;
  line-height: 1.7;
}
.alternate__thumb img {
  max-width: none;
  width: 100%;
}
```

SP用では全てのブロックが同じレイアウトになりますので、まずはSP用の1ブロックを実装します。構成要素は画像＋見出し＋テキストの3つですが、マークアップはPC用で横並びになった時のレイアウトを意識して、**大きく画像と見出し＆テキストの2つのブロックに分割**しておきましょう。また、セクションの冒頭は見出しで始まるほうが望ましいので、上から順に見出し＆本文→画像となるようにマークアップしておきます。

実現したいレイアウトでは画像のほうが上に配置されますが、これはflex boxレイアウトで実装し、flex-directionを**column-reverse**とすることで実現可能です。

8-02
ファイル
常夏の楽園
この文章はダミーです。文字の大きさ、量、字間、行間等を確認するために入れています。
ハワイの青い空
この文章はダミーです。文字の大きさ、量、字間、行間等を確認するために入れています。

CSS

```
@media screen and (min-width: 768px),print {
  .alternate {
    flex-direction: row-reverse;
  }
  .alternate__body {
    width: 50%;
    display: flex;
    flex-direction: column;
    justify-content: center;
  }
  .alternate__thumb {
    width: 50%;
  }
}
```

メディアクエリで768px以上の時に横並びになるように変更します。既にflexbox化していますので、基本的にはflex-directionをrow-reverseとすれば横並びとなります。

　ただし縦幅に対して見出し＋テキストのコンテンツは上下中央に配置したいので、テキストブロックのほうを再度display: flexとし、こちらはflex-direction: columnとした上でjustify-content: centerとしておきましょう。

　flexアイテム自身にdisplay: flexを指定してflexboxの入れ子を作ることで、複雑なレイアウトでもかなり自由に作ることができるようになります。

PC用のレイアウトを交互に左右入れ替える

LESSON 08 ▶ 08-03

8-03
ファイル
常夏の楽園
この文章はダミーです。文字の大きさ、量、字間、行間等を確認するために入れています。
ハワイの青い空
この文章はダミーです。文字の大きさ、量、字間、行間等を確認するために入れています。

HTML

```
<section class="alternate">
  ～省略～
</section>

<section class="alternate _reverse">
  ～省略～
</section>

<section class="alternate">
  ～省略～
</section>
```

CSS

```
@media screen and (min-width: 768px),print {
  .alternate {
    flex-direction: row-reverse;
  }
  .alternate._reverse {
    flex-direction: row;
  }
  ～省略～
}
```

PC用のレイアウトの左右を入れ替えるには、偶数番目のブロックのflex-directionをrowに変更します。指定方法としては各ブロックに偶数か奇数かを判別するためのclassを追加する方法と、市松レイアウト領域全体を囲む親要素を追加して、親要素内での出現順で自動的に軸方向が変更されるようにする方法の2つが考えられます。どちらでも実現可能ですが、前者のほうが運用の自由度は高くなります。

テキスト量が増えても問題ないように調整

LESSON 08 ▶ 08-04

HTML

```
<section class="alternate">
  <div class="alternate__body">
    <h2 class="alternate__ttl">常夏の楽園</h2>
    <p class="alternate__txt">この文章はダミーです。文字の大きさ、量、字間、行間等を確認するために入れています。この文章はダミーです。文字の大きさ、量、字間、行間等を確認するために入れています。この文章はダミーです。文字の大きさ、量、字間、行間等を確認するために入れています。</p>
    <p class="alternate__txt">この文章はダミーです。文字の大きさ、量、字間、行間等を確認するために入れています。この文章はダミーです。文字の大きさ、量、字間、行間等を確認するために入れています。この文章はダミーです。文字の大きさ、量、字間、行間等を確認するために入れています。</p>
  </div>
  <figure class="alternate__thumb">
    <img src="img/001.jpg" alt="写真：赤いハイビスカス">
  </figure>
</section>
```

CSS

```
@media screen and (min-width: 768px),print {
  ～省略～
  .alternate__thumb img {
    height: 100%;
    object-fit: cover;
  }
}
```

（修正前）

8-04
ファイル
常夏の楽園
この文章はダミーです。文字の大きさ、量、字間、行間等を確認するために入れています。この文章はダミーです。文字の大きさ、量、字間、行間等を確認するために入れています。この文章はダミーです。文字の大きさ、量、字間、行間等を確認するために入れています。
この文章はダミーです。文字の大きさ、量、字間、行間等を確認するために入れています。この文章はダミーです。文字の大きさ、量、字間、行間等を確認するために入れています。この文章はダミーです。文字の大きさ、量、字間、行間等を確認するために入れています。
ハワイの青い空
この文章はダミーです。文字の大きさ、量、字間、行間等を確認するために入れています。この文章はダミーです。文字の大きさ、量、字間、行間等を確認するために入れています。

（修正後）

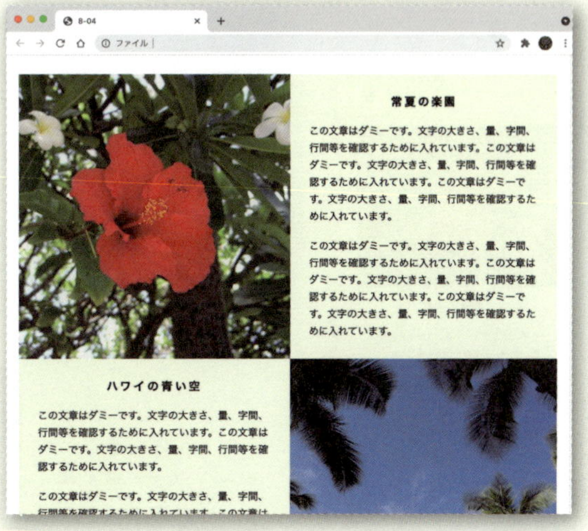
8-04
ファイル
常夏の楽園
この文章はダミーです。文字の大きさ、量、字間、行間等を確認するために入れています。この文章はダミーです。文字の大きさ、量、字間、行間等を確認するために入れています。この文章はダミーです。文字の大きさ、量、字間、行間等を確認するために入れています。
この文章はダミーです。文字の大きさ、量、字間、行間等を確認するために入れています。この文章はダミーです。文字の大きさ、量、字間、行間等を確認するために入れています。この文章はダミーです。文字の大きさ、量、字間、行間等を確認するために入れています。
ハワイの青い空
この文章はダミーです。文字の大きさ、量、字間、行間等を確認するために入れています。この文章はダミーです。文字の大きさ、量、字間、行間等を確認するために入れています。

市松レイアウトは、画像のサイズに対してテキスト量が少ない場合はどのような幅で閲覧しても比較的問題なく表示されます。しかしテキスト量が多くなって**テキストエリアの高さが画像の高さを超える状態になると、画像エリアに余白が生じてレイアウトが崩れてしまいます。**テキスト量が固定されていて変わらないなら気にする必要はないのですが、将来のことは誰にも分かりませんので、念の為テキスト量が増えても画像の高さとテキストエリアの高さが常に揃うように調整しておきましょう。

今回はflexboxでの横並びで.alternate__thumbと.alternate__bodyの高さは既に揃っていますので、画像の高さをheight: 100%とし、画像が歪んでしまわないようにobject-fitでトリミング調整すれば完成です。

市松レイアウト応用例

　完全な市松レイアウトだとカッチリしすぎて単調になりがちであるため、これを更にアレンジして、画像とテキストのエリアを少しずらして配置するレイアウトも非常によく見かけます。Lesson10の「ブロークングリッドレイアウト」にもつながるアレンジ手法ですので、配置された状態から要素を「ずらす」というテクニックに慣れておきましょう。

完成デザイン

8-06
常夏の楽園
この文章はダミーです。文字の大きさ、量、字間、行間等を確認するために入れています。この文章はダミーです。文字の大きさ、量、字間、行間等を確認するために入れています。この文章はダミーです。文字の大きさ、量、字間、行間等を確認するために入れています。
ハワイの青い空
この文章はダミーです。文字の大きさ、量、字間、行間等を確認するために入れています。この文章はダミーです。文字の大きさ、量、字間、行間等を確認するために入れています。
天国の海
-ラニカイ・ビーチ-
この文章はダミーです。文字の大きさ、量、字間、行間等を確認するために入れています。この文章はダミーです。文字の大きさ、量、字間、行間等を確認するために入れています。この文章はダミーです。文字の大きさ、量、字間、行間等を確認するために入れています。

8-06
ファイル
常夏の楽園
この文章はダミーです。文字の大きさ、量、字間、行間等を確認するために入れています。この文章はダミーです。文字の大きさ、量、字間、行間等を確認するために入れています。この文章はダミーです。文字の大きさ、量、字間、行間等を確認するために入れています。
ハワイの青い空
この文章はダミーです。文字の大きさ、量、字間、行間等を確認するために入れています。この文章はダミーです。文字の大きさ、量、字間、行間等を確認するために入れています。
天国の海
-ラニカイ・ビーチ-
この文章はダミーです。文字の大きさ、量、字間、行間等を確認するために入れています。この文章はダミーです。文字の大きさ、量、字間、行間等を確認するために入れています。この文章はダミーです。文字の大きさ、量、字間、行間等を確認するために入れています。

1カラム縦並びレイアウト時のずらし方

HTML

```
<section class="alternate _normal">
  <div class="alternate__body">
    <h2 class="alternate__ttl">常夏の楽園</h2>
    <p class="alternate__txt">この文章はダミーです。文字の大きさ、量、字間、行間等を確認するために入れています。この文章はダミーです。文字の大きさ、量、字間、行間等を確認するために入れています。この文章はダミーです。文字の大きさ、量、字間、行間等を確認するために入れています。</p>
  </div>
  <figure class="alternate__thumb">
    <img src="img/001.jpg" alt="写真：赤いハイビスカス">
  </figure>
</section>

<section class="alternate _reverse” >
～省略～
</section>

<section class="alternate _normal">
～省略～
</section>
```

CSS

```
～省略～
/*ずらし用の指定*/
@media screen and (max-width: 767px) {
  .alternate__body {
    margin-top: -40px; /*テキストボックスを上に40pxずらす*/
    padding-top: 60px; /*重なり分の上余白を確保*/
  }
   /*左右交互に横にずらす*/
  .alternate._normal .alternate__thumb {
    margin-left: -20px;
  }
  .alternate._normal .alternate__body {
    margin-right: -20px;
  }
  .alternate._reverse .alternate__thumb{
    margin-right: -20px;
  }
  .alternate._reverse .alternate__body{
    margin-left: -20px;
  }
}
```

1カラムで縦積みされているボックスを上下左右にずらす場合は、Lesson04でも学習した**ネガティブマージン**（負の値を持つmargin）を使うのが一番手軽な方法です。特に上下方向へのずらしがある場合、ネガティブマージンであればずらしたボックスに続く後続ボックスの位置も自動的に追随してきますので、縦積みで並ぶ状態に影響を与えません。

なお、交互で上書きすべきプロパティの数が増えてくると打ち消し指定が多くなって管理がしづらくなるため、サンプル08-05では通常配置は「_normal」、反転配置は「_reverse」とそれぞれにclassを付けています。SP用のずらし指定でメディアクエリをmax-width: 767pxで切り分けているのも同じ理由です。

ずらし方の図解（SP）

2カラム横並びレイアウト時のずらし方

LESSON 08 ▶ 08-06

PCでのレイアウトのように2カラムで横並びになっているボックスをずらす場合は、やや複雑です。作りたいデザインにもよるので一概には言えませんが、ネガティブマージンだけではうまく対処できないケースも出てきます。今回のデザインをベースとなる市松レイアウトの状態から比較してどのようにずらして配置したいのかを分かりやすく図示すると次のようになります。

ずらし方の図解（PC）

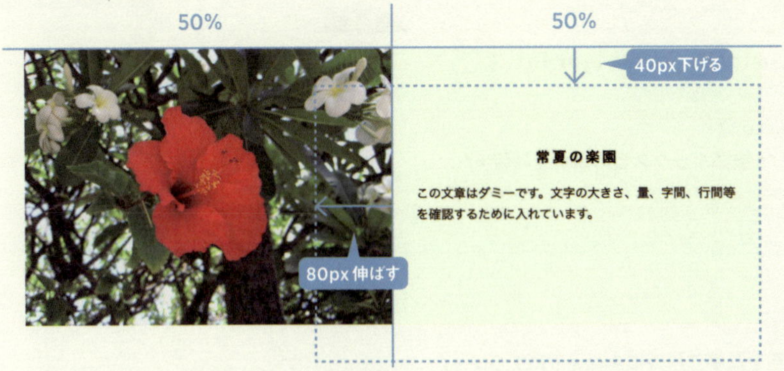

ネガティブマージンは、**自身のボックスを外側に引き伸ばし、同時に隣接するボックスをひっぱるような挙動が発生**しますので、単純にネガティブマージンを設定しただけでは次のような状態になってしまいます。

ネガティブマージンでずらそうとした場合

CSS

```
@media screen and (min-width: 768px),print {
～省略～
  /*ずらし用の指定*/
  .alternate__body {
    margin-bottom: -40px;
    margin-left: -80px;
  }
}
```

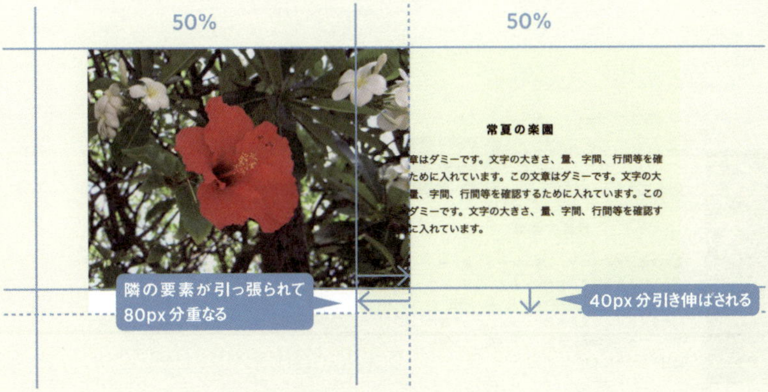

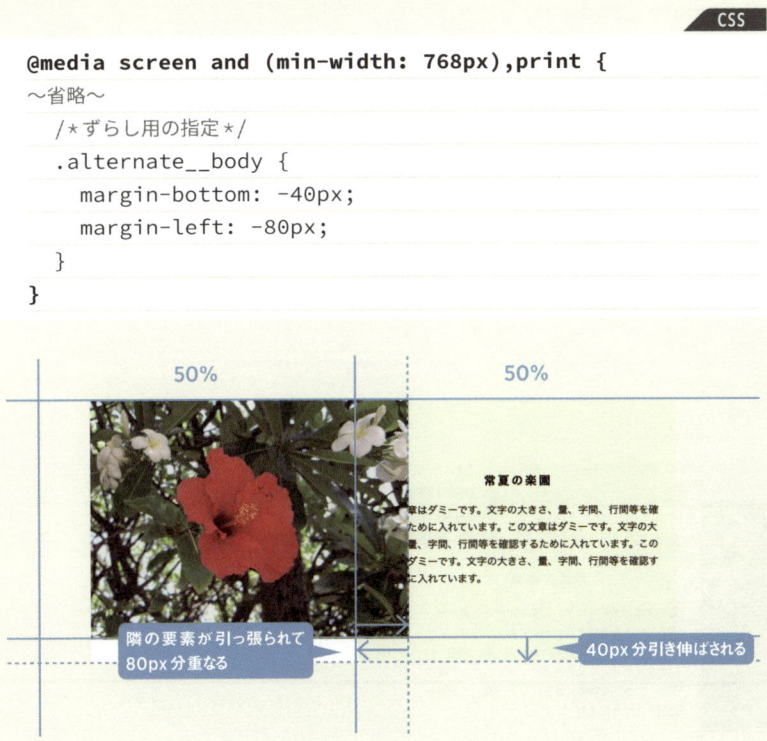

今回のレイアウトを比較的簡単に実装するためには、複数のずらしのテクニックを組み合わせて使用する必要があります。

サンプル08-06

CSS

```
@media screen and (min-width: 768px),print {
  ～省略～
  .alternate + .alternate {
    margin-top: 80px; /*後続ボックスとの余白を確保*/
  }
  ～省略～
  /*ずらし用の指定*/
  .alternate__body {
    position: relative;
    top: 40px; /*元の位置を基準に単純に40px下にずらす*/
    width: calc(50% + 80px); /*あらかじめ80px分広げる*/
  }
  .alternate__thumb {
    position: relative;
    z-index: 1;
  }
  .alternate._normal .alternate__body {
    margin-left: -80px; /*ネガティブマージンで広げた分を相殺*/
    padding-left: 110px; /*重なり分の余白を確保*/
  }
  .alternate._reverse .alternate__body {
    margin-right: -80px;
    padding-right: 110px;
  }
}
```

position: relative併用例

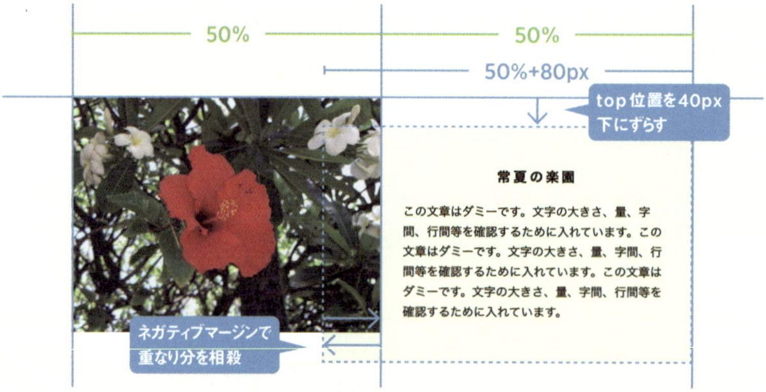
50%
50%
50%+80px
top位置を40px
下にずらす
常夏の楽園
この文章はダミーです。文字の大きさ、量、字間、行間等を確認するために入れています。この文章はダミーです。文字の大きさ、量、字間、行間等を確認するために入れています。この文章はダミーです。文字の大きさ、量、字間、行間等を確認するために入れています。
ネガティブマージンで
重なり分を相殺

まず上下方向のずらしは、自身の位置だけを本来の配置場所からずらして配置することができる「**position: relative**」を使います。ネガティブマージンと違って自身のサイズが引き伸ばされることはないので、単純にそのまま下にずらすことができます。

次に左右方向については、本来画像ボックス：テキストボックスは1：1なのですが、テキストボックスが80px分だけ伸びて画像ボックスに重なった状態となっています。つまりテキストボックスのwidthは50%ではなく、50% + 80pxにする必要があるのです。ところがそうすると画像＋テキストのボックス幅合計が親要素の100%を超えてしまいますので、この超えてしまった80px分を**ネガティブマージンで相殺**することで親ボックス内に収めるようにしています。

最後に、ボックスの重なり順を調整するために画像ボックス側にz-index: 1を設定すれば完成です。

このようなレイアウトは作りたいデザインによって最適なずらしのテクニックの選択肢が変わってくることもありますが、まずはずらさないノーマルな状態での配置を作っておき、そこからどこをどのようにずらしたいのかを正確に把握して、順を追ってずらしていくようにすると良いでしょう。

背景色エリア

Lesson09では、一旦コンポーネント単位のレイアウト手法から離れてページ単位でのレイアウトに目を向けてみたいと思います。注目したいのは「背景色エリアの扱い」です。ここでは少しアレンジの効いた背景色エリアの実装方法について解説します。

全幅のセクション背景色

近年のWebデザインでは余白をゆったり取り、セクションの区切りで交互に、あるいは特定のセクションのみ幅いっぱいまで背景色で塗りつぶすようにデザインされるケースが増えています。

背景色エリアはブラウザ幅いっぱいまで広がりますが、その中のコンテンツ領域については一定の幅で固定されるようにすることが大半であるため、どのようにして背景色エリアとコンテンツエリアをコーディングしたら効率が良いか？　という問題が生じます。

まず構造的には大きく分けて次の2パターンが考えられます。

❶セクションごとにコンテナ枠を背景枠の内側に配置し、外側の背景枠のみ全幅とする
❷1つのコンテナ枠の中にセクションを縦積み配置し、内側からコンテナを超えて背景だけ広げる

全幅背景エリアとコンテナの関係

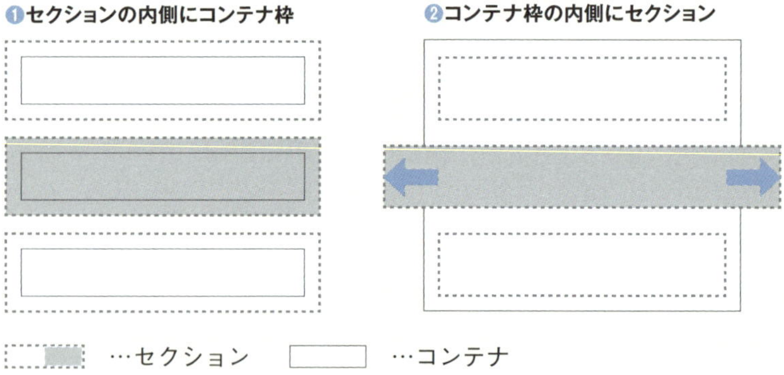

❶と❷それぞれの方法について具体的な実装方法とメリット・デメリットを見ていきましょう。

背景枠の中にコンテナ枠を入れるパターン

LESSON 09 ▶ 09-01

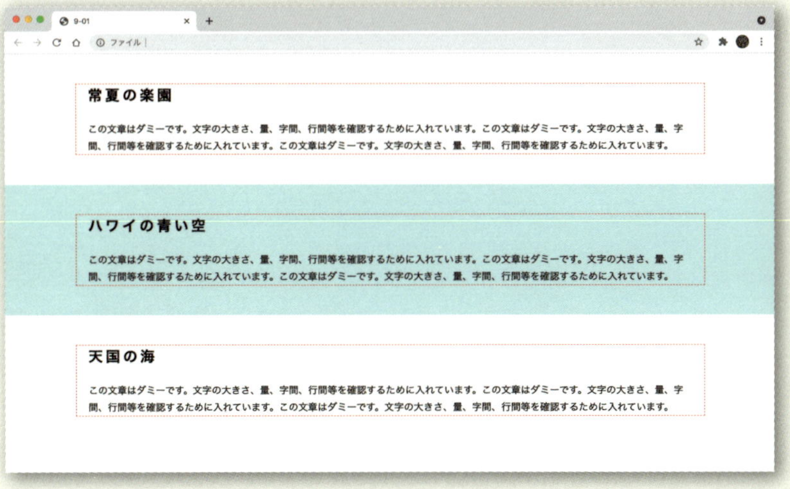
9-01
ファイル
常夏の楽園
この文章はダミーです。文字の大きさ、量、字間、行間等を確認するために入れています。この文章はダミーです。文字の大きさ、量、字間、行間等を確認するために入れています。この文章はダミーです。文字の大きさ、量、字間、行間等を確認するために入れています。
ハワイの青い空
この文章はダミーです。文字の大きさ、量、字間、行間等を確認するために入れています。この文章はダミーです。文字の大きさ、量、字間、行間等を確認するために入れています。この文章はダミーです。文字の大きさ、量、字間、行間等を確認するために入れています。
天国の海
この文章はダミーです。文字の大きさ、量、字間、行間等を確認するために入れています。この文章はダミーです。文字の大きさ、量、字間、行間等を確認するために入れています。この文章はダミーです。文字の大きさ、量、字間、行間等を確認するために入れています。

HTML

```html
<section class="section">
  <div class="container">
    <h2 class="section__ttl">常夏の楽園</h2>
    <p class=“ section__txt” >この文章はダミーです。……</p>
  </div>
</section>
<section class="section _bg">
  <div class="container">
    <h2 class="section__ttl">ハワイの青い空</h2>
    <p class="section__txt">この文章はダミーです。……</p>
  </div>
</section>
~以下省略~
```

CSS

```css
/*------------------------------------------
  container
------------------------------------------*/
.container { /*コンテンツ最大幅を固定*/
  max-width: 1040px;
  margin: 0 auto;
  padding: 0 20px;
```

```
  outline: 1px dashed red; /*ダミー*/
}

/*---------------------------------------
  section
---------------------------------------*/
.section { /*外枠sectionはwidth:auto = 全幅*/
  padding-top: 50px;
  padding-bottom: 50px;
}
.section._bg { /*背景色を付ける*/
  background: #cdecf0;
}
.section__ttl {
  margin-bottom: 1em;
  font-size: 24px;
  letter-spacing: 0.2em;
}
.section__txt {
  line-height: 1.8;
}
```

❶の方法は幅を固定するコンテナ枠が各セクションの内側にあるので、背景色を幅いっぱいまで広げることは自体は難しくありませんが、セクションごとに必ず背景用とコンテナ用で二重の枠が必要となるため、マークアップが少々煩わしいのが難点です。

ただ、この方法は特別なテクニックも必要なく素直に作れる点と、セクションごとに固定するコンテナの幅がバラバラであるようなデザインにも簡単に対応できる点がメリットです。

Memo

コンテナ枠が親要素の.sectionという名称を継承せずに独立したclass名になっているのは、この枠をサイト全体で使用する共通のコンテナ枠設定として使用することを想定しているからです。仮にブロックごとにコンテンツの最大幅が異なるなど、一律ではなくブロックごとに固有のコンテナ幅を持たせたい意図が強いのであれば、.section__innerのように親要素に所属する部品として命名したほうが作りやすいでしょう。

コンテナ枠の中から背景を広げるパターン

LESSON 09 ▶ 09-02

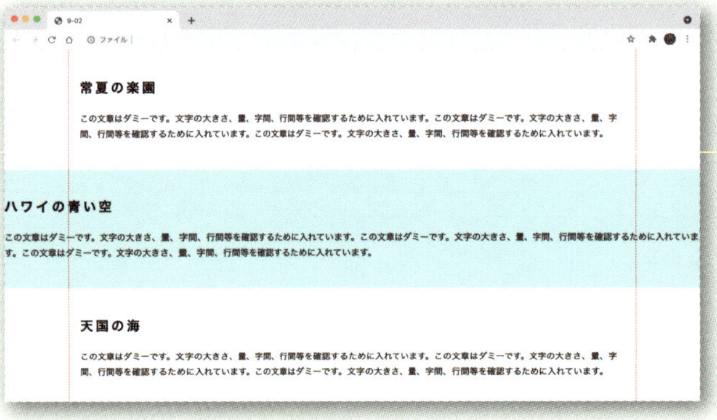
9-02
ファイル
常夏の楽園
この文章はダミーです。文字の大きさ、量、字間、行間等を確認するために入れています。この文章はダミーです。文字の大きさ、量、字間、行間等を確認するために入れています。この文章はダミーです。文字の大きさ、量、字間、行間等を確認するために入れています。
ハワイの青い空
この文章はダミーです。文字の大きさ、量、字間、行間等を確認するために入れています。この文章はダミーです。文字の大きさ、量、字間、行間等を確認するために入れています。この文章はダミーです。文字の大きさ、量、字間、行間等を確認するために入れています。
天国の海
この文章はダミーです。文字の大きさ、量、字間、行間等を確認するために入れています。この文章はダミーです。文字の大きさ、量、字間、行間等を確認するために入れています。この文章はダミーです。文字の大きさ、量、字間、行間等を確認するために入れています。

HTML

```html
<div class="container">
  <section class="section">
    <h2 class="section__ttl">常夏の楽園</h2>
    <p class="“ section__txt” >この文章はダミーです。…</p>
  </section>
  <section class="section _bg">
    <h2 class="section__ttl">ハワイの青い空</h2>
    <p class="“ section__txt">この文章はダミーです。…</p>
  </section>
  <section class="section">
    <h2 class="section__ttl">天国の海</h2>
    <p class="“ section__txt">この文章はダミーです。…</p>
  </section>
</div>
```

CSS

```css
/*-------------------------------------------
  container
-------------------------------------------*/
.container { /*一律でページ全体のコンテンツ最大幅を固定*/
  max-width: 1040px;
  margin: 0 auto;
  padding: 0 20px;
}

/*-------------------------------------------
  section
-------------------------------------------*/
.section {
  padding-top: 50px;
  padding-bottom: 50px;
}
.section._bg { /*全幅背景*/
  margin-left: calc(50% - 50vw);
  margin-right: calc(50% - 50vw);
  background: #cdecf0;
}
～以下省略～
```

①の方法は、サイト全体でコンテンツの固定幅が原則一律で、セクションが縦積みで配置される基本構造の中で、一部のセクションのみ背景色を幅いっぱいまで広げたいものが混ざるようなケースで重宝します。

この手法は各セクションのマークアップをシンプルに組めることが最大のメリットです。また、セクション全体の背景ではなく、「セクション内の見出しエリア背景だけ幅いっぱいまで広げたい」といった、部分的にコンテナ枠を超えて全幅にしたいケースでも使えるので是非マスターしておきたい手法です。

技術的には左右のネガティブマージンで要素を外側に広げるテクニックの応用なのですが、その際、左右のmarginを**calc(50% - 50vw)**とすることがポイントです。

分かりやすいように左側だけで考えると、margin-left: 50%でまず**親要素の半分だけ余白を付けて**コンテンツの開始位置を中央にずらしたあと、margin-left: -50vwで**画面幅の半分だけ戻す**という調整をしています。これを右側も同様に行うことで、子要素を画面中央から左右に画面幅いっぱいまで引き伸ばす状態を実現しているのです。

calc()を使ったコンテナ超え領域作成の仕組み

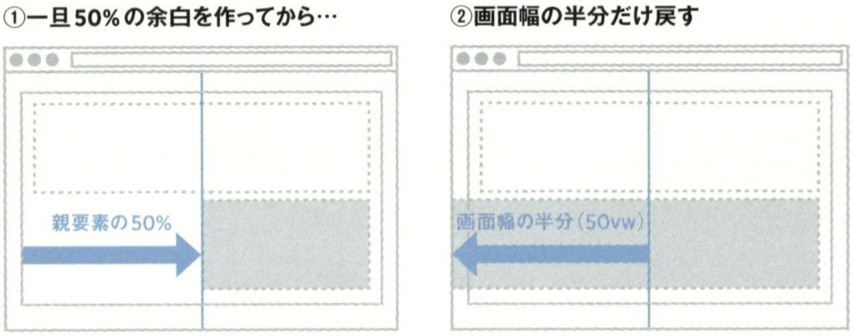
①一旦50%の余白を作ってから…
親要素の50%
②画面幅の半分だけ戻す
画面幅の半分(50vw)

背景全幅+コンテンツ幅固定のパターン

LESSON 09 ▶ 09-03

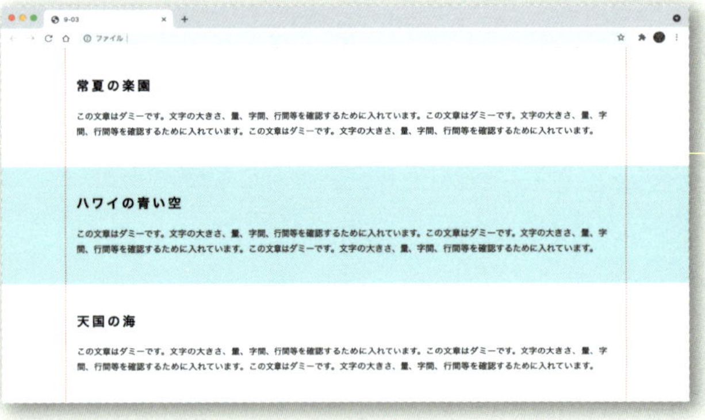
9-03
ファイル
常夏の楽園
この文章はダミーです。文字の大きさ、量、字間、行間等を確認するために入れています。この文章はダミーです。文字の大きさ、量、字間、行間等を確認するために入れています。この文章はダミーです。文字の大きさ、量、字間、行間等を確認するために入れています。
ハワイの青い空
この文章はダミーです。文字の大きさ、量、字間、行間等を確認するために入れています。この文章はダミーです。文字の大きさ、量、字間、行間等を確認するために入れています。この文章はダミーです。文字の大きさ、量、字間、行間等を確認するために入れています。
天国の海
この文章はダミーです。文字の大きさ、量、字間、行間等を確認するために入れています。この文章はダミーです。文字の大きさ、量、字間、行間等を確認するために入れています。この文章はダミーです。文字の大きさ、量、字間、行間等を確認するために入れています。

CSS

```css
.section._bg { /*全幅背景*/
  margin-left: calc(50% - 50vw);
  margin-right: calc(50% - 50vw);
  padding-left: calc(50vw - 50%);
  padding-right: calc(50vw - 50%);
  background: #cdecf0;
}
```

margin: 0 calc(50% - 50vw)と書いただけでは、コンテンツの中身も幅いっぱいまで広がってしまいます。今回のようにコンテンツの中身はコンテナ幅に揃える必要がある場合には、左右のpaddingを**calc(50vw - 50%)**としておきましょう。こちらはcalc()の中の計算値がmarginとは逆になります。こちらも分かりやすいように左側だけで考えると、まずpadding-left: 50vwで**画面の半分の余白を確保**し、そこからpadding-left: -50%とすることで**親要素の半分だけpaddingを削る**という調整をしています。これを右側も同様に行うことで、親要素と同じ幅のコンテンツ領域を残して左右の領域をpaddingで画面の端まで埋めています。

コンテナ超え領域の中でコンテンツ幅を固定する仕組み

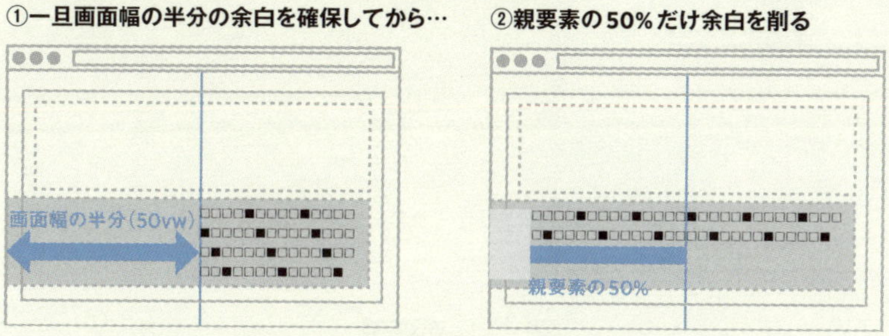
①一旦画面幅の半分の余白を確保してから…
画面幅の半分(50vw)
②親要素の50%だけ余白を削る
親要素の50%

この手法は非常に便利ですが、vwを使うためどうしてもスクロールバーの幅の分だけコンテンツの幅との間に差分が生じ、それが原因で左右にスクロールバーが出てしまうという問題があります。これを解決するには、親要素のどこかで**overflow: hidden**を入れる必要があります。筆者はhtml要素とbody要素の両方にoverflow-x: hidden;（※ウィンドウ全体にかかわるので横方向のみ）を指定することで解決しています。

片側だけブラウザ端まで広がる背景

背景色は全幅だけでなく、配置された場所から片側にだけ端まで広がるようにデザインされているものも多く見られます。そうしたものはたいてい隣り合う要素から上下方向にもずらして配置されていたりするなど、パッと見ただけではどうやって実装したら良いのか悩んでしまうようなものも少なくありません。片側にだけブロックが広がる「片流れ」のレイアウトの実装方法には1つの決まった正解というものはありませんが、いくつか実装のアイデアがありますので、引き出しを増やすために1つずつ見ていきましょう。

calc()で片側にだけボックスを広げる

LESSON 09 ▶ 09-04

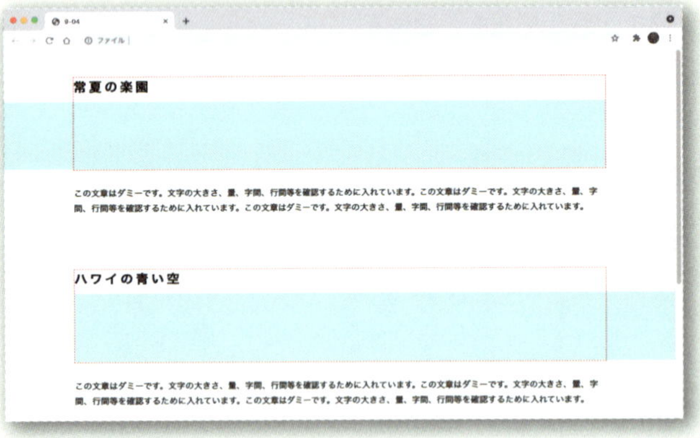

HTML

```
<div class="container">
  <section class="section">
    <header class="section__header _normal">
      <h2 class="section__ttl">常夏の楽園</h2>
    </header>
    <p class="“ section__txt” >この文章はダミーです。…</p>
  </section>
  <section class="section">
    <header class="section__header _reverse">
      <h2 class="section__ttl">ハワイの青い空</h2>
    </header>
    <p class="“ section__txt">この文章はダミーです。…</p>
  </section>
  ～以下省略～
</div>
```

CSS

```
.section__header::after {
  content: "";
  display: block;
  height: 10vw;
  min-height: 100px;
  background: #cdecf0;
}
.section__header._normal::after {
  margin-left: calc(50% - 50vw);
}
.section__header._reverse::after {
  margin-right: calc(50% - 50vw);
}
～以下省略～
```

1つ目のアイデアは、サンプル09-03で紹介した**calc(50% - 50vw)を片側だけに適用**する手法です。

h2要素をheader要素で囲み、after擬似要素で装飾用の背景ボックスをコンテナ枠内の幅100%でまず作成しておき、それを片側だけブラウザ端まで引き伸ばすことで「片流れ」の状態を実現しています。ベースとなる状態がコンテナ幅と同じで、そこから片方にだけはみ出すようなケースではこの手法が一番簡単に実装できます。上下方向のネガティブマージンとも併用すれば、「片流れ」でかつ「重なり」の表現も可能です。

Memo

このサンプルでは背景色で塗りつぶしていますが、背景画像を入れても良いですし、object-fitを使う前提でimg画像を配置しても良いので、様々なケースに対応可能です。

（SP表示）

9-05
ファイル
常夏の楽園
この文章はダミーです。文字の大きさ、量、字間、行間等を確認するために入れています。この文章はダミーです。文字の大きさ、量、字間、行間等を確認するために入れています。この文章はダミーです。文字の大きさ、量、字間、行間等を確認するために入れています。
ハワイの青い空
この文章はダミーです。文字の大きさ、量、字間、行間等を確認するために入れています。この文章はダミーです。文字の大きさ、量、字間、行間等を確認するために入れています。この文章はダミーです。文字の

（PC表示）

9-05
ファイル
常夏の楽園
この文章はダミーです。文字の大きさ、量、字間、行間等を確認するために入れています。この文章はダミーです。文字の大きさ、量、字間、行間等を確認するために入れています。この文章はダミーです。文字の大きさ、量、字間、行間等を確認するために入れています。
ハワイの青い空
この文章はダミーです。文字の大きさ、量、字間、行間等を確認するために入れています。この文章はダミーです。文字の大きさ、量、字間、行間等を確認するために入れています。この文章はダミーです。文字の大きさ、量、字間、行間等を確認するために入れています。

HTML

```
<section class="section">
  <div class="alternate _normal">
    <div class="alternate__body">
      <h2 class="alternate__ttl">常夏の楽園</h2>
      <p class=“ alternate__txt">この文章はダミーです。…</p>
    </div>
    <figure class="alternate__thumb">
      <img src="img/001.jpg" alt="写真：赤いハイビスカス">
    </figure>
  </div>
</section>
<section class="section">
  <div class="alternate _reverse">
    <div class="alternate__body">
      <h2 class="alternate__ttl">ハワイの青い空</h2>
      <p class=“ alternate__txt">この文章はダミーです。…</p>
```

```html
    </div>
    <figure class="alternate__thumb">
      <img src="img/002.jpg" alt="写真：青い空とヤシの木">
    </figure>
  </div>
</section>
```

CSS

```css
/*---------------------------------------
  Alternate
---------------------------------------*/
～省略～
.alternate__thumb {
  position: relative;
}
.alternate__thumb::after {/*擬似要素で前面オブジェクトと同じサイズの影を作る*/
  position: absolute;
  top: -30px;
  z-index: -1;
  content: "";
  display: block;
  width: 100%;
  height: 100%;
  background: #cdecf0;
}
.alternate._normal .alternate__thumb::after {
  right: 30px; /*基準点が右端となるようにrightでずらす*/
}
.alternate._reverse .alternate__thumb::after {
  left: 30px; /*基準点が左端となるようにleftでずらす*/
}
/*for PC*/
@media screen and (min-width: 768px),print {
  ～省略～
  .alternate._normal .alternate__thumb::after {
    right: 50px;
    width: 50vw; /*widthでボックス幅自体を広げる*/
  }
  .alternate._reverse .alternate__thumb::after {
    left: 50px;
    width: 50vw;
  }
}
```

サンプル09-05のような「影」としての背景色エリアは、レスポンシブで前面オブジェクトの形状が変化した場合、基本的にそれに連動して同じようにサイズが変わるようにしておく必要があります。そのためまず前面オブジェクトを基準として擬似要素を**position: absoluteで絶対配置**し、width／heightを100%とすることで連動して形が変化するボックスを作成し、それをlett／right／top／bottomなどのプロパティで必要な量だけずらすようにします。

また、絶対配置している要素を親要素の幅に関係なくブラウザ端まで伸ばしたい場合は、ネガティブマージンではなく**widthで直接vw単位の幅を指定**しておけば問題ありません。今回は１：１で横並びしているボックスの中央のラインからブラウザ端までのサイズを指定することになるので、単純に50vwとしています。

Memo

厳密に言えば影のスタート位置はPCレイアウトの場合中央から50pxずれているので、calc(50vw - 50px)としたほうが正確ではあるのですが、ブラウザ幅からはみ出した分についてはbody要素でoverflow-x: hiddenで非表示とするようになっているので、50vwのままでも表示に影響はありません。

背景色のグラデーションで塗り分ける　LESSON 09　09-06

（SP表示）

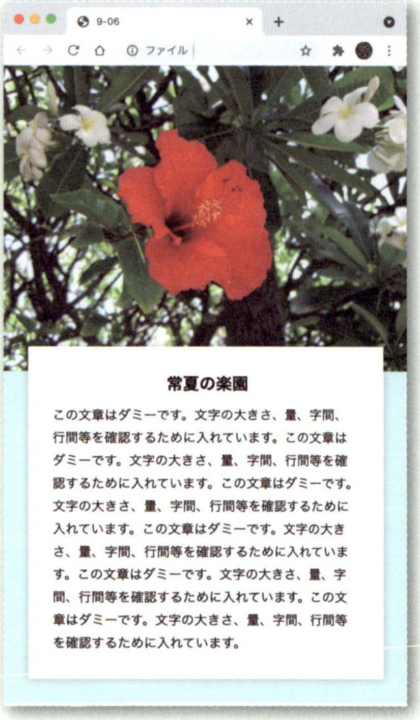
9-06
ファイル
常夏の楽園
この文章はダミーです。文字の大きさ、量、字間、行間等を確認するために入れています。この文章はダミーです。文字の大きさ、量、字間、行間等を確認するために入れています。この文章はダミーです。文字の大きさ、量、字間、行間等を確認するために入れています。この文章はダミーです。文字の大きさ、量、字間、行間等を確認するために入れています。この文章はダミーです。文字の大きさ、量、字間、行間等を確認するために入れています。この文章はダミーです。文字の大きさ、量、字間、行間等を確認するために入れています。

（PC表示）

常夏の楽園

HTML

```html
<section class="bigCard">
  <div class="bigCard__inner">
    <div class="bigCard__body">
      <h2 class="bigCard__ttl">常夏の楽園</h2>
      <p class="“ bigCard__txt” >この文章はダミーです。…</p>
    </div>
    <figure class="bigCard__thumb">
      <img src="img/001.jpg" alt="写真：赤いハイビスカス">
    </figure>
  </div>
</section>
```

CSS

```css
/*-----------------------------------------
  bigCard
-----------------------------------------*/
.bigCard {
  padding-bottom: 30px;
  background: #cdecf0;
}
.bigCard__inner {
  display: flex;
  flex-direction: column-reverse;
}
.bigCard__body {
  position: relative;
  z-index: 1;
  margin: -30px 30px 0;
  padding: 30px;
  background: #fff;
  box-shadow: 0 0 8px rgba(0,0,0,.2);
}
.bigCard__ttl {
  font-size: 20px;
  text-align: center;
}
.bigCard__txt {
  margin-top: 10px;
  line-height: 1.8;
}
.bigCard__thumb img {
  max-width: none;
  width: 100%;
}
/*for PC*/
@media screen and (min-width: 768px),print {
  .bigCard { /*エリア背景をグラデーションで塗り分ける*/
```

```
    background: linear-gradient(
    to bottom,
    #fff 100px,
    #cdecf0 100px,
    #cdecf0 calc(100% - 130px),
    #fff calc(100% - 130px));
  }
  .bigCard__body {
    max-width: 800px;
    margin: -80px auto 0;
    padding: 50px;
  }
  .bigCard__ttl {
    font-size: 32px;
  }
  .bigCard__txt {
    margin-top: 30px;
    line-height: 2;
  }
  .bigCard__thumb {
    width: 100%;
    height: 500px;
    max-width: 1000px;
    margin: 0 auto;
  }
  .bigCard__thumb img {
    width: 100%;
    height: 100%;
    object-fit: cover;
  }
}
```

ずれた状態の背景色を実装するもう1つのアイデアとして、ボックスそのもののサイズや余白を変化させるのではなく、**linear-gradient()で塗り分けてしまう**というものもあります。この手法だと視覚的にずれたように見せているだけで物理的には単純なボックスの状態が維持されているため、隣接する要素との配置の兼ね合いなど、考慮すべき項目が減ってレイアウトが楽なのがメリットです。実際に使える場面は少ないかもしれませんが、アイデアの1つとして持っておいても損はないでしょう。

ブロークングリッドレイアウト

近年規則的なグリッド線をあえて外して要素を配置する「ブロークングリッドレイアウト」と呼ばれるレイアウト手法が増えてきています。このパートではChapter2の仕上げとして総合的なコーディング力が必要とされるブロークングリッドレイアウトの実装に挑戦してみましょう。

ブロークングリッドレイアウトとは

　ブロークングリッドレイアウトの典型的な手法として**「重ねる・はみ出す」**といったものがあります。いくつか事例をあげてみましょう。

きなりと（https://kinarito.net/）

アビルキャンプリゾート那須（https://habilecamp.com/）

SEN CRANE SERVICE（https://sencraneservice.com/）

ATAMI せかいえ（https://www.atamisekaie.jp/）

これらに共通する特徴として「大きなビジュアルに他の要素を重ねる」「画像からはみ出すようにキャッチコピーなどを配置する」「大きさを変えたりずらして配置したりする」といったものがあります。
コーディングの観点からこうしたデザインを実装する際には、

- サイズが大きく変動するビジュアル画像をどう制御するか
- 画像とテキストのサイズや配置のバランスをどう保つか
- ずらしたり重ねたりしている箇所の移動量を固定とするか可変とするか

という点に注意する必要があります。これらは実装者だけの判断で決められるものではないので、画像の高さを一定のサイズで固定するか否か、テキストの改行を許すか否か、といった細かい点まで仕上がりイメージをWebデザイナーと共有・確認した上で実装方法を検討したほうが良いでしょう。特に**デザインカンプのアートボードサイズ以上にウィンドウ幅が広がった際にどうしたいのか**、案外デザイナー自身もきちんと意識していない場合もありますので、指示がなかった場合にはコーディング側から積極的に確認を取るようにしましょう。

設計条件の違いによる見え方の違い

ブロークングリッドレイアウトもデザインカンプを元にコーディングすることになりますが、**デザインの意図を設計に落とし込む際の解釈の違いで、グリッドレイアウトよりも実装後の仕上がりイメージに大きな差が出やすい**傾向があります。この点はある程度数をこなして経験を積まなければなかなかコーディング前にはイメージしきれない部分であり、コーディングしてみてから「やっぱり違う……」と手戻りが発生しやすくなるポイントでもあります。
動的に変化する箇所の設計仕様の違いで、どのような表示になることが想定されるのかあらかじめイメージできればこうした手戻りは減らすことができます。ここではまず、設計仕様の違いで同じデザインカンプがどのようなコーディング結果になるかパターンを2つ示します。

設計パターン①

設計パターン①は、スマホ〜タブレットまではリキッドベースで余白値をpx固定して幅だけ伸縮させておき、PCレイアウトでは**余白も含めてカンプ通りのデザイン比率を維持**したまま全体にブラウザ幅いっぱいまで拡大縮小するように組んでいます。width、padding、margin、font-sizeなども基本的に**vw**単位で伸縮させるため、メインビジュアルエリアに関してはデザインカンプのイメージ通りの仕上がりとなり、実装も比較的楽です。ただし今回のように高さのあるビジュアルを使っている場合、大型モニタで閲覧すると高さが出すぎるなどの問題が生じやすい傾向にあります。

設計パターン②

PC用カンプ

こちらはデザインカンプとしてはパターン①と全く同じものですが、PCレイアウト時に違う部分にこだわっています。比較的大きな設計上の違いとしては以下の3点があげられます。

❶メインビジュアルの高さに**最大値を設定**
❷見出し＆テキストの行頭位置を、メインビジュアルに続くコンテンツエリアの**コンテンツ幅の位置に揃える**
❸見出し＆テキストボックスの配置をメインビジュアルの下端を基準にして**下にずらす**（中身が増えたら上に伸びる）

上記2つの設計パターンでそれぞれ実装した結果を様々な画面サイズで比較すると以下のようになります（スマホ・タブレットは同じなので省略）。

設計パターン①の表示

父と息子のふたり旅
この文章はダミーです。文字の大きさ、
量、字間、行間等を確認するために入れ
ています。この文章はダミーです。文字
の大きさ、量、字間、行間等を確認する
ために入れています。

父と息子のふたり旅
この文章はダミーです。文字の大きさ、量、字間、行間等を確認するために
入れています。この文章はダミーです。文字の大きさ、量、字間、行間等を
確認するために入れています。

設計パターン②の表示

父と息子のふたり旅
この文章はダミーです。文字の大きさ、量、字間、行
間等を確認するために入れています。この文章はダミ
ーです。文字の大きさ、量、字間、行間等を確認する
ために入れています。

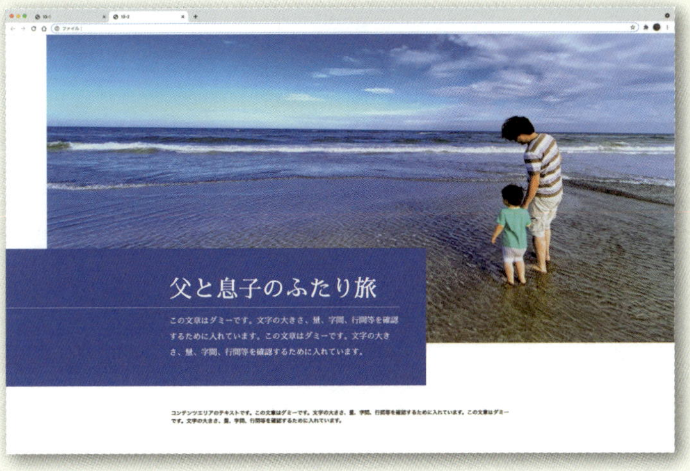
父と息子のふたり旅
この文章はダミーです。文字の大きさ、量、字間、行間等を確認
するために入れています。この文章はダミーです。文字の大き
さ、量、字間、行間等を確認するために入れています。

全く同じデザインカンプであっても、こだわりたいポイントによってかなり見え方も変わりますし、実装の仕方も違います。通常のレイアウトであってもそれは同じですが、ブロークングリッドレイアウトの場合は特に固定サイズのデザインカンプだけでは読み取れない部分が大きくなるため、より一層デザイナーとのコミュニケーションを密にする必要があると言えるでしょう。

設計パターン例①の実装

　では実際に設計パターン①、②をどのように実装しているのか具体的に見ていきましょう。まずはパターン①の実装です。

picture要素の活用

LESSON 10 ▶ 10-01

（SP表示）

10-1
ファイル
父と息子の
ふたり旅
この文章はダミーです。文字の大きさ、量、字間、行間等を確認するために入れています。この文章はダミーです。文字の大きさ、量、字間、行間等を確認するために入れています。

（PC表示）

10-1
ファイル
父と息子のふたり旅
この文章はダミーです。文字の大きさ、量、字間、行間等を確認するために入れています。この文章はダミーです。文字の大きさ、量、字間、行間等を確認するために入れています。

HTML

```
<div class="mainVisual">
  <div class="mainVisual__body">
    <h1 class="mainVisual__ttl">父と息子の<br>ふたり旅</h1>
```

```
    <p class="mainVisual__txt">テキストが入ります。テキストが入ります。テキストが入ります。テキストが入ります。テキストが入ります。テキストが入ります。テキストが入ります。テキストが入ります。</p>
  </div>
  <figure class="mainVisual__ph">
    <picture>
      <source media="(max-width:767px)" srcset="img/ph_main_sp.jpg 1x, img/ph_main_sp@2x.jpg 2x">
      <source media="(min-width:768px)" srcset="img/ph_main_pc.jpg">
      <img src="img/ph_main_pc.jpg" width="1475" height="940" alt="写真：九十九里浜の波打ち際で水平線を見つめる父子の後ろ姿">
    </picture>
  </figure>
</div>
```

CSS

```
*------------------------------------------
  mainVisual
------------------------------------------*/
.mainVisual {
  display: flex;
  flex-direction: column-reverse;
  margin-bottom: 50px;
}

/*写真エリア*/
@media screen and (min-width: 768px) {
  .mainVisual__ph {
    margin-left: 35px;
  }
}

/*テキストエリア*/
.mainVisual__body {
  position: relative;
  z-index: 1;
  margin-top: -60px;
  margin-right: 15px;
  padding: 30px 35px;
  background: #0027FF;
  color: #fff;
  font-family: 'Sawarabi Mincho', sans-serif;
}
.mainVisual__ttl {
  position: relative;
  font-size: 48px;
  font-weight: normal;
```

```
    line-height: 1.2;
  }
  .mainVisual__ttl br {
    display: block;
  }
  .mainVisual__ttl::after {
    content: "";
    display: block;
    margin: 15px 0 15px -35px;
    border-top: 1px solid currentColor;
  }
  .mainVisual__txt {
    line-height: 2;
  }
  @media screen and (min-width: 768px) {
    .mainVisual__body {
      margin-top: -114px;
      margin-right: 0;
      width: 67.3%;
    }
    .mainVisual__ttl {
      font-size: 48px;
    }
    .mainVisual__ttl br {
      display: none;
    }
    .mainVisual__ttl::after {
      margin-left: -35px;
    }
  }
```

SP用・TAB用のレイアウトはこれまで解説してきたテクニックで特に問題なく実装できると思います。基本的にリキッドベースですのでボックスの幅は特に指定せず、必要な箇所にmargin／paddingを設定しているだけです。重なる部分についてはネガティブマージンを使用しています。

実装面で特筆すべき点としては、**picture要素**でのメインビジュアル画像の実装があげられます。今回PC／SPで画像のアスペクト比がかなり大きく異なること、表示される画像領域の適切な位置に人物が配置されている必要があることなどから、PCとSPで同じ画像を使い回すのではなく、それぞれ別の画像を準備して切り替えるようにしたほうが適切であると判断しました。

　このような場合、従来はPC用とSP用のimg要素を両方HTMLに記述して、片方をdisplay: noneで非表示にする手法が取られてきましたが、この方法は非表示にしている画像も最初にローディングされてしまうといった表示パフォーマンス上の問題があるため、現在は特別な事情がなければpicture要素による実装をしたほうが良いでしょう。よく使うpicture要素の基本構文は以下の通りですので、覚えておきましょう。

Memo

このように画面幅に応じて内容の異なる画像を出し分けることを「アートディレクション」と呼びます。

picture要素の基本構文

```
<picture>
                      メディアクエリで使用する画面幅を指定          ピクセル密度記述子でデバイスピクセル比別の画像ソースを指定
  <source media="(max-width:767px)" " srcset="sp.jpg 1x, sp@2x.jpg 2x, ....">

  <source media="(min-width:768px)" " srcset="pc.jpg 1x, pc@2x.jpg 2x, ....">

  …以下必要な分だけのsource要素…

  <img src="…"> 該当する環境が無い・picture非対応環境の場合のデフォルト表示画像を指定（※必須）

</picture>
```

　なお、picture要素はメディアクエリによる画面幅に応じた内容の異なる画像の出し分け（アートディレクション）だけでなく、type属性を使った複数の画像フォーマットの提供や、sizes属性を使ったよりきめ細やかなスクリーン幅環境に応じた使用画像の切替など、高度なレスポンシブイメージ対応も可能です。本書では詳細な解説は省きますが、詳しく知りたい方は以下の参考サイトなどを参照してください。

参考:「MDN - picture要素」
https://developer.mozilla.org/ja/docs/Web/HTML/Element/picture@end

参考:「pictureタグを使ったレスポンシブイメージの実装方法」
https://junzou-marketing.com/usage-of-picture-tag@end

CSS

```
/*写真エリア*/
@media screen and (min-width: 1080px) {
  .mainVisual__ph {
    margin-left: 7.8125vw; /*125px（カンプサイズ・以下同）*/
  }
  .mainVisual__ph img {
    max-width: none;
    width: 100%;
  }
}

/*テキストエリア*/
@media screen and (min-width: 1080px) {
  .mainVisual__body {
    width: 62.5%;
    margin-top: -20.625vw; /*330px*/
    padding: 5vw 5vw 5vw 16.25vw; /*80px 80px 80px 260px*/
  }
  .mainVisual__ttl {
    font-size: 4.375vw; /*70px*/
  }
  .mainVisual__ttl::after {
    margin-left: -16.25vw; /*260px*/
  }
  .mainVisual__txt {
    font-size: 1.5vw; /*24px*/
  }
}
```

設計パターン①のPCレイアウトは、「デザインカンプを原則そのまま拡大縮小する」という方針ですので、基本的に**全てのサイズ指定をvw単位で行う**ところがポイントです。

vwは親要素のサイズなどに関係なく、常にビューポート幅（ブラウザ幅）を基準として割合を算出すれば良いので、今回のようにブラウザ幅いっぱいに広がるデザインをそのまま再現するのは非常に簡単です。アートボード幅は1600pxになっていますので、**対象サイズ ÷ 1600 × 100vw**と計算するだけで全体に拡大縮小するレイアウトを実装できます。

カンプサイズより大きく広げても同じ比率で表示される様子

父と息子のふたり旅
この文章はダミーです。文字の大きさ、量、字間、行間等を確認するために入れています。この文章はダミーです。文字の大きさ、量、字間、行間等を確認するために入れています。
コンテンツエリアのテキストです。この文章はダミーです。文字の大きさ、量、字間、行間等を確認するために入れています。この文章はダミーです。文字の大きさ、量、字間、行間等を確認するために入れています。

設計パターン例②の実装

次に設計パターン②の実装方法を見ていきましょう。なおSPとTABのレイアウトはパターン①と同じですので、PC用レイアウトのみを解説します。

メインビジュアル画像の最大値固定

LESSON 10 ▶ 10-03

CSS

```
@media screen and (min-width: 1080px) {
  .mainVisual__ph {
    margin-left: 125px;
  }
  .mainVisual__ph img {
    max-width: none;
    width: 100%;
    max-height: 940px;
    object-fit: cover;
    object-position: right bottom;
  }
}
```

メインビジュアルの高さに最大値を設定することに関しては、max-heightを設定すれば良いだけなので特に難しいことはありませんが、高さだけ固定すると画像が歪みますので、**object-fit: cover**を設定することを忘れないようにしましょう。また、今回の素材は右下に人物が写っており、ここが一番重要な箇所となりますので、右下を中心にトリミングされるように**object-position**でトリミングの基準点を変更しておくほうが望ましいでしょう。

（高さ固定前）

（高さ固定後）

青地エリア内の行頭位置揃え

LESSON 10 ▶ 10-04

CSS

```css
@media screen and (min-width: 1080px) {
  .mainVisual__body {
    width: 62.5%;
    padding: 80px;
    padding-left: calc((100vw - 1080px) / 2 + 15px);
    /*15pxはスクロールバー分の調整*/
  }
}
```

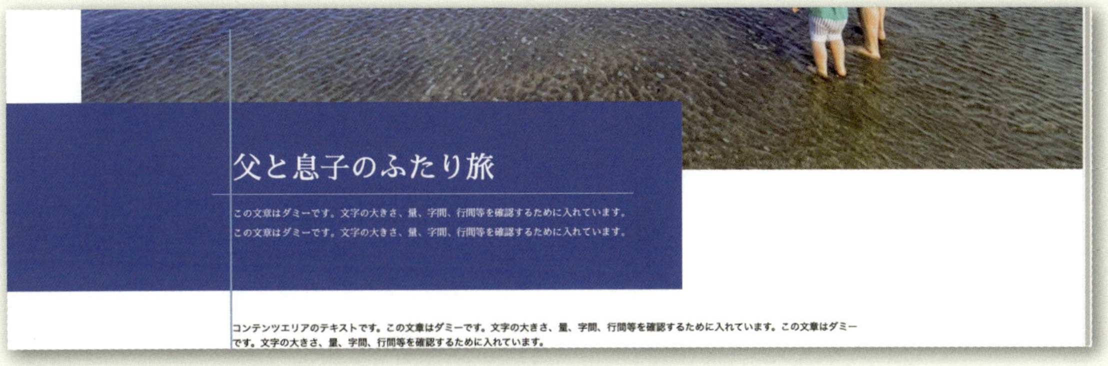
父と息子のふたり旅
この文章はダミーです。文字の大きさ、量、字間、行間等を確認するために入れています。
この文章はダミーです。文字の大きさ、量、字間、行間等を確認するために入れています。
コンテンツエリアのテキストです。この文章はダミーです。文字の大きさ、量、字間、行間等を確認するために入れています。この文章はダミーです。文字の大きさ、量、字間、行間等を確認するために入れています。

設計パターン②で最も難しいのは、ブラウザの左端まで伸びる青地エリアの中で、見出しとテキストの行頭の位置を、後続のコンテンツ幅の左端と揃えて表示させるという点でしょう。

青地エリアはブラウザの左端から62.5%（1000/1600）の幅で伸縮しますので、その中のコンテンツ行頭位置を揃えるためにはpadding-leftを調整する必要があります。問題はそこにどんな数値を入れたらデザイン仕様を満たすことができるか？です。

ここであらためてデザイン仕様を確認してみると、

- 見出し＋テキストの行頭を、**コンテンツ幅の左端**に揃える

とありますね。ではコンテンツ幅の左端の位置はどうやって決まっているのか？　というと、これは単純にボックスをmargin: autoで中央配置しているだけです。したがってこの時のmargin-leftと同じサイズの余白を青地エリアのpadding-leftに設定すれば良い、ということになります。つまり普段ボックスに対して左右marginをautoにした時、ブラウザがやってくれている計算を手動で計算式で書けば良いということです。

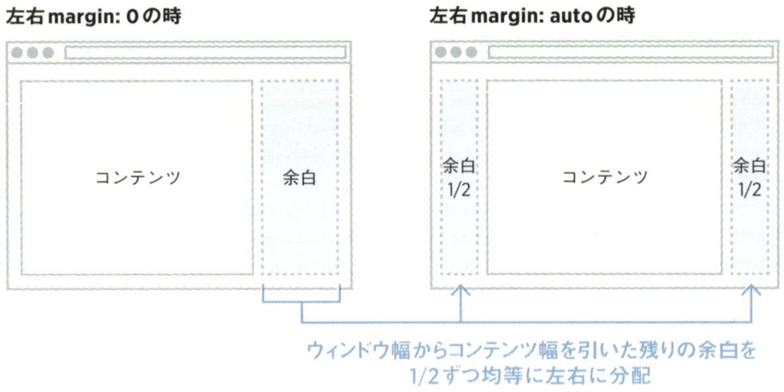

上記の図式から、（**ブラウザ幅全体 - コンテンツ幅**）**÷2**と計算すれば良いということが分かります。これをcalc()で表現したのがcalc((100vw - 1080px) / 2)という式になります。

ただし、CSSでブラウザ幅全体を表す100vwはスクロールバーを含むサイズとなりますので、その分だけ若干誤差が出てしまいます。そこでその分の誤差を調整するため、最終的にはcalc((100vw - 1080px) / 2 + 15px)としているのです。

見出しとテキストのサイズ調整

LESSON 10 ▶ 10-05

CSS

```
@media screen and (min-width: 1080px) {
  ～省略～
  .mainVisual__ttl {
    font-size: min(4.375vw,70px);
  }
  .mainVisual__ttl::after {
    margin-left: calc((100vw - 1080px) / 2 * -1 - 15px);
    /*15pxはスクロールバー分の調整分*/
  }
  .mainVisual__txt {
    font-size: 24px;
  }
}
```

難関の行頭位置揃えが終わりましたので次に文字サイズを調整します。デザインでは見出し70px、テキスト24pxですが、デザインカンプはアートボード1600pxの状態でデザインされていますので、そのまま指定すると折り返しが発生してしまいます。本文は折り返しても特に問題ありませんが、見出しはデザインが崩れてしまうため、ブラウザ幅に応じて伸縮するようにvw単位で指定したほうが良いでしょう。計算としては**(70 ÷ 1600) × 100 = 4.375vw**となります。

ただし、単純にfont-size: 4.375vwとすると今度はブラウザ幅が1600pxを超えた場合に大きくなりすぎて折り返しが発生してしまいます。そこで、「4.375vwのサイズで拡大するが最大70pxで固定する」という仕様で指定するためにLesson01で紹介した比較関数を使って**min(4.375vw,70px)**と指定しています。

font-size: 70px:1600px未満で折り返し発生

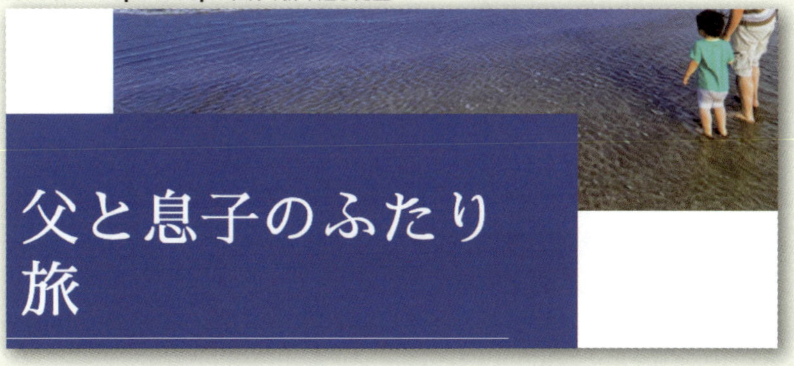
父と息子のふたり
旅

font-size: 4.375vw:1600px以上で折り返し発生

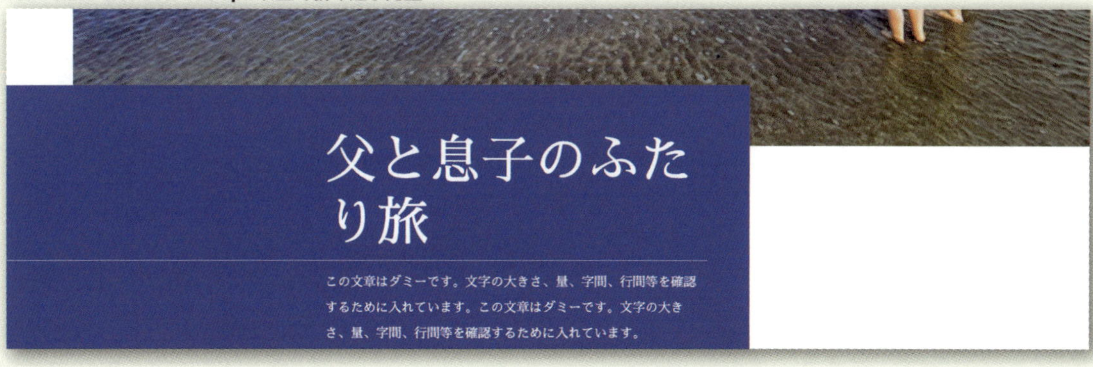
父と息子のふた
り旅
この文章はダミーです。文字の大きさ、量、字間、行間等を確認するために入れています。この文章はダミーです。文字の大きさ、量、字間、行間等を確認するために入れています。

font-size: min(4.375vw,70px):どの幅で見ても折り返しは発生しない

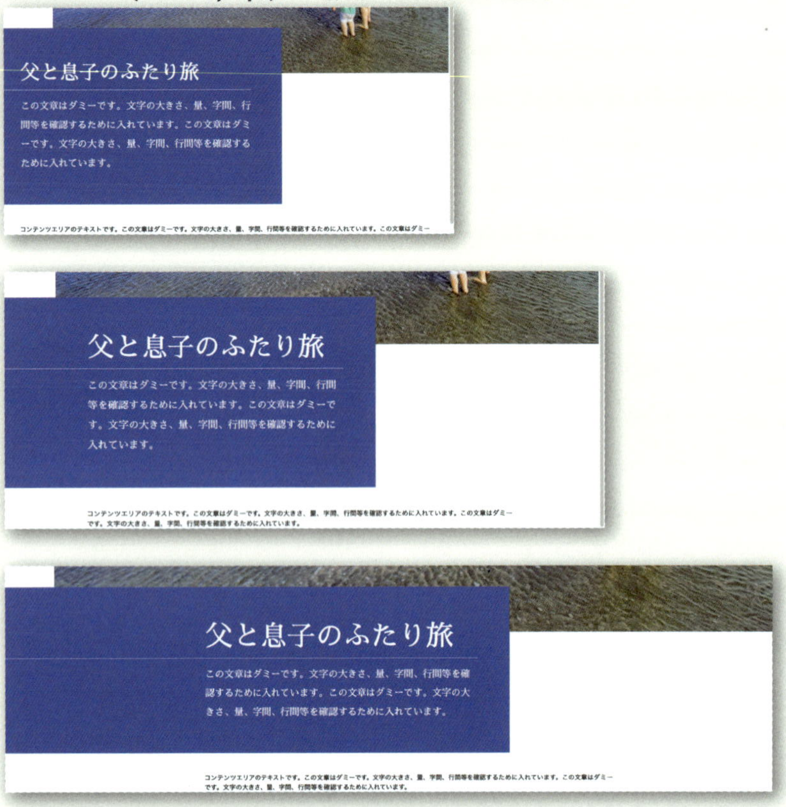
父と息子のふたり旅
この文章はダミーです。文字の大きさ、量、字間、行間等を確認するために入れています。この文章はダミーです。文字の大きさ、量、字間、行間等を確認するために入れています。
父と息子のふたり旅
この文章はダミーです。文字の大きさ、量、字間、行間等を確認するために入れています。この文章はダミーです。文字の大きさ、量、字間、行間等を確認するために入れています。
父と息子のふたり旅
この文章はダミーです。文字の大きさ、量、字間、行間等を確認するために入れています。この文章はダミーです。文字の大きさ、量、字間、行間等を確認するために入れています。

比較関数は比較的新しい仕様ですので、IE11など後方互換に配慮する場合は使えませんが、その場合には次のようにもう一つメディアクエリを追加して対応するようにしましょう。

メディアクエリで対応する場合

CSS

```css
@media screen and (min-width: 1080px) {
  .mainVisual__ttl {
    font-size: 4.375vw;
  }
  ～省略～
}
@media screen and (min-width: 1600px) {
  .mainVisual__ttl {
    font-size: 70px;
  }
}
```

青地エリアの配置を調整

CSS

```
/*for PC*/
@media screen and (min-width: 1080px),print {
  .mainVisual {
    position: relative;
    margin-bottom: 200px; /*後続コンテンツに被らないようにする*/
  }
  〜省略〜
  /*テキストエリア*/
  .mainVisual__body {
    position: absolute; /*絶対配置で画像に重ねる*/
    left: 0;
    bottom: -130px; /*下にずらす*/
    width: 62.5%;
    padding: 80px;
    padding-left: calc((100vw - 1080px) / 2 + 15px);
  }
  〜省略〜
}
```

設計パターン①と②では青地エリアの配置の方針が違います。①ではメインビジュアルと青地エリアを縦に並べておいて、青地エリアを一定量上に引き上げるという仕様でした。この場合、テキスト量が増えたら青地エリアは下に伸びる形となります。

設計パターン②では、メインビジュアルと青地エリアを一旦下端で揃えて配置しておき、青地エリアを一定量下に下げるという仕様です。この場合、テキスト量が増えたら青地エリアは上に伸びる形となります。

これは設計仕様の問題でありどちらが良い悪いではありませんが、レイアウトによってはクリティカルな問題になりやすいポイントですので、他のコンテンツと重なっている場合には**「内容量やサイズが変わったらどちらに伸ばすのか？」**という点は最初によく確認しておいたほうが良いでしょう。

今回は「一旦下端で揃えて配置しておき、青地エリアを一定量下に下げる」という仕様を一番実現しやすい**position: absolute**で実装しています。absoluteは要素同士を簡単に重ねることができますが、他の要素と切り離されて上から別レイヤーで被せるような形となりますので、他のコンテンツ（今回の場合は後続のコンテンツエリア）に被らないように十分な余白を確保しておくことも忘れないようにしましょう。

なお、見出し下の罫線を左端まで引き伸ばす箇所は、サンプル10-04でpadding-leftを算出したのと同じ考え方で、その数値をネガティブマージンに設定することで実現しています。

サンプル10-06完成

10-06
ファイル
父と息子のふたり旅
この文章はダミーです。文字の大きさ、量、字間、行間等を確認するために入れています。この文章はダミーです。文字の大きさ、量、字間、行間等を確認するために入れています。
コンテンツエリアのテキストです。この文章はダミーです。文字の大きさ、量、字間、行間等を確認するために入れています。この文章はダミーです。文字の大きさ、量、字間、行間等を確認するために入れています。

本書では比較的シンプルなブロークングリッドレイアウトの事例で解説しましたが、ページ全体に渡って同様のレイアウト仕様になっている場合も考え方は同じです。複雑に見える場合は一旦重なり・ずらしがない状態でコーディングし、そこから必要な分だけ重ねる・ずらす、という手順で進めると比較的進めやすいでしょう。

また、Chapter2までで解説してきた各種レイアウトの実装方法をしっかりマスターすれば、平均的なレイアウト難易度のWebサイトであればほとんど対応できるはずです。できるだけ自分の手を動かして繰り返し練習するようにしてください。

EXERCISE 02

レスポンシブコーディングの応用をマスター

用意したデザインカンプを元に各自でレスポンシブ対応のコーディングをしてみましょう。
Chapter2で学んだ内容の復習です。

完成レイアウト

Point 1 ページタイトル

ページタイトル(PC)
GRASS FIELD
HOME
SERVICE
事業内容
高さ460px
固定
背景画像は
PC/SP共通
幅100%
ページタイトル(SP)
SERVICE
事業内容
200
375
アスペクト比維持した
まま拡大・縮小する

Point 2 コンテンツ

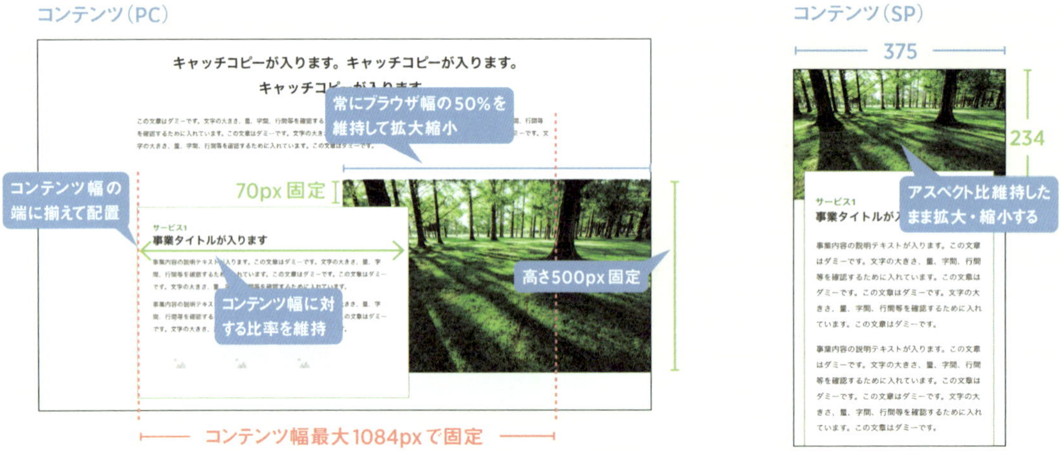
コンテンツ(PC)
キャッチコピーが入ります。キャッチコピーが入ります。
常にブラウザ幅の50%を
維持して拡大縮小
コンテンツ幅の
端に揃えて配置
70px固定
サービス1
事業タイトルが入ります
高さ500px固定
コンテンツ幅に対
する比率を維持
コンテンツ幅最大1084pxで固定
コンテンツ(SP)
375
234
アスペクト比維持した
まま拡大・縮小する

Point 3 サムネイル写真

コンテンツ（PC）

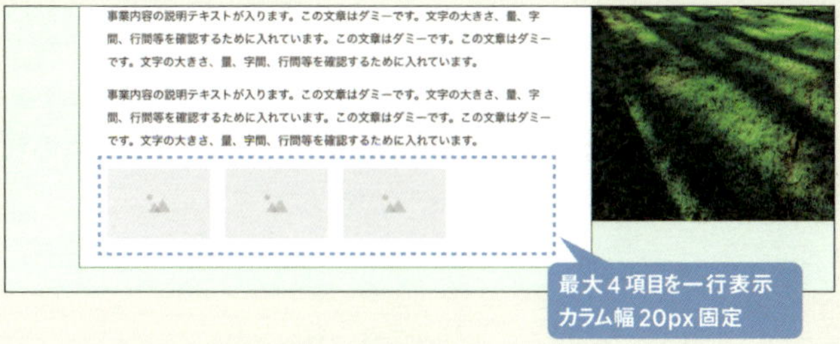

コンテンツ（SP）

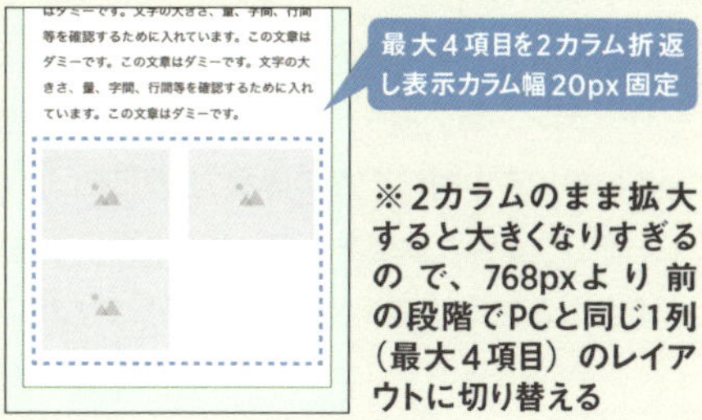

※2カラムのまま拡大すると大きくなりすぎるので、768pxより前の段階でPCと同じ1列（最大４項目）のレイアウトに切り替える

作業手順 | Procedure

❶デザインカンプ（XD）上のコメントで細かいデザイン仕様を確認する
❷事前にマークアップ済みのHTMLとデザインカンプを照らし合わせて設定されている要素やclass名、ボックス枠のとり方などを把握する
❸コーディングに必要な数値（ボックスの幅、余白、色、文字サイズ・行間など）を確認する
❹指定されたコーディング仕様でレスポンシブコーディングする
❺各種ブラウザ環境で表示に問題がないか確認する
❻完成コード例を確認する

作業フォルダの構成 | Folder

```
/EXERCISE02/
 ├/作業フォルダ/
 │  ├index.html
 │  ├/service/
 │  │  └index.html ･･････ ★作業対象
 │  ├/img/
 │  └/css/
 │     ├common.css ･･････ reset＋サイト共通スタイル ★作業対象
 │     ├top.css ･･････････ トップページ専用スタイル
 │     └service.css ･････ 事業内容専用スタイル ★作業対象
 └/完成サンプル/
```

作業上の注意

- この練習問題ではヘッダー・フッターなどの基本フォーマットは作成済みです。
- コンテンツ部分のマークアップは事前に用意しているので、基本的にCSSのみ自力で記述してください。ただし、実装の都合でどうしてもHTMLを変更したい場合には各自の判断で追加・変更しても構いません。
- Sassなどのプリプロセッサを使っていないため、共通スタイル＋個別スタイルの2枚を読み込む方式でコーディングしています。追加スタイルがサイト共通のものならcommon.cssへ、このページ独自のものならservice.cssへ追記してください。

新しい技術と後方互換性への配慮

CSSは日々進化しています。本書で紹介したものの中にもmin()やmax()といった新しい単位や、aspect-ratio、flexboxのgap、gridのauto-fitやminmax()など、少し前までは各ブラウザの対応状況の問題で実務では使用できなかったものが、ここ1〜2年で続々と全モダンブラウザで利用できるようになってきています。

こうした新しい技術は非常に便利なものばかりですので、各ブラウザの足並みが揃ったらすぐに実務で使いたくなるのが人情だと思います。しかし、実務で受託制作をしている立場の人間としては、最新の技術をフォールバックなしで即座に実戦投入することには、やや慎重にならざるを得ません。全てのユーザーがすぐに最新バージョンにアップデートするとは限りませんし、受託の場合は特にクライアントの理解が得られないと非対応環境での崩れを「バグだ！」と言われて修正を求められるリスクもあるからです。

特にOSのメジャーアップデートのタイミングで実装された機能などは、機種変を控えるなどで意図的にOS・ブラウザを最新にしないユーザーも一定数存在するため、すぐには浸透しない可能性が高くなります。従って、実際のユーザーシェア数の動向を見ながら少なくとも1〜2世代前まではサポート対象と考えて対応する必要があるでしょう。また、フォールバック対応が可能なものについては、当面フォールバック対応も含めて使用するようにしておくと安全です。

一方でIE11に関しては対応するしないはもはや完全に政治的・ビジネス的な判断にかかっています。技術者としては今すぐにでも捨ててしまいたいのが本音ですし、Web業界全体の技術・サービスの進歩のためにもそうしたほうが良いのは明白です。しかし、特に日本に関してはいまだ無視できない数のIE11ユーザーがいる（デスクトップユーザーの約4.5%、全体ユーザの約2.5%　2021年9月データ）のも事実であり、現状ではIE11対応に関しては案件ごとに対応するしないが分かれる状況がまだしばらく続くと思われます。

ただしp.64にも書いたように2022年6月15日以降はWin10上でIE11は起動できなくなるため、来年以降は状況が一変する可能性が高いとも考えています。いずれにせよ遅かれ早かれ近いうちにIE11に関しては完全に無視してよくなる日が必ずやってきますので、ブラウザ動向について常にアンテナを張っておくようにしましょう。

CHAPTER 3

表組み・フォーム

Table & Form

Webサイトの中で表組みやフォームといったものは非常に使用頻度の高いものですが、用途や構造に制約があり、文法的に正しく、かつアクセシビリティ／ユーザビリティにも配慮してコーディングしようとすると案外難しい面があります。Chapter3では実用的でかつユーザにやさしい表組みやフォームの組み方について学んでいきます。

LESSON 11

表組みのレスポンシブ対応

table要素は「表組み」という特性上、様々なデバイスでの閲覧性を損ねないように無理なく実装しようとすると案外難しいものです。Lesson11では、ケースバイケースで様々な選択肢を取れるよう、複数のレスポンシブ対応パターンを学んでいきましょう。

伸縮のみ

PC表示で左端列が見出しとなる表組みの場合

LESSON 11 ▶ 11-01

（SP表示）

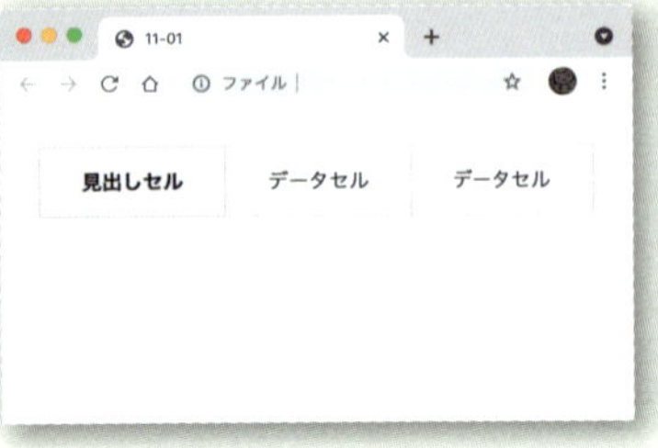

（PC表示）

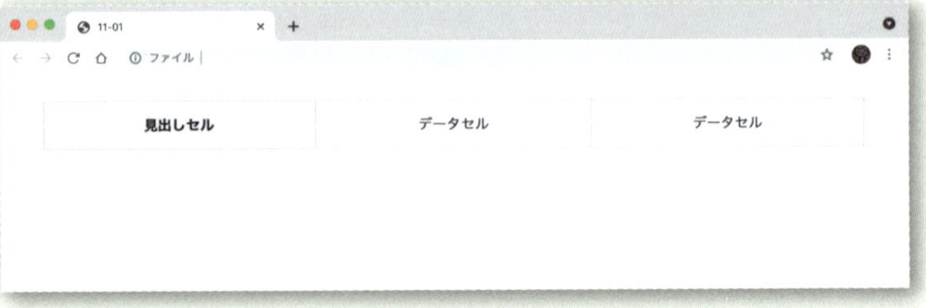

HTML

```html
<table class="table01">
  <tr>
    <th>見出しセル</th>
    <td>データセル</td>
    <td>データセル</td>
  </tr>
</table>
```

CSS

```css
/*伸縮する表組み*/
.table01 {
  width: 100%; /*親要素の幅いっぱいで伸縮*/
```

```
  table-layout: fixed; /*各セル幅を均等に保つ*/
  border-collapse: collapse; /*隣り合うセルの罫線を重ねて表示*/
}
.table01 th,
.table01 td {
  padding: 15px;
  border: 1px solid #ccc;
  text-align: center;
}
.table01 th {
  background: #f7f7f7;
}
```

表組みのレスポンシブ対応で最もシンプルなものは、**単純に幅可変で伸縮**するだけというものです。ただし、モバイル環境ではかなり横幅が狭くなることが予想されるので、列数はおおよそ3〜4列以下、セル内のテキストもあまり長すぎないものに留めておかないと、モバイル環境で可読性が落ちてしまうので注意が必要です。

表レイアウトの組み替え

見出し列・見出し行のいずれかを伴う列数の多い表組みについては、SPレイアウト時とPCレイアウト時でそれぞれが見やすいようにレイアウトを組み替えて対応することで可読性を保ちやすくなります。どのように組み替えたら良いかはPCレイアウト時の表組みレイアウトの状態によって変わります。

PC表示で左端列が見出しとなる表組みの場合

（SP表示）

（PC表示）

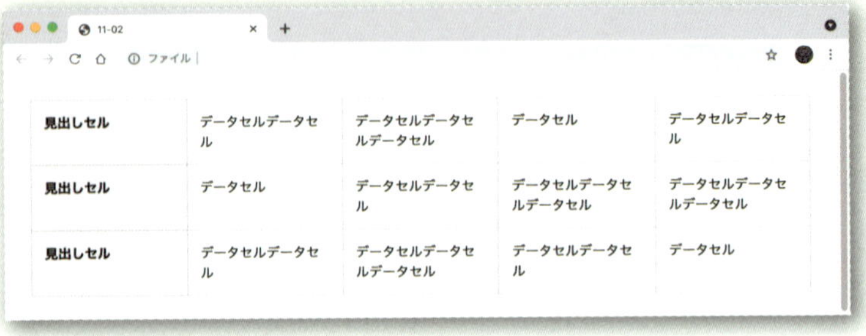

HTML

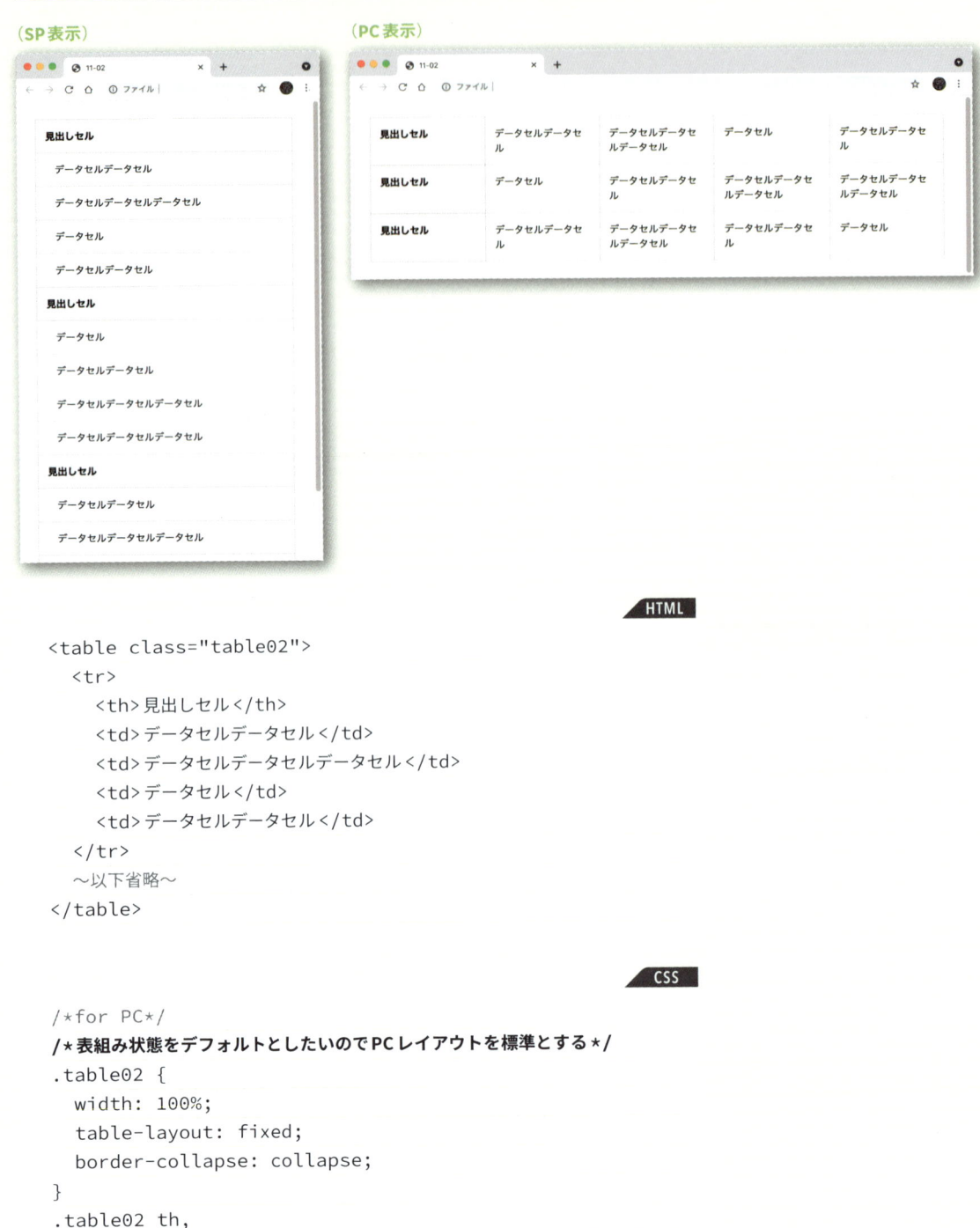

```
<table class="table02">
  <tr>
    <th>見出しセル</th>
    <td>データセルデータセル</td>
    <td>データセルデータセルデータセル</td>
    <td>データセル</td>
    <td>データセルデータセル</td>
  </tr>
  ～以下省略～
</table>
```

CSS

```
/*for PC*/
/*表組み状態をデフォルトとしたいのでPCレイアウトを標準とする*/
.table02 {
  width: 100%;
  table-layout: fixed;
  border-collapse: collapse;
}
.table02 th,
.table02 td {
  padding: 15px;
```

```
  border: 1px solid #ccc;
}
.table02 th {
  background: #f7f7f7;
}
/*for SP*/
/*モバイルレイアウトでは縦積みになるように上書き*/
@media screen and (max-width: 767px) {
  .table02 tr,
  .table02 th,
  .table02 td {
    display: block; /*縦積み化*/
    margin-top: -1px; /*罫線を重ねる*/
    text-align: left;
  }
  .table02 td {
    padding-left: 30px;
  }
}
```

左端列が見出しとなるタイプの表組みで列数が多くなる場合、モバイル用の表示では縦積み表示に変更すると、列数や情報量が比較的多くても情報を読みやすくすることができます。

表組みのセルを縦積みにするには、基本的にtr／th／tdなどtable要素を構成する各要素のdisplay値をblockなど表組み以外のものに変更することで実装します。表組みを構成する各要素はtable独自のdisplay値があるため、通常の表組み形式で見せたいPCレイアウトを標準として、SPレイアウト時にメディアクエリでdisplay値をblockに変更するよう上書きしたほうが良いでしょう。

PC表示で1行目が見出しとなる表組みの場合

（SP表示）

（PC表示）

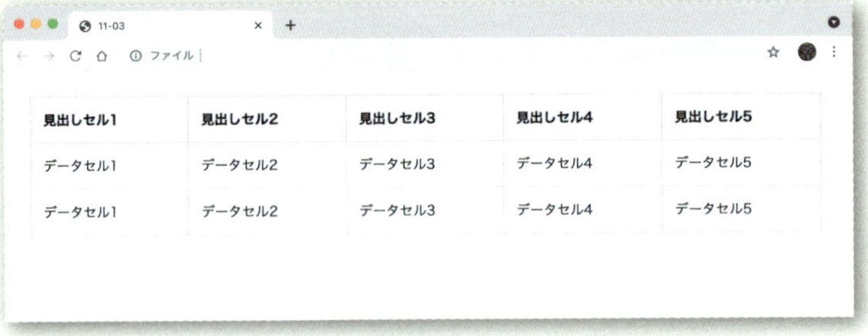

HTML

```
<table class="table03">
  <tr>
    <th>見出しセル1</th>
    <td>データセル1</td>
    <td>データセル1</td>
  </tr>
  <tr>
    <th>見出しセル2</th>
    <td>データセル2</td>
    <td>データセル2</td>
  </tr>
  ～以下省略～
</table>
```

CSS

```
/*for SP*/
/*SPレイアウトを標準tableとして組む*/
.table03 {
  width: 100%;
  table-layout: fixed;
  border-collapse: collapse;
}
.table03 th,
.table03 td {
  padding: 15px;
  border: 1px solid #ccc;
}
.table03 th {
  background: #f7f7f7;
}
/*for PC*/
```

```
/*PCレイアウトでtrが横並びとなるように上書き*/
@media screen and (min-width: 768px) {
  .table03 tbody{ /*内部的にtable直下にはtbodyが補完されるのでtbodyを対象セレクタとする*/
    width: 100%;
    display: flex;
  }
  .table03 tr {
    display: block;
    width: 20%;
    margin-left: -1px;
  }
  .table03 th,
  .table03 td {
    display: block;
    width: 100%;
    margin-top: -1px;
    margin-left: -1px;
  }
}
```

1行目に見出し行が来る表組みをモバイル環境でも読みやすくする場合も、表組みの行列を入れ替えるように表示を切り替えるのが良いでしょう。

SPでもPCでも見た目はいわゆる「表組み」となりますので、SP・PCのどちらかの表組み状態を標準としてマークアップし、一方をメディアクエリで上書きします。この場合は**SPレイアウト時の表組み（左端列が見出し）を標準とする**ほうがおすすめです。左端列に見出しが来る表組みの場合、th要素とそれに対応するtd要素が1つのtr要素でグループ化された状態となるため、レイアウトの制御がしやすいからです。

なお、trを横並びするためにdisplay: flexを適用しますが、この時の対象セレクタは**table要素ではなくtbody要素**となる点に注意してください。HTMLにtbody要素が明示されていなくても、ブラウザは内部的にtable要素の直下にtbody要素を自動的に生成してレイアウトするため、tr要素をflexアイテムとして横並びさせるのであればtbody要素に対してdisplay: flexを指定しておく必要があります。

Memo

表組みの行列をCSSで入れ替えた場合、隣り合うセルの中身のコンテンツ量にバラツキがあると高さが変わって表組み状態が崩れてしまいます。これを防ぐにはJavaScriptで行ごとのセルに該当する要素の高さを動的に揃える処理が必要です。

スクロールで表示

表組みの一部が結合されているなど、行列の入れ替えが困難で元の表組みのレイアウト状態を変更したくない場合、またスクリーンの幅が足りない場合には、表をスクロールさせて中身のデータを確認できるようにするという方法もあります。この場合、対応方法は次の2パターンに分けられます。

表全体を横スクロール

LESSON 11 ▶ 11-04

（SP表示）

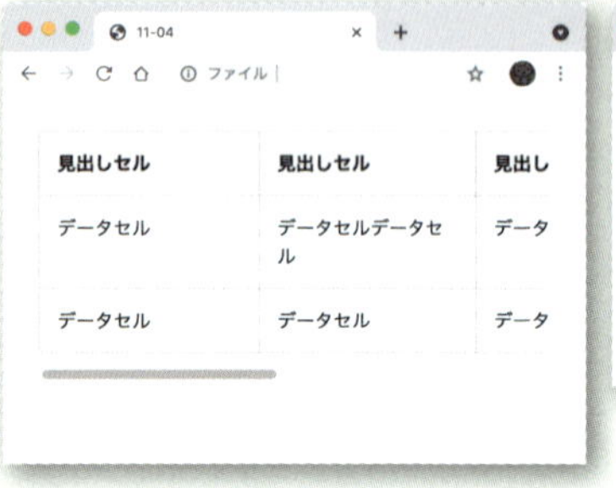

（PC表示）

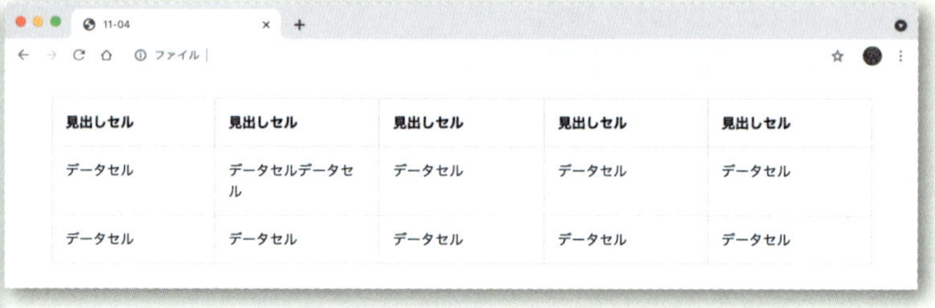

HTML

```
<div class="tableWrapper">
  <table class="table04">
    <tr>
      <th>見出しセル</th>
      <th>見出しセル</th>
      <th>見出しセル</th>
      <th>見出しセル</th>
      <th>見出しセル</th>
    </tr>
    <tr>
      <td>データセル</td>
      <td>データセルデータセル</td>
      <td>データセル</td>
      <td>データセル</td>
      <td>データセル</td>
    </tr>
    ～省略～
  </table>
</div>
```

CSS

```
.tableWrapper {
  width: 100%;
  padding-bottom: 10px;
  overflow-x: auto; /*中身がはみ出したら横スクロールバーを出す*/
}

.table04 {
  width: 940px; /*中のテーブルサイズを固定幅にする*/
  table-layout: fixed;
  border-collapse: collapse;
}
.table04 th,
.table04 td {
  padding: 15px;
  border: 1px solid #ccc;
}
.table04 th {
  background: #f7f7f7;
}
```

1つ目は、表組み全体を横スクロールで閲覧できるようにするパターンです。

この場合、**対象のtable要素をdiv要素で囲み、親要素にoverflow-x: autoを指定**しておくことで、横幅が不足した場合に自動的に横スクロールバーを出すという仕組みになります。

この手法を使う場合、原則として**表組みの横幅は固定値**となるように設定しておく必要があります。他のサンプルのように親要素の幅に応じて表組みの横幅が伸縮する状態だと、そもそも親要素の幅を超えてスクロールが発生する状態にならないからです。

この方法は実装が容易でレガシーな環境でも問題なく動作するというメリットはありますが、見出しセルもスクロールして見えなくなってしまうため、特に列数・行数が多くなるほど情報が読み取りにくくなります。従って、行数が比較的少なく、1行目が見出し行となっている横長の表組みに適しています。

見出し行・列のみ固定してスクロール

（PC表示）

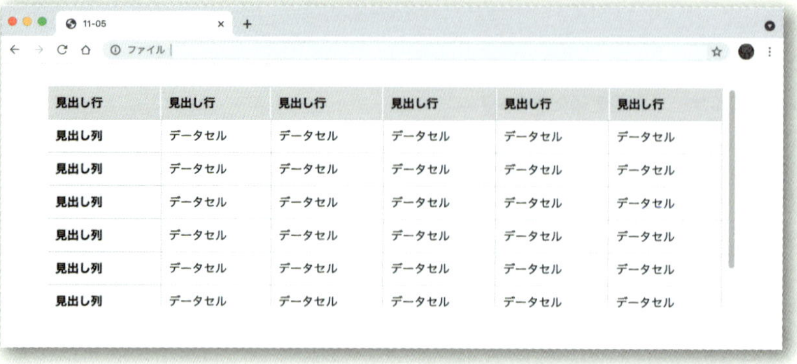

（SP表示）スクロール前

スクロール後

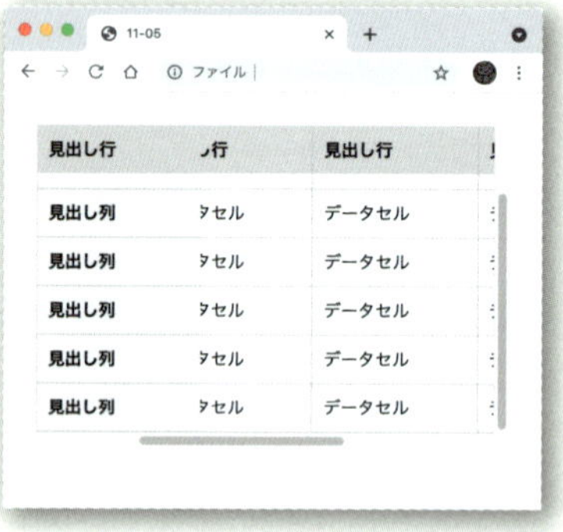

HTML

```html
<div class="tableWrapper">
  <table class="table05">
    <thead>
      <tr>
        <th>見出し行</th>
        <th>見出し行</th>
        <th>見出し行</th>
        <th>見出し行</th>
        <th>見出し行</th>
        <th>見出し行</th>
      </tr>
    </thead>
    <tbody>
      <tr>
        <th>見出し列</th>
        <td>データセル</td>
        <td>データセル</td>
        <td>データセル</td>
```

```
        <td>データセル</td>
        <td>データセル</td>
      </tr>
     ～省略～
    </tbody>
  </table>
</div>
```

CSS

```
.tableWrapper {
  width: 100%;
  height: 300px; /*縦スクロールのために高さを固定*/
  overflow: auto; /*stickyの包含ブロック化*/
}
.table05 {
  width: 920px; /*横スクロールのために幅を固定*/
  table-layout: fixed;
  border-collapse: collapse;
}
.table05 th,
.table05 td {
  padding: 10px;
  border: 1px solid #ccc;
}
.table05 thead th {
  position: sticky; /*粘着表示*/
  top: 0; /*包含ブロックの上端に張り付き*/
  z-index: 1;
  background: #ddd;
}
.table05 thead th:first-child { /*左上の見出しセル*/
  top: 0; /*包含ブロックの上端に張り付き*/
  left: 0; /*包含ブロックの左端に張り付き*/
  z-index: 2;
}
.table05 tbody th {
  position: sticky; /*粘着表示*/
  left: 0; /*包含ブロックの左端に張り付き*/
  background: #f7f7f7;
}
～省略～
```

2つ目は見出しとなる行・列を固定して残りのデータセルを表内でスクロールして見せるパターンです。以前は専用のJSライブラリを利用する必要があり、実装難易度の高い手法でしたが、現在では**position: sticky**を活用することで、CSSのみで簡単に実装が可能です。

まず表の中で見出し行・列が固定されて残りのデータセルだけがスクロールするように見せるために、**対象となるtable要素をdiv要素で囲み、その親要素にoverflow: autoを設定する**ことで中の表が親要素の領域を超えた場合にスクロールが出るようにしておきます。ここまでは基本的にサンプル11-04の表全体をスクロールさせる手法と考え方は同じです。

次にスクロールする表組みのうち、1行目の見出し行と左端の見出し列だけがスクロールせず親要素の上端・左端に張り付いた形で固定されるようにするため、それぞれの**th要素に対してposition: stickyを設定**します。この時、包含ブロックである親要素の上端に張り付くようにするにはtop: 0;、左端に張り付くようにするにはleft: 0;と指定します。左上の見出しセルは上にも左にも固定する必要があるため、top: 0;とleft: 0;を両方指定しておきます。

position: stickyは現在IE11を除く全てのモダンブラウザで実装可能です。position: stickyが効かない環境で閲覧した場合には、枠内で表全体が縦横にスクロール表示されるだけで表の閲覧ができなくなるわけではないので、実務で使用しても基本的に問題はないでしょう。

Memo

表組みの見出し行をstickyにする際はthead要素ではなくth要素に対してposition: stickyを指定するようにしてください。これはブラウザによってtheadへのsticky指定が正常に機能しないバグが存在するからです。

LESSON 12

フォーム部品の実装

入力フォーム部品は閲覧するユーザーが直接操作するものであるため、どのような環境からアクセスされても一定のユーザビリティ／アクセシビリティを確保するようにコーディングする必要があります。Lesson12では誰もが使いやすいフォームの実装方法を学びましょう。

テキストボックス／テキストエリア

余白と文字サイズを調整する

LESSON 12 ▶ 12-01

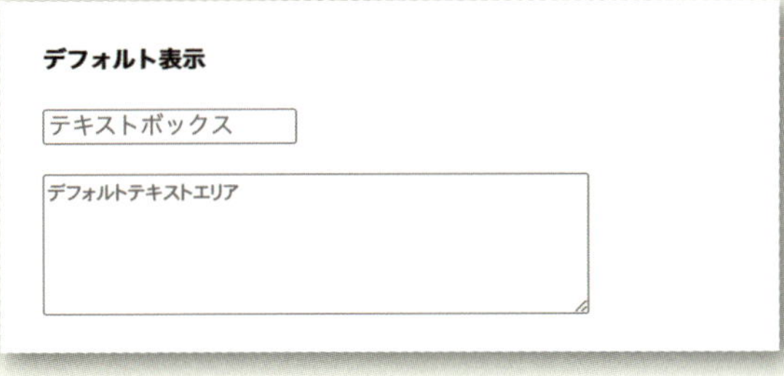

HTML

```
<h2>カスタマイズ表示</h2>
<div class="inputBox"><input type="text" placeholder="テキストボックス"></div>
<div class="inputBox"><textarea cols="30" rows="5" placeholder="カスタマイズテキスト
エリア"></textarea></div>
```

CSS

```
.inputBox input[type="text"],
.inputBox textarea {
  -webkit-appearance: none;
  appearance: none; /*ブラウザ標準スタイルシートを無効にする*/
  width: 100%;
  max-width: 300px;
  padding: 10px 20px 8px 20px;
  border-radius: 4px;
  border: 1px solid #ccc;
  box-shadow: 1px 1px 4px rgba(0,0,0,0.1) inset;
  font-size: 16px; /*16px以上を推奨*/
}
.inputBox textarea {
  max-width: none;
  font-family: inherit;
}
```

ブラウザ標準のフォーム部品は、全般的に「狭い・小さい」という特徴があり、余白をゆったり取る現在のデザイントレンドの中では見た目を整えずにそのまま使うということはほぼなくなってきています。

最も基本となるテキストボックスについてもデフォルトではpaddingがないので枠とテキストがくっつきすぎて窮屈です。デザイナーがデザインカンプを作成する場合はほぼ100%余白を入れてサイズ調整されてくるはずですが、カンプがない場合でも一定のpaddingは必ず入れておくようにしましょう。

一方、フォームの文字サイズに関しては盲目的にデザインカンプ通りとするのではなく、極力**16px以上**とすることを推奨します。フォームの文字サイズが16px未満だと、iOSなどでは入力フォームをタップした時点で画面が自動的にズームします。入力を終えてもズームしたまま画面が左右にスクロールできる状態になって閲覧に支障が出るため、ユーザーは入力のたびにピンチアウトして元のサイズに戻す必要に迫られ、印象が非常に悪くなります。

フォームはあくまでユーザーは使いやすさ・利便性を重視する必要があるので、仮にデザインで16px未満を指定されたとしても理由を添えて16px以上とするように交渉すべきと筆者は考えます。

文字サイズ16pxの時の表示

文字サイズ16px未満の時の表示

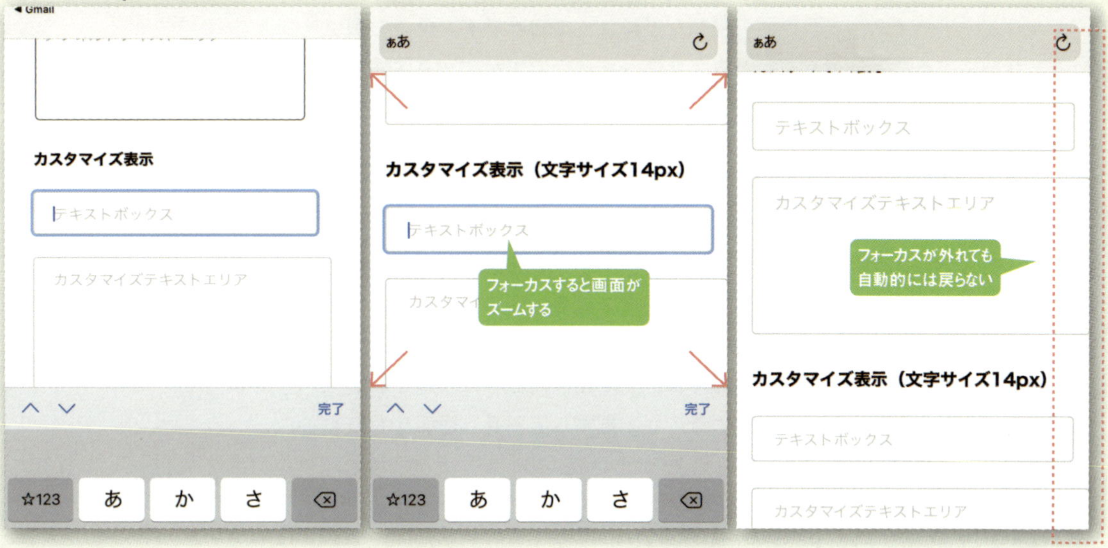

type属性と入力モードの切替

LESSON 12 ▶ 12-02

ユーザーが入力するテキストボックスは、かつては何でも<input type="text">でしたが、現在は入力させたいデータの種類によって様々なtype属性が用意されており、選択したtype属性によって入力モードが変化したり、独自の入力インターフェースが表示されたり、入力時に簡易書式チェックをしてくれますので、基本的にデータ種類によってtype属性を使い分けておくようにしましょう。

type属性値	用途	特徴
type="text"	1行のテキスト入力	1行テキスト
type="url"	サイトのURL	http(s)://〜で始まる半角英数字の文字列以外は書式エラーが表示される
type="email"	メールアドレス	@が含まれない場合は書式エラーが表示される
type="search"	検索フォーム	環境によってOS標準の検索窓風なUIになることがある
type="tel"	電話番号	仮想キーボードの入力モードが「テンキー」になる
type="number"	数値（半角数字）	仮想キーボードの入力モードが「数字優先」になる
type="passward"	パスワード	入力内容を隠した状態で入力・表示できる
type="date"	年月日	カレンダーUIから年月日を選択入力できる
type="time"	時刻	時刻UIから時刻を選択入力できる

type属性の値によってどのような挙動になるかは、PC／タブレット／モバイルなどのデバイス、ブラウザの種類などによって様々です。全ての環境で同じ状態にすることはできないと考えたほうが良いですが、type属性を設定することで環境によっては何かメリットがある場合は、適切なtype属性を選択することでユーザーの入力時のストレスを軽減させる効果が期待できます。

特に、モバイルなどで物理キーボードが使えない環境にいるユーザーは相対的に入力ストレスが高くなります。そこで、フォームを設計する際にはそもそもの入力項目数を絞ったり、選択肢を用意できる質問については選択式にするなどの配慮が必要です。その上で、どうしてもユーザー自身に入力してもらわなければならない情報については、type属性値ごとに仮想キーボードがどのような入力モードに切り替わるのかを把握しておき、適切なものを設定しておくと良いでしょう。

type属性値による仮想キーボード切替例(iOS)

input type="text"
input type="search"
input type="email"

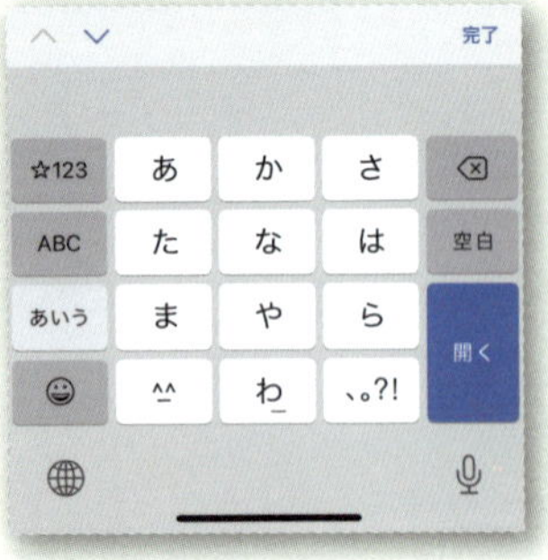

input type="url"

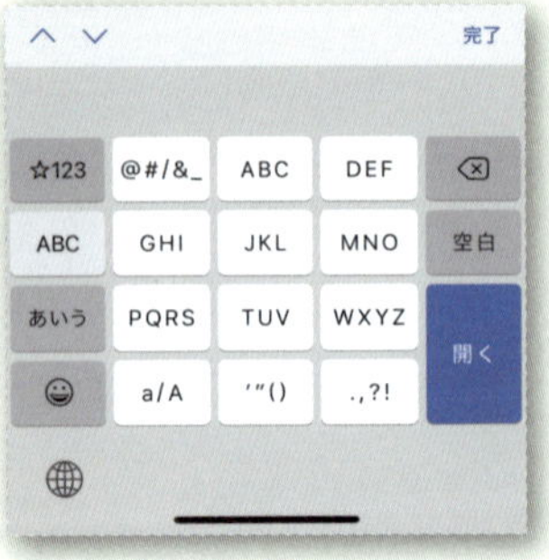

input type="tel"

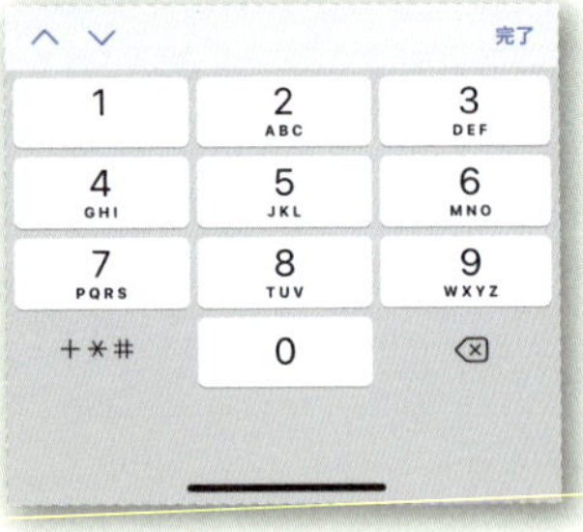

input type="number"

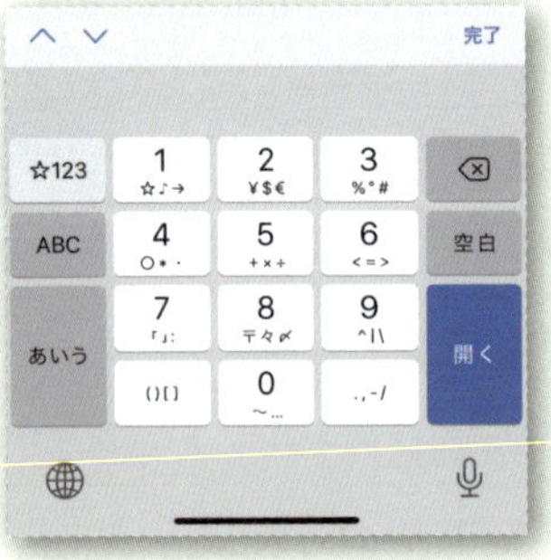

input type="date"

input type="time"

参考:「inputタグでtype属性設定の違いによるiPhoneとAndroidの仮想キーボード表示形式」

https://mam-mam.net/javascript/input_type.html

電話番号の入力

LESSON 12 ▶ 12-03

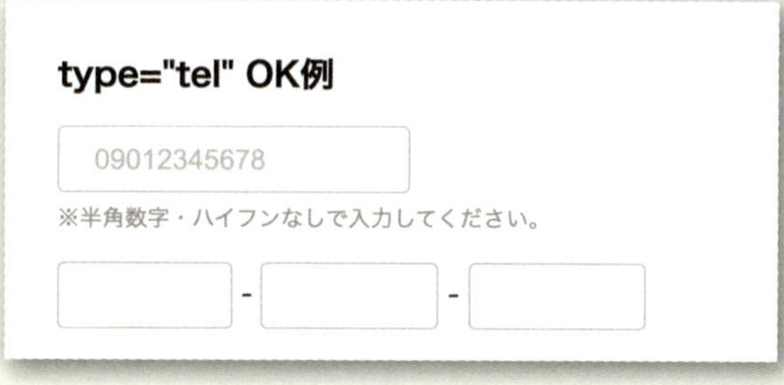

HTML

```
//OK例
<input type="tel" name="tel" placeholder="09012345678">
<input type="tel" name="tel1"> - <input type="tel" name="tel2"> - <input
type="tel" name="tel3">

//NG例
<input type="tel" name="tel" placeholder="090-1234-5678">
```

非常によく使う電話番号の入力については基本的に**type="tel"**を使います。type="tel"を選択することで、モバイル環境では入力モードが自動的にテンキーに切り替わるため、ユーザーはストレスなく数字を入力できます。

ただし、type="tel"による仮想キーボードはiPhoneの場合数字と「+」「＊」「#」しか表示されないため、**ハイフン（-）の入力を必須とするような電話番号フォームに対してtype="tel"を使用するのはNG**です。

数字の入力

LESSON 12 ▶ 12-04

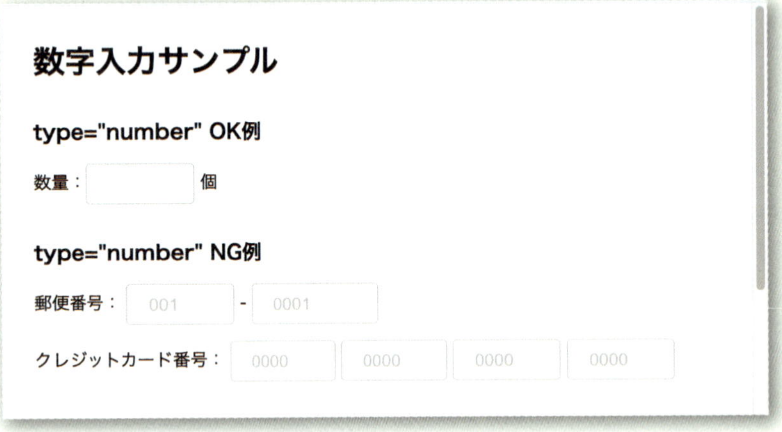

HTML

```
//OK例
数量：<input type="number" name="num"> 個

//NG例
郵便番号：
<input type="number" name="zip1" placeholder="001"> -
<input type="number" name="zip2" placeholder="0001">

クレジットカード番号：
<input type="number" name="credit1" placeholder="0000">
<input type="number" name="credit2" placeholder="0000">
<input type="number" name="credit3" placeholder="0000">
<input type="number" name="credit4" placeholder="0000">
```

フォームで電話番号以外の数字を入力する場面としては大きく分けて1個、2個などの「数値」を入力する場合と、郵便番号やクレジットカード番号のように「一定の桁数の数字」を入力する場合があります。

前者のような四則演算できる前提の「数値」を入力させる場合には**type=“number”**を選択します。numberが選択されるとPC環境では入力フォームの右端に「スピンボックス」と呼ばれる上下の矢印が表示され、キーボードでの入力の他、上下矢印でも数値を入力することができるようになります。また仮想キーボードは「数字優先」の状態となり、数値の入力がしやすくなります。

Memo

スピンボックスをCSSで非表示にして使えば、物理的なデメリットは解消されますので実害はなくなりますが、そもそも非表示にしなければならない時点でnumberを使うべきでない箇所であると考えたほうが良いでしょう。

一方後者のような**「一定の文字列」を入力させたい場合は、type=“number”はあまり適切ではありません。**キーボードで「0004」のように数字を入力することはできますが、PC環境で右端のスピンボックスを触ると頭の0が消えて「4」のような数字になってしまうことからも分かるように、type=“number”は郵便番号やクレジットカード番号のような文字列としての数字の入力は想定していないと考えられるからです。このことはWHATWGのHTML仕様書でも好ましくない事例として明記されています。

では文字列としての数字を入力できるtype="tel"はどうでしょうか？ こちらは電話番号以外に使用しても実害は特になく、モバイル環境でテンキー入力に自動的に切り替えることができるメリットも享受できるため、type=“number”よりは良いかもしれません。ただ、明確に「type=“tel”（電話番号）」となっているのに、郵便番号などに使用することにはやはり違和感が残ります。

Memo

inputmodeはIE、PC用のFirefox, Safriでサポートされていませんが、そもそもモバイル環境向けの設定であるためサポートされていなくても特に弊害はありません。

この問題に対するおそらくベストな方法は、**type=“text”にした上でinputmode=“numeric”を指定する**ことで入力できる文字列を数字に限定することだと思われます。inputmode属性はモバイル環境などにおける仮想キーボードの種類を指定するものです。通常はtype属性によってブラウザが適切な仮想キーボードを自動的に切り替えますが、inputmodeを使えばそれを明示的に指定することができます。

Memo

指定できる値の一覧は下記ページなどで確認しておきましょう。

https://developer.mozilla.org/ja/docs/Web/HTML/Global_attributes/inputmode

サンプル12-04（type=“text” + inputmode）

HTML

```
郵便番号：
<input type="text" name="zip1" placeholder="001" inputmode="numeric"> -
<input type="text" name="zip2" placeholder="0001" inputmode="numeric">

クレジットカード番号：
<input type="text" name="credit1" placeholder="0000" inputmode="numeric">
<input type="text" name="credit2" placeholder="0000" inputmode="numeric">
<input type="text" name="credit3" placeholder="0000" inputmode="numeric">
<input type="text" name="credit4" placeholder="0000" inputmode="numeric">
```

HTML

```
//文字数制限
<input type="text" name="zip1" maxlength="3" placeholder="001"
inputmode="numeric"> -
<input type="text" name="zip2" maxlength="4" placeholder="0001"
inputmode="“ numeric">

//最小値・最大値・ステップ入力
<input type="number" name="num" min="10" max="200" step="10"> 個
<small class="inputNote">※最小10、最大200個まで、10個単位でご注文ください。</small>

//正規表現
フリガナ：<input type="text" name="kana" pattern="^[ぁ-ん]+$" placeholder="ヤマダタ
ロウ">
<small class="inputNote">※全角カタカナでご入力ください。</small>
```

日常的によく使うplaceholder属性（入力サンプル表示）やrequired属性（必須項目指定）の他にも、フォームには様々な補助機能があります。

例えば入力する文字数に制限がある場合や、数値に最大値・最小値、あるいは10刻みのような制限が必要な場合など、補足説明だけではなかなか正しいデータを入力してもらえなさそうな場合は、フォーム側に入力値を制限するための設定を追加して不正な入力を防ぐ方法もあります。

また、入力フォーマットが決まっている場合（半角英数字のみなど）にはpattern属性に正規表現でフォーマットを指定しておくと送信前にブラウザ側で簡易な入力チェックを行うこともできます。

よくあるバリデーション用の正規表現事例

バリデーション内容	正規表現（pattern属性）
半角英数字	^[0-9A-Za-z]+$
半角英字8文字	[A-Za-z]{8}
半角英数字6文字以上	^([0-9A-Za-z]{6,})$
電話番号（ハイフン必須）	\d{2,4}-\d{2,4}-\d{3,4}
郵便番号（ハイフン必須）	\d{3}-\d{4}
全角カタカナ	^[ァ-ンヴー]+$
全角ひらがな	^[ぁ-ん]+$

入力時の選択肢を提供する

特定の選択肢しかない場合にはselect要素やラジオボタン・チェックボックスなどの選択式の入力フォーム部品を用意すれば良いですが、一定の選択肢は用意しつつ、自由入力も可能としたい場合もあります。そのような時にはdatalist要素を使ってテキスト入力ボックスに入力候補を付与しておくという方法もあります。

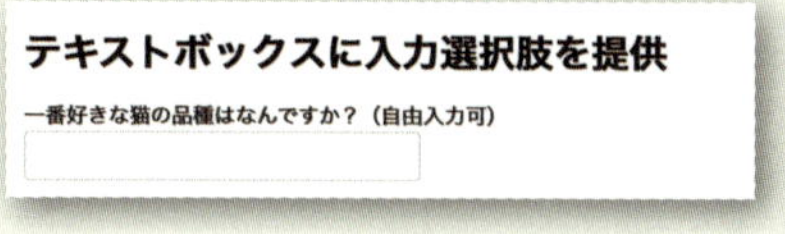

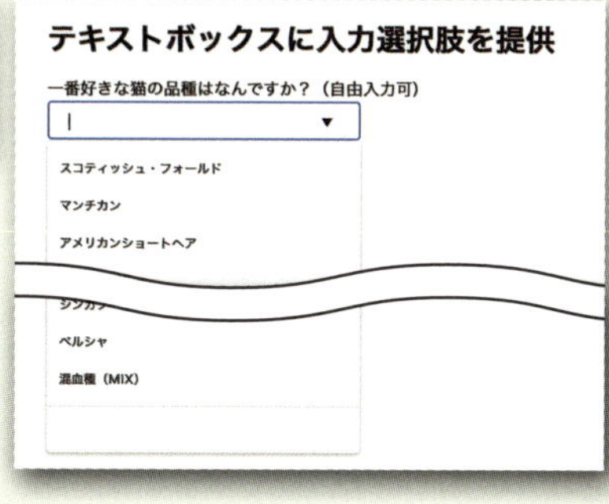

HTML

```html
<p>一番好きな猫の品種はなんですか？（自由入力可）</p>
<input type="text" name="cat" list="catList">
<datalist id="catList">
  <option>スコティッシュ・フォールド</option>
  <option>マンチカン</option>
  <option>アメリカンショートヘア</option>
  <option>ロシアンブルー</option>
  <option>ラグドール</option>
  <option>メイン・クーン</option>
  <option>ベンガル</option>
  <option>シンガプーラ</option>
  <option>ペルシャ</option>
  <option>混血種（MIX）</option>
</datalist>
```

入力フォームを実装する際は、「正しいデータ」を「できるだけストレスなく」入力してもらえるような細かい配慮が求められます。コーディングで対応できることについてはできるだけ対応しておきましょう。

送信ボタン

フォームデータを送信するためのボタンには2種類あります。1つは<input type="submit">、もう1つは<button>です。いずれもフォームのデータを送信するという点では同じですが、デザイン再現上の自由度からすると<button>に軍配があがります。

次のような3つの送信ボタンを<input type="submit">、<button type="submit">のそれぞれで実装した場合どうなるか、比較してみましょう。

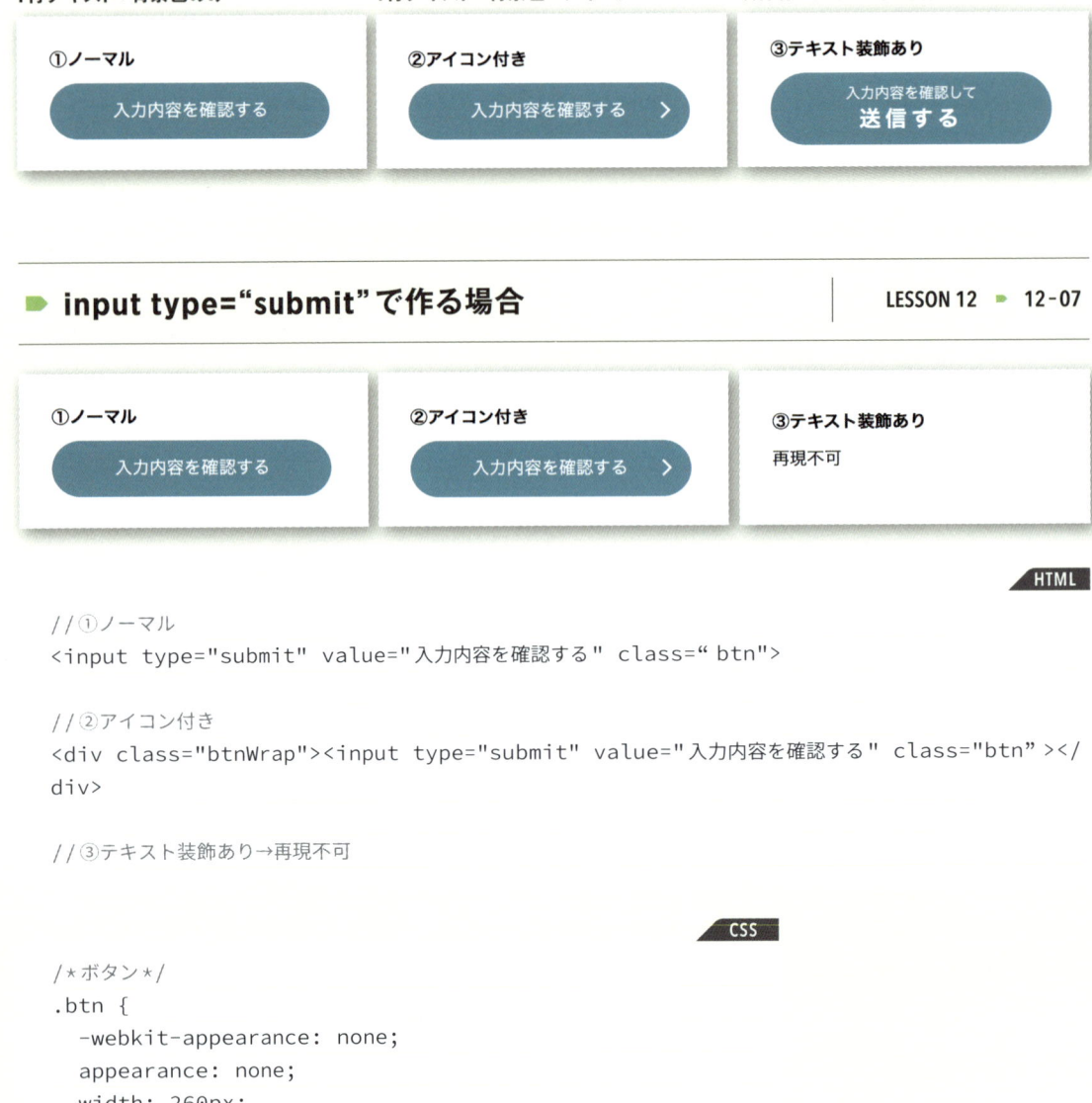

1行テキスト＋背景色のみ　1行テキスト＋背景色＋アイコン　改行有＋テキスト装飾有＋背景色

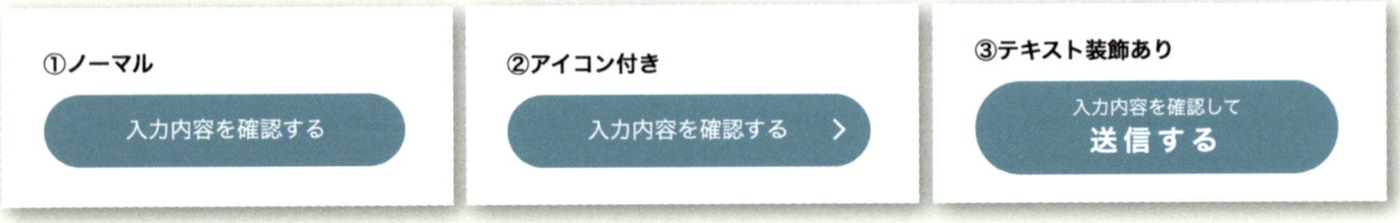

input type="submit"で作る場合

LESSON 12 ▶ 12-07

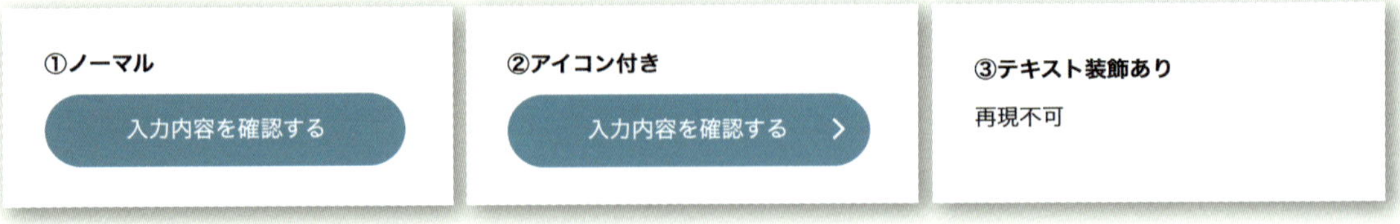

HTML

```
//①ノーマル
<input type="submit" value="入力内容を確認する" class=" btn">

//②アイコン付き
<div class="btnWrap"><input type="submit" value="入力内容を確認する" class="btn" ></
div>

//③テキスト装飾あり→再現不可
```

CSS

```
/*ボタン*/
.btn {
  -webkit-appearance: none;
  appearance: none;
  width: 260px;
```

```
  margin: 0;
  padding: 15px;
  border: 0;
  border-radius: 50px;
  background: #3D98B4;
  color: #fff;
  line-height: 1.4;
  cursor: pointer;
  transition: opacity .3s;
}
.btn:hover {
  opacity: 0.7;
}

/*矢印付き*/
.btnWrap {
  position: relative;
}
.btnWrap::after {
  position: absolute;
  right: 20px;
  top: 0;
  bottom: 0;
  margin: auto;
  content:"";
  display: block;
  width: 0.7em;
  height: 0.7em;
  border-top: 2px solid;
  border-right: 2px solid;
  color: #fff;
  transform: rotate(45deg);
}
```

<input type="submit">はブラウザ標準スタイルのままでは横幅や文字サイズなど限られたプロパティしか変更できませんが、appearance: noneとすることで通常の要素とほぼ同等のスタイルを適用できますので、①のように背景色・文字色のみのシンプルなボタンであれば問題なく実装できます。

しかし、**input要素には擬似要素が使えない**ため、②のようにアイコンを付けたいといった場合にはinput要素だけでは実装できず、input要素をdiv要素などで囲んでそちらに擬似要素でアイコンを付けるなど、一工夫が必要になります。

更に③のようにボタン内のテキストに対してデザイン的に強弱を付けたいといった要望となると、**value属性の値を表示するという仕様**の関係上、実現できません。

buttonで作る場合

LESSON 12 ▪ 12-08

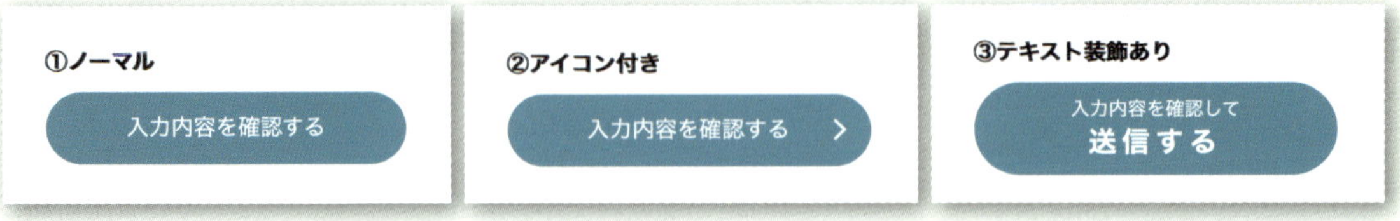

HTML

```
//①ノーマル
<button class=“ btn">入力内容を確認する</button>

//②アイコン付き
<button class="btn btn02”>入力内容を確認する</button>

//③テキスト装飾あり
<button class="btn btn03"><span class="txt01">入力内容を確認して</span><span
class="txt02">送信する</span></button>
```

CSS

```
/*ボタン*/
.btn {
～サンプル12-07と同じ～
}

/*矢印付き*/
.btn02 {
  position: relative;
}
.btn02::after {
～サンプル12–07と同じ～
}

/*テキスト装飾あり*/
.btn03 {
  padding: 10px 15px;
}
.btn03 .txt01 {
  display: block;
  font-size: 0.85em;
}
.btn03 .txt02 {
  font-size: 20px;
  font-weight: bold;
  letter-spacing: 0.2em;
```

```
}
```

一方、button要素の場合は他の要素同様に擬似要素も使えますし、button要素の中をspan要素などのインラインレベルの要素でマークアップすることも可能ですので、サンプル①・②・③のいずれの場合でも問題なく実装可能です。いわばbutton type="submit"はinput type="submit"の上位互換と言えますので、システムの都合など特別な理由がない限り、送信ボタンについてはbutton要素を使用するほうがおすすめです。

Memo

button要素のtype属性にはsubmit/reset/buttonの3つの値がありますが、type属性を指定しない場合は初期値であるsubmitが選択され、送信ボタンとして機能します。

チェックボックス／ラジオボタン

チェックボックス／ラジオボタンはコーディングによってユーザーの使い勝手が大幅に変わります。デフォルトUIのままでは見栄えも悪いので独自デザインにカスタマイズすることも多い要素ですが、作り方を間違えると見栄えは良くてもアクセシビリティ的に問題のあるものになってしまう恐れがありますので、どのように実装しておけば最低限のユーザビリティ／アクセシビリティを確保できるのかしっかり確認しておきましょう。

デフォルトUIの問題点

チェックボックス／ラジオボタンのデフォルトUIにおける一番の問題点は、**「クリッカブル領域が小さすぎる」**という点です。PCブラウザ環境でマウスを使っているユーザーであれば小さなチェックボックス／ラジオボタンをピンポイントでクリックすることも可能ですが、指でタップするタッチデバイスユーザーにとっては小さなボタンを正確にタップするのは少々骨が折れます。

デフォルトUIのクリック可能範囲

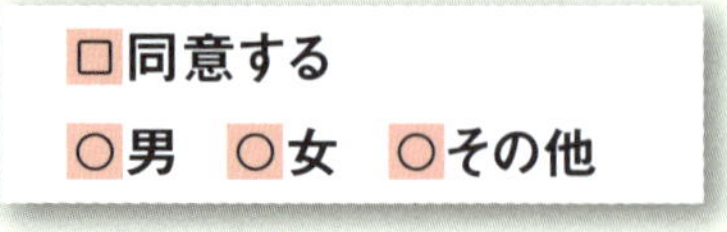

※チェックボックス・ラジオボタンのパーツ領域しかクリックできない

label要素を適切に使用する

LESSON 12 ▶ 12-09

この問題を解決するために真っ先に行うべきことは、**label要素で適切に選択肢とそのラベルをグルーピングする**ことです。チェックボックス／ラジオボタンの選択肢とそのラベルテキストを正しく紐付けるためには、次の2通りの方法があります。

HTML

```
<div class="inputField">
  <label><input type="checkbox" name="check" value="同意する">同意する</label>
</div>
<div class="inputField">
```

```
    <label><input type="radio" name="gender" value="男">男</label>
    <label><input type="radio" name="gender" value="女">女</label>
    <label><input type="radio" name="gender" value="その他">その他</label>
</div>
```

1つ目の方法はチェックボックス／ラジオボタンの**input要素とラベルテキストをlabel要素で囲む**方法です。こうすることでlabel要素の範囲全体がクリック反応領域となり、ラベルテキストをクリックしても正しくチェックボックス／ラジオボタンが選択されるようになります。

HTML

```
<div class="inputField">
    <input type="checkbox" name="check" id="check" value="同意する">
    <label for="check">同意する</label>
</div>
<div class="inputField">
    <input type="radio" name="gender" id="male" value="男">
    <label for="male">男</label>
    <input type="radio" name="gender" id="female" value="女">
    <label for="female">女</label>
    <input type="radio" name="gender" id="other" value="その他">
    <label for="other">その他</label>
</div>
```

2つ目の方法はチェックボックス／ラジオボタンに隣接するラベルテキストのみをlabel要素で囲み、**for属性で関連するinput部品のid属性と紐付ける**方法です。この方法でもlabel要素で囲まれたラベルテキストはクリック反応領域となりますので、全体をlabel要素で囲んだ時と同様にラベルをクリックすると対応するチェックボックス／ラジオボタンが選択されるようになります。

label要素を使うことは、選択肢のクリック反応領域を拡大して全てのユーザーにとっての使い勝手を向上させると同時に、スクリーンリーダーを利用して閲覧しているユーザーに対しても選択肢に対する適切なラベル情報を提供することになり、**最低限のアクセシビリティを担保する**ことにつながります。

チェックボックス／ラジオボタンをCSSで装飾する際の注意点

label要素を適切に使ってマークアップするだけでもユーザビリティ／アクセシビリティは向上しますが、チェックボックス／ラジオボタン自身の見た目が標準UIだとあまり美しいとは言えないため、多くの場合はCSSでチェックボックス／ラジオボタンを作り込むことになります。

CSSで作るチェックボックス・ラジオボタンの事例は検索すれば沢山出てきますが、作り方を間違えるとアクセシビリティ的に重大な問題を引き起こす場合がありますので、参考にするソースはきちんと精査してアクセシビリティ的に問題のないものを選ぶ必要があります。特に気を付けたいポイントは**チェックボックス／ラジオボタンのinput要素をdisplay: noneしていないこと**です。

input要素をdisplay:noneすることの問題点

問題のあるコード例

HTML

```
<div class="inputField">
  <label>
    <input type="checkbox" name="check" value="“同意する">
    <span>同意する</span>
  </label>
</div>
<div class="inputField">
  <label>
    <input type="radio" name="gender" value="“男">
    <span>男</span>
  </label>
  <label>
    <input type="radio" name="gender" value="“女">
    <span>女</span>
  </label>
  <label>
    <input type="radio" name="gender" value="“その他">
    <span>その他</span>
```

```
  </label>
</div>
```

CSS

```
/*ラジオボタン・チェックボックス
------------------------------------*/
input[type="radio"],
input[type="checkbox"] {
  display: none; /*←問題の箇所*/
}
/*クリック範囲*/
input[type="radio"]+span,
input[type="checkbox"]+span {
  display: inline-block;
  position: relative;
  margin: 0 2em 0 0;
  padding: 0.3em 0.3em 0.3em 2em;
  line-height: 1;
  vertical-align: middle;
  cursor: pointer;
}
/*ラジオボタンスタイル*/
input[type="radio"]+span:before {
  content: "";
  position: absolute;
  top: 0.25em;
  left: 0;
  width: 1.375em;
  height: 1.375em;
  border: 1px solid #999;
  border-radius: 50%;
  line-height: 1;
  background: #fff;
}
/*ラジオボタンチェック印（未選択）*/
input[type="radio"]+span:after {
  content: "";
  display: none;
}
/*ラジオボタンチェック印（選択）*/
input[type="radio"]:checked+span:after {
  display: block;
  position: absolute;
  top: 0.45em;
  left: 0.2em;
  width: 1em;
```

```
    height: 1em;
    margin: 0;
    padding: 0;
    border-radius: 50%;
    background: #3D98B4;
    line-height: 1;
  }
  /*チェックボックススタイル*/
  input[type="checkbox"]+span:before {
    position: absolute;
    top: 0.3em;
    left: 0;
    content: "";
    width: 1.25em;
    height: 1.25em;
    border: 1px solid #999;
    background: #fff;
    line-height: 1;
    vertical-align: middle;
  }
  /*チェックボックス未チェック時*/
  input[type="checkbox"]+span:after {
    content: "";
    display: none;
  }
  /*チェックボックスチェック時*/
  input[type="checkbox"]:checked+span:after {
    display: block;
    position: absolute;
    top: 0.3em;
    left: 0.4em;
    width: 0.5em;
    height: 1em;
    content: "";
    border-bottom: 3px solid #3D98B4;
    border-right: 3px solid #3D98B4;
    transform: rotate(45deg);
  }
```

CSSでチェックボックス／ラジオボタンを装飾するといった場合、基本的に**本来のinput要素は画面上から隠し、隣接する要素に指定したCSSで選択／非選択時の装飾を行う**手法を取ります。

この時、画面表示上は不要となるinput要素を隠すためにdisplay: noneしてしまうと、**キーボード操作が全くできなくなってしまい、アクセシビリティが低下してしまいます。**

キーボード操作を行う人というのは身体に何らかの障害がある方だけとは

限りません。普段はマウスを使っている人が、たまたまマウスの調子が悪くてキーボードだけで操作しなければならない状態になることも考えられますし、マウスを使うよりキーボード操作のほうが早くて快適と感じる人もいるでしょう。見た目の美しさを優先して、ユーザーの自由を奪うのはWebの理念からも外れるものなので、極力キーボード操作を阻害しないように実装すべきです。

望ましい実装方法

LESSON 12 ▶ 12-11

HTML

```
～サンプル12-10と同じであるため省略～
```

CSS

```
/*ラジオボタン・チェックボックス
-------------------------------------*/
input[type="radio"],
input[type="checkbox"] {
  opacity: 0; /*透明にして見えなくする*/
  position: absolute; /*本来の配置から切り離す*/
}
/*フォーカス時*/
input[type="radio"]:focus+span,
input[type="checkbox"]:focus+span {
  outline: 1px solid #ccc;
}
～以下、サンプル12-10と同じであるため省略～
```

この問題の解決方法は比較的簡単で、display: noneするかわりに**opacity: 0で透明にした上でposition: absoluteでデフォルトのレイアウト配置から切り離してしまう**と良いでしょう。こうすることで、キーボード操作で移動／選択が可能となります。

また、キーボードで移動できていても、それが見た目で分からなければユーザーは戸惑ってしまいますので、同時にフォーカスが当たっていることが視覚的にも分かりやすいよう、:focus擬似クラスに適切なスタイルを設定しておくことも重要です。

セレクトボックス

プルダウン形式のselect要素もデフォルトのままだと細くて使いづらかったり、Webサイト全体のデザインテイストと合わなかったりするため、ほとんどのケースではCSSでオリジナルのデザインを適用することになります。ただしselect要素も標準のUIスタイルにかなりクセがあるため、デザインする前にカスタマイズ時の注意点をよく確認しておく必要があります。

CSSでカスタマイズできる部分／できない部分

セレクトボックスにはCSSで自由にカスタマイズできる部分と、ほとんどカスタマイズできない部分があります。具体的には選択前の状態であるselect要素の部分はCSSで表示をカスタマイズできますが、**option要素の選択肢一覧の部分はCSSで表示をカスタマイズすることができません。**

CSSでカスタマイズできる部分／できない部分

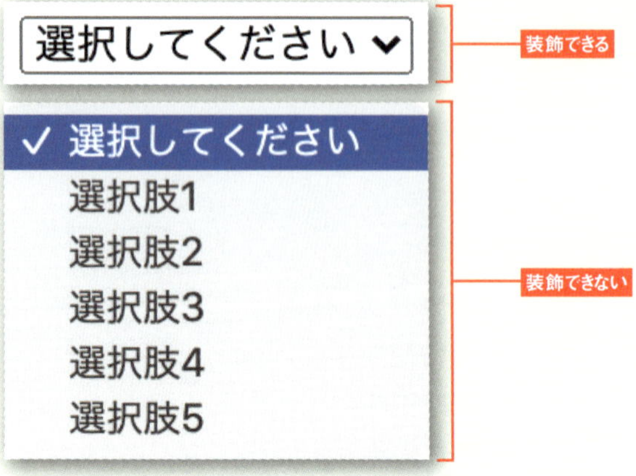

まれに選択肢部分についてもオリジナルのデザインを適用したデザインカンプを渡されることがありますが、選択肢部分の表示をカスタマイズしようとすると、select要素ではなくul／liなど他の要素で見た目を作り、select要素と同等の機能や挙動をJavaScriptで別途追加実装しなければならなくなるため、少なくともスクラッチで実装しようとすると**開発工数が跳ね上がる**ことになります。

また、仮に見た目と挙動の再現ができたとしても、モバイルユーザーはPCブラウザのプルダウンとは全く異なるUI／操作性で選択肢を選ぶことに慣れているため、PCブラウザの選択肢の見た目や操作性をそのままモバイル向けにも適用してしまうとユーザビリティ的に問題が生じる恐れもあります。

モバイル端末での選択肢表示方法

iPhone

Android

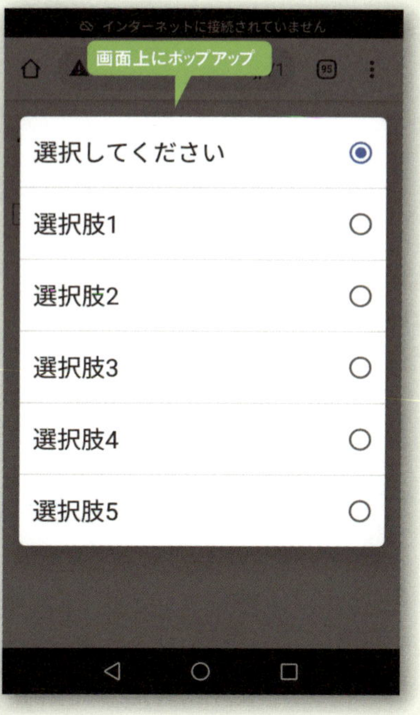

更にあらゆるユーザーが確実に入力操作を行えるようにキーボード操作、スクリーンリーダー対応なども全て考慮してカスタマイズする必要があることを考えると、基本的にプルダウンに関しては選択肢部分のデザインカスタマイズは諦めて、select要素で実装できる範囲のカスタマイズに留めておいたほうが無難でしょう。

Memo

どうしても選択肢一覧もデザインカスタマイズしたいのであれば、開発効率を考えると独自実装するのではなく何らかのドロップダウン系のJSライブラリを検討したほうが良いでしょう。ただしその場合もアクセシビリティが確保できているか、モバイル環境での操作性はどうか、よく検討する必要があります。

HTML

```html
<div class="selectWrap">
  <select name="select">
    <option value="">選択してください</option>
    <option value="1">選択肢1</option>
    <option value="2">選択肢2</option>
    <option value="3">選択肢3</option>
    <option value="4">選択肢4</option>
    <option value="5">選択肢5</option>
  </select>
</div>
```

CSS

```css
/*セレクトボックス
------------------------------------*/
select {
  -webkit-appearance: none;
  appearance: none; /*ブラウザ標準スタイルを解除*/
  display: block;
  width: 100%;
  padding: 10px 30px 8px 10px;
  border-radius: 4px;
  border: 1px solid #ccc;
}
.selectWrap { /*selectの親要素をアイコン配置の基準とする*/
  position: relative;
  display: block;
}
.selectWrap::after { /*矢印アイコン自作*/
  position: absolute;
  right: 10px;
  top: 0;
  bottom: 0;
  margin: auto;
  content: "";
  display: block;
  width: 8px;
```

```
  height: 8px;
  border-right: 2px solid #999;
  border-bottom: 2px solid #999;
  transform: rotate(45deg);
  pointer-events: none; /*矢印の上もクリック可能にする*/
}
```

select要素をデザインカスタマイズする場合、右端の矢印部分もオリジナルで実装するのですが、**select要素は擬似要素が使えない**ため、select要素をdiv要素などで囲み、そちらに擬似要素を使って矢印部分を実装するようにするのがポイントです。また、select要素自身はデフォルトの見た目を解除して通常のブロックレベル要素と同じようにスタイリングできるよう、appearance: noneを指定してから必要なスタイルを適用します。

なお、IEだけはappearance: noneをしてもブラウザ標準の矢印が消えないため、IE対応もする場合は以下のように追加対応する必要がありますので注意してください。

CSS

```css
/*for IE（右端の矢印を消す）*/
select::-ms-expand {
  display: none;
}
```

ファイルアップロード

ファイルアップロードはブラウザ／デバイスごとの表示仕様の違いが大きく、また標準の見た目もお世辞にも美しいとは言えないクセの強いフォーム部品です。ファイルアップロード機能を持つフォームを実装する機会はあまり多くないかもしれませんが、いざという時の実装方法とカスタマイズ方法を確認しておきましょう。

ファイルアップロードの標準の見た目

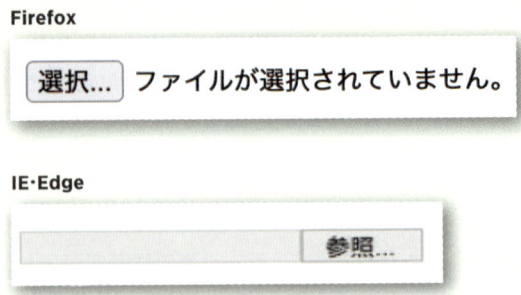

Chrome

Firefox

Safari

IE･Edge

ファイルアップロード特有の追加属性

<input type="file">にはrequired（必須）やdisabled（非活性）のような他のinput要素でも使える属性の他、ファイルアップロード特有の機能を持たせるための属性があります。特にファイル型を指定する**accept属性**はアップロードできるファイル形式を限定するためによく使われますので覚えておきましょう。また、select要素などでも使用できるmultiple属性を追加すれば、ファイルを複数選択させることも可能です。

ファイルアップロード特有の属性

属性名	用途	値
accept属性	ファイル型の指定	拡張子（.jpg、.png、.pdf、.docなど）、MINEタイプ文字列（application/mswordなど）、任意の音声・動画・画像ファイル（audio/, video/, image/*） ※カンマで区切って複数の指定が可能
capture属性	端末カメラの利用	usr（端末の内側カメラ）、environment（端末の外側カメラ） ※属性の値を省略した場合は外側カメラ

ファイルアップロードの見た目のカスタマイズ

LESSON 12 ▶ 12-13

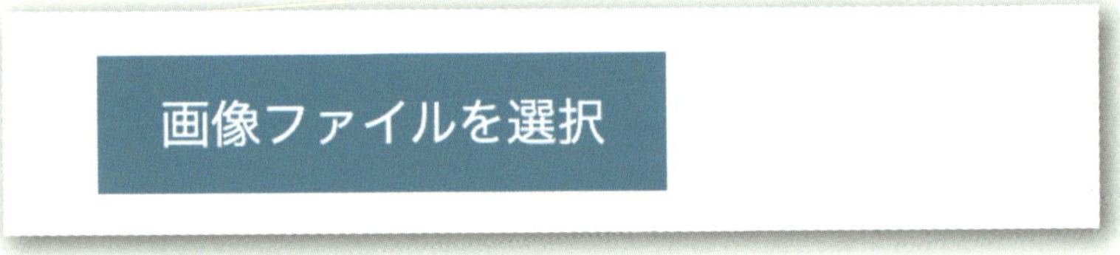

HTML

```
<label class="fileUpload" tabindex="0">
  <input type="file" name="file" accept="image/*">
  画像ファイルを選択
</label>
```

CSS

```
/*ファイルアップロード
------------------------------------*/
input[type="file"] { /*非表示にする*/
  opacity: 0;
  position: absolute;
}
.fileUpload { /*ボタンを自作*/
  display: inline-block;
  padding: 10px 20px;
  background: #3D98B4;
  color: #fff;
  cursor: pointer;
}
.fileUpload:focus { /*フォーカス時のスタイル（tabindex=0でフォーカス可能）*/
  outline: 2px solid #7ec3d8;
}
```

<input type="file">は各ブラウザごとの標準スタイルがかなり異なるので、デザイナーからはどうしても見た目を揃えて美しく整えたいという要望が出ることが多くあります。<input type="file">そのものの見た目をCSSで変更することも不可能ではないのですが、「ファイルを選択」といったテキストを装飾することができなかったり、文字を変更したりすることもできないため、基本的には**別の親要素で囲んで<input type="file">自体は隠す**という実装方法になります。

選択ファイル名の表示

LESSON 12 ▶ 12-14

CSSで見た目を整えることはできましたが、実際にファイルを選択した際に、標準UIであれば選択したファイル名がブラウザ上に表示されますが、CSSだけでは選択されたファイル名を表示するところまでは実装できません。この点に関してはどうしてもJavaScriptの力を借りる必要があります。

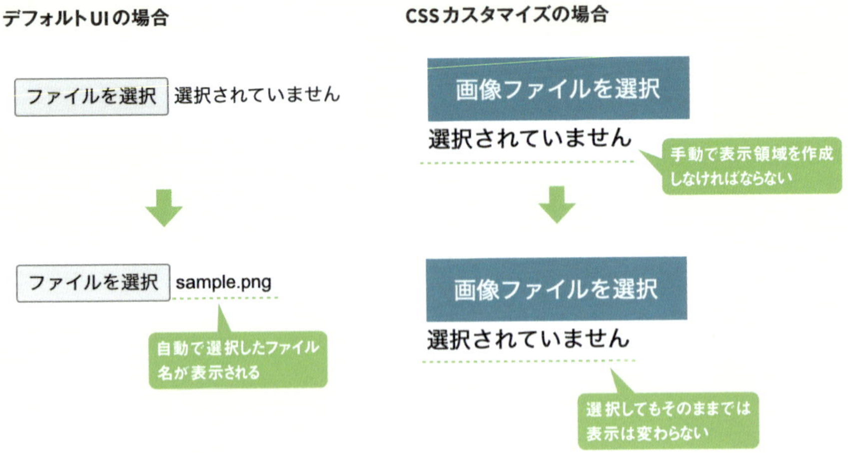

HTML

```
<label class="fileUpload" accept="image/*" tabindex="0">
  <input type="file" name="file">画像ファイルを選択
</label>
<p class="fileName">選択されていません</p>
```

JS

```
$(function(){
  $('input[type="file"]').on('change', function () {
    var file = $(this).prop('files')[0];
  $('p.fileName').text(file.name);
  });
});
```

Memo

本書のコードはjQueryで書かれているので、動作させるにはあらかじめjQuery本体を読み込んでおく必要があります。

本書ではJavaScript（※上記コードはjQuery）自体の解説はしませんが、選択ファイル名を表示する要素をあらかじめ用意しておき、ファイルが選択されたらその情報が格納されているプロパティからファイル名情報を取得して、ファイル名表示用の要素の中身を書き換える、という処理を加えることで実現しています。

ファイル選択時の表示（JS実装後）

jQueryではなく生のJavaScript（バニラJS）などで記述してももちろん構いませんが、いずれにせよファイルアップロードのカスタマイズにはJSが必須であるということは覚えておきましょう。

入力フォームのレイアウト

入力フォームは通常のコンテンツ以上にユーザビリティ／アクセシビリティに配慮した形でのマークアップ・レイアウト実装が求められます。Lesson13では最低限のユーザビリティ／アクセシビリティを担保した入力フォームの実装方法を学んでいきます。

よくある入力フォームレイアウトの実装上の課題

（SP表示）

新規会員登録
下記の登録フォームからユーザー名・パスワード・メールアドレスをご登録ください。
ユーザー名 必須
※20文字以内
パスワード 必須
※半角英数字8文字以上
メールアドレス 必須
sample@sample.jp
性別 任意
男
女
その他
生年月日 任意
月
月
日
ご利用規約とプライバシーポリシーをご確認の上、
同意していただける場合は「同意する」にチェックを入れてください。 必須
同意する
会員登録する

（PC表示）

こちらはよく見かける簡単な入力フォーム事例のカンプです。日本における一般的な入力フォームのレイアウトでよくみかけるのは「モバイル用レイアウトは1カラム、PC用レイアウトはラベルを横に配置した2カラム」というものです。このようなフォームについて、最低限のユーザビリティ／アクセシビリティを確保するため、以下のような条件を満たすように実装するにはどうしたらよいか考えてみましょう。

❶デザインカンプの見た目は可能な限り忠実に再現する
❷すべてのフォーム部品がキーボードで操作できるようにする
❸キーボードでフォーカスされた場合にフォーカスリングを表示する
❹入力フォーム部品に対しては適切なラベルを紐付け、構造的に正しく且つスクリーンリーダーなどでの読み上げでも支障が出ないようにする

❶〜❸については基本的にCSSの書き方の問題であり、ここまでの学習内容を振り返ればこれらの条件をクリアして実装することは特別難しいことではないと思います。ただ、❹については作りたいフォームの構造を正しく理解し、かつ適切なマークアップを保ちつつデザインも忠実に再現しなければならないため、どのように実装すればよいか、よく考える必要があります。

入力フォーム部品とラベルの対応

label要素によるフォームとラベルの紐付け

LESSON 13 ▶ 13-01

HTML（ユーザー名部分のみ抜粋）

```
<div class="form__item">
  <label for="username" class=" form__ttl">
    ユーザー名<strong class=" label-required">必須</strong>
  </label>
  <div class="form__body">
    <div class="inputField -half">
      <input type="text" name="username" id="username" maxlength="20" required>
    </div>
    <small class="inputNote">※20文字以内</small>
  </div>
</div>
```

基本的にフォーム部品に対して適切なラベルを紐付けるためには**label要素**を使用します。今回の事例では、「ユーザー名」、「パスワード」、「メールアドレス」といった1フォーム1ラベルの形式となっている箇所については、素直にlabel要素でラベルとフォームを紐付ければ良いので特に難しいことはありません。

では、「性別」「生年月日」のような複数のフォーム部品をグループ化して、フォームグループに対してラベルをつけたい場合はどうすれば良いでしょうか？ label要素はフォームに対して一対一でラベル付けをする要素ですので、事例のケースだと「男、女、その他」「年、月、日」がそれぞれのフォーム部品に対するlabel要素となり、「性別」や「生年月日」はlabel要素にすることはできません。

fieldset要素によるフォーム部品のグループ化

LESSON 13 ▶ 13-02

HTML（性別部分のみ抜粋）

```
<fieldset class="form__item">
  <legend class="form__ttl">性別<span class="label-any">任意</span></legend>
  <div class="form__body">
    <ul class="radioList">
      <li><label><input type="radio" name="gender" value="男"><span>男</span></
label></li>
      <li><label><input type="radio" name="gender" value="女"><span>女</span></
label></li>
      <li><label><input type="radio" name="gender" value="その他"><span>その他</
span></label></li>
    </ul>
  </div>
</fieldset>
～省略～
```

複数のフォーム部品をグループ化し、かつそのフォームグループの見出しを設定したい場合には、原則として**fieldset要素**と**legend要素**を使用するようにしましょう。

このようにマークアップすることで複数のフォーム部品を構造的にグループ化し、グループの見出しも明示できるようになります。

2カラムレイアウト化の実装パターン

複数のフォーム部品をグループ化する際にはfieldset要素を使えば良い、ということは分かりました。ところが実務においてはfieldsetを使うことによってまた別の課題が発生することがあります。その課題とは、PCレイアウト時における2カラム化です。ここではfieldsetを使った場合のレイアウト上の問題点と、その解決策のパターンをいくつか見ていきます。

fieldset + float

LESSON 13 ▶ 13-03

HTML

```
～サンプル13-02と同じであるため省略～
```

CSS

```
/*大枠レイアウト
---------------------------------*/
.form {
  border-top: 1px dashed #ccc;
}
.form__item {
  padding: 20px 0;
  border-bottom: 1px dashed #ccc;
}
.form__ttl {
  display: inline-block;
  margin-bottom: 5px;
  font-weight: bold;
}
legend.form__ttl { /*legend要素のデフォルト位置から下にずらす*/
  margin-bottom: 5px;
  transform: translateY(1.5em);
}
@media screen and (min-width: 768px),print {
  .form__item::after { /*clearfixでfloat解除*/
    content: "";
    display: block;
    clear: both;
  }
  .form__ttl {
    float: left; /*fieldsetはtable・flex・grid効かないため*/
    width: 30%;
```

```
  }
  .form__body {
    width: 70%;
    margin-left: 30%;
  }
  legend.form__ttl {
    transform: translateY(0); /*legend要素の位置戻す*/
  }
}
```

結論から言うと、fieldset要素に対してdisplay: flex、grid、tableといった2カラムレイアウトを簡単に実現できるdisplay値を設定しても、意図したように2カラムにすることはできません。従って、**fieldset要素を使って2カラムレイアウトを実装しようとする場合、floatを使う必要があります。**

floatを使った2カラムレイアウトは、flex、grid、tableのようにボックス内で上下中央配置が出来ず、隣り合うボックス同士の高さも揃わないため、実装できるレイアウトに制限が生じる可能性があります。更に、floatを使うとwidthの計算を少しでも間違えるとすぐにカラム落ちするので、その点でも注意が必要です。

また、ブラウザ標準スタイルのlegend要素はfieldset要素の枠の上に重なるように表示させるため、ブラウザ独自の特殊なスタイルが適用されています。そのため、通常の要素と同じように配置をするためには個別に位置調整をしてあげる必要があります。

HTML（性別部分のみ抜粋）

```
<div class=“ form__item">
  <fieldset>
    <div class=“ form__ttl” >
      <legend>性別<span class=“ label-any">任意</span></legend>
    </div>
    <div class="form__body">
      <ul class="radioList">
        <li><label><input type="radio" name="gender" value="男"><span>男</
span></label></li>
        <li><label><input type="radio" name="gender" value="女"><span>女</
span></label></li>
        <li><label><input type="radio" name="gender" value="その他"><span>その他
</span></label></li>
      </ul>
    </div>
  </fieldset>
</div>
```

CSS

```
/*大枠レイアウト
---------------------------------*/
.form {
  border-top: 1px dashed #ccc;
}
.form fieldset,
.form legend {
  display: contents; /*CSS上は要素として存在しないものとみなす*/
}
.form__item {
  padding: 20px 0;
  border-bottom: 1px dashed #ccc;
}
.form__ttl {
  display: inline-block;
  margin-bottom: 5px;
  font-weight: bold;
}
@media screen and (min-width: 768px),print {
  .form__item {
    display: flex; /*対象がdiv要素のみとなるのでflex利用可*/
    align-items: center; /*floatではできないコンテンツの上下中央揃え*/
  }
```

```
  .form__ttl {
    width: 30%;
    margin-bottom: 0;
  }
  .form__body {
    width: 70%;
  }
}
```

fieldsetでのマークアップ構造を維持しつつ、どうしてもfloatでは再現しづらいデザインを実装しなければならない場合は、fieldsetやlegendに対して**display: contents**を適用することでflexboxやgridレイアウトなど他のレイアウト手法を適用できるようにすることができます。

display: flexやgridは、直下の子要素をアイテムとしてレイアウトコントロールしますが、**display: contentsが適用された要素は、CSSのレイアウトにおいて存在しないものとしてスキップされるようになる**ため、サンプルのマークアップのように直下にfieldsetやlegendがあってもこのタグは存在しないものとみなしてレイアウトが適用できるようになるのです。

この仕組みにより、fieldset要素による構造的なセマンティクスを保ちつつ、レイアウトは自由に実装することが可能になります。ただしdisplay: contentsはIE11では利用できないことに加えて、2021年6月の執筆時点で**Safari・iOS Safariにおいては支援技術からアクセスできない状態になってしまうバグが存在しています**。特にSafariのバグはアクセシビリティの観点から致命的であるため、実務での利用はこのバグが解消されてからにしたほうが良いでしょう。

WAI-ARIA + flexbox

LESSON 13 ▶ 13-05

HTML

```
<div class="form__item">
  <div class="form__ttl" id="genderGroupLabel">性別<span class="label-any">任意</span></div>
  <div class="“ form__body>
    <ul class="radioList" aria-labelledby="genderGroupLabel">
      <li><label><input type="radio" name="gender" value="男"><span>男</span></label></li>
      <li><label><input type="radio" name="gender" value="女"><span>女</span></label></li>
      <li><label><input type="radio" name="gender" value="その他"><span>その他</span></label></li>
```

```
    </ul>
  </div>
</div>
```

CSS

```
～サンプル13-04と同じであるため省略～
```

floatでは実装しづらいレイアウトであっても、どうしてもフォームグループの構造をスクリーンリーダーなどの支援技術でも適切に伝えたい、という場合は、divやtableなどでマークアップして必要なレイアウトを実装しつつ、スクリーンリーダーなどの支援技術に対しては**WAI-ARIA**という支援技術向けのアクセシビリティ仕様を使って別途フォームグループの関連付けをするのが良いでしょう。

ul要素でグループ化されている3つのラジオボタンに対して、「性別」というラベルが紐付けられているということがスクリーンリーダーに伝われば良いので、グループ見出しに該当する要素に**id属性**を付け、複数のフォームがグループ化されているul要素の部分に**aria-labelledby属性**でグループ見出しのid属性を指定することで、フォームグループとそのグループラベルを紐付けしておきます。

この方法であればスクリーンリーダーに対する情報提供は担保できますので、実際のマークアップについては必ずしもfieldset+legendを使う必要はありません。

Memo

WAI-ARIAに関してはChapter5のマークアップ編で別途解説しますので、ここでは「要素の役割や機能・状態をスクリーンリーダー向けに情報提供できる追加属性」と理解しておいてください。

フォームに関しては、初めてHTMLを勉強した時にどのようなものがあるのか一通り学んだ後は何となく実装している人も多いかもしれませんが、ユーザーの使い勝手を意識すると実に様々な注意点が存在することが分かるでしょう。スクリーンリーダー向けの追加情報提供に関してはここで紹介したものだけでは実際にはまだまだ不十分なのですが、まずは最低限の使い勝手とアクセシビリティを確保するために、このLessonで紹介したことを常に意識してコーディングできるようにしておきましょう。

EXERCISE 03

表組み·フォームをマスター

Chapter3で学んだことを参考にして、お問合せフォームをレスポンシブでコーディングしてみましょう。

完成レイアウト

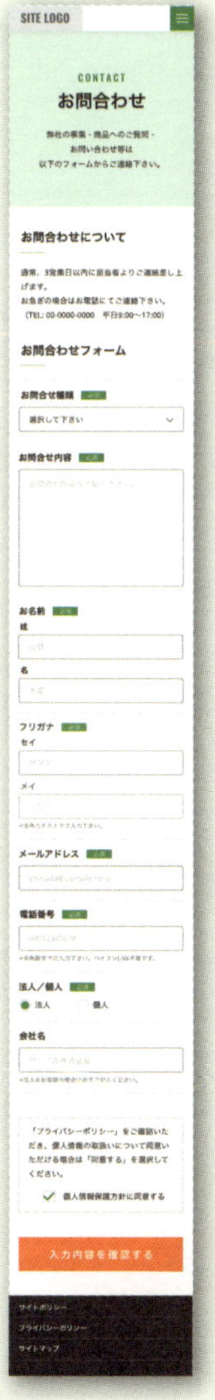

デザイン仕様＆ポイント

Point

Point 1 フォーム部分のPC表示

コンテンツ（PC）

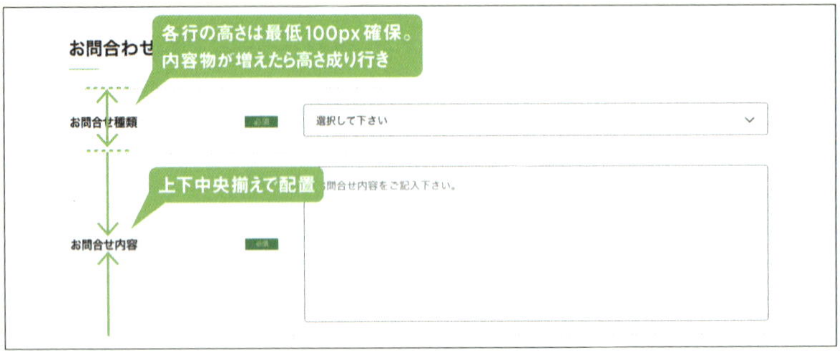

Point 2 入力状態別スタイル

通常時

フォーカス時

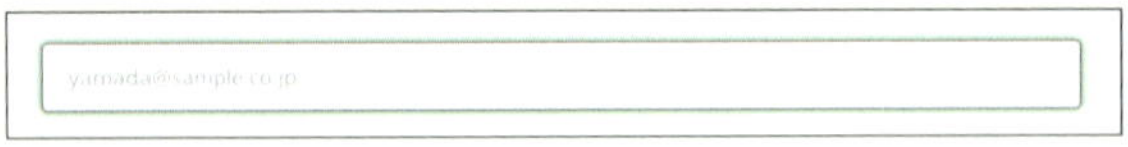

エラー時

メールアドレスを入力してください。

Point 3 個人情報方針チェックボックス

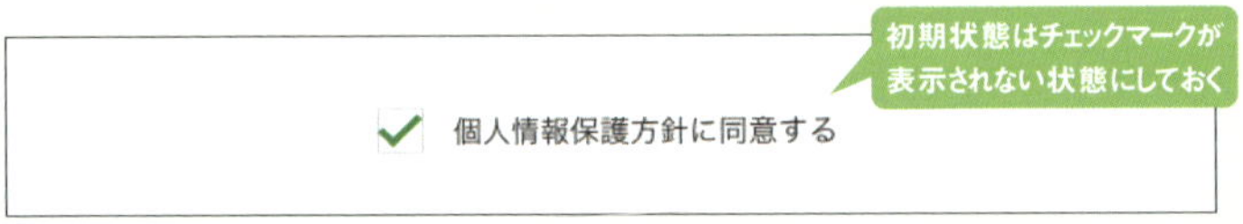

Point 4 送信ボタンのホバー時のスタイル

通常時　　hover,focus時

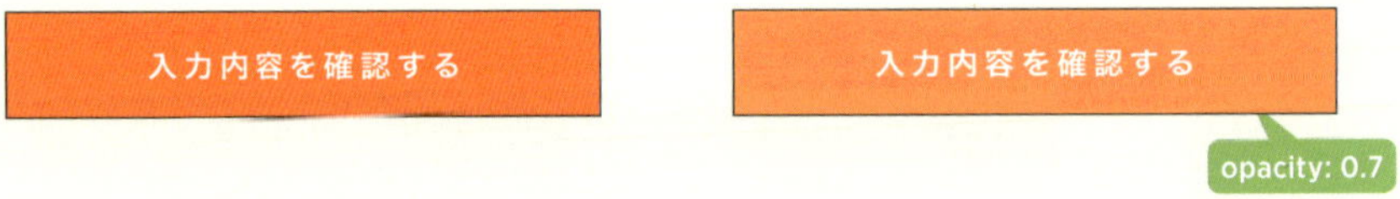

Point 5 フォームの要件

以下の要件を満たすようにフォーム部分をコーディングしてください。

❶全てのフォーム部品がキーボードで操作できること
❷フォーカスリングを表示すること
❸input要素には適切なtype属性を設定すること
❹各フォーム部品に適切なラベルが紐付けられていること

Point 6 エラー表示仕様

- バリデーション対象のフィールドをdiv要素で囲み、内部のフィールドにエラーがあった場合にはclass="is-error"を追加する仕様を想定してください。
- 親要素にis-errorがあった時、❶各フィールドをエラーのスタイルに変更、❷エラーメッセージが表示されるようにしてください。
- バリデーション機能自体は実装しなくても構いません。

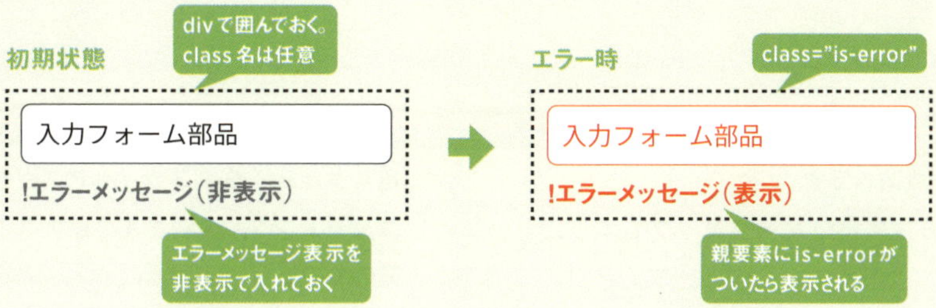

作業手順 | Procedure

❶デザインカンプ(XD)上のコメントで細かいデザイン仕様を確認する
❷/contact/index.htmlのコンテンツ部分を自分でマークアップする
❸指定されたコーディング仕様・フォーム要件・エラー表示仕様でレスポンシブコーディングする
❹キーボード操作が可能かどうかチェックする
❺各種ブラウザ環境で表示に問題がないか確認する
❻完成コード例を確認する

作業フォルダの構成

Folder

```
/EXERCISE03/
├─/作業フォルダ/
│  ├─index.html
│  ├─/service/
│  ├─/contact/
│  │  └─index.html ……… ★作業対象
│  ├─/img/
│  └─/css/
│     ├─common.css ……… reset＋サイト共通スタイル　★作業対象
│     ├─top.css ………… トップページ専用スタイル
│     ├─service.css …… 事業内容専用スタイル
│     └─contact.css …… お問合せ専用スタイル ★作業対象
└─/完成サンプル/
```

作業上の注意

- この練習問題ではヘッダー・フッターなどの基本フォーマットは作成済みです。
- コンテンツ部分は各自でマークアップしてください。
- Chapter1・2の練習問題で自分でコーディングしたファイルがある場合は、それをフォーマットにしても構いません。
- Sassなどのプリプロセッサを使っていないため、共通スタイル＋個別スタイルの2枚を読み込む方式でコーディングしています。追加スタイルがサイト共通のものならcommon.cssへ、このページ独自のものならcontact.cssへ追記してください。

CHAPTER

4

CSS設計

CSS

Chapter4では、CSS設計について学びます。Webサイトの構築時にCSSの設計がなぜ必要なのか、具体的にどのような手法があるのかといった概念的なものから、よくあるコンポーネントの具体的な設計の考え方、また制作現場における諸事情を考慮した上での様々な選択肢や現実的な落とし所など、理論的な面だけでなく、実務の現場で活かせる考え方についても解説していきます。

LESSON 14

CSS設計とは

HTML／CSSの基礎を学び、実践的なWebサイトの構築を始めると必要となってくるのが「CSS設計」です。このLessonではCSS設計の目的や、有名なCSS設計手法の紹介、およびそうした既存の設計手法からの実務ベースでのアレンジの考え方などを紹介します。

CSS設計の目的は何か?

CSSは文法的には非常にシンプルで簡単な言語です。しかし、そのシンプルさゆえに、実際にWebサイトを構築し始めるとすぐにある問題に直面します。

- 1箇所だけ修正したいのに、予想外の他の場所が崩れる
- 同じパーツをいろいろな場所で使い回したいのに、移動させると表示が崩れる
- 似たようなパーツを複製して少しだけアレンジを加えたいのに上書きできない
- 似たような名前の違うclassが乱立して収集がつかない

これらはCSSをきちんと設計せずに構築されたWebサイトでは規模の大小を問わず非常によくあるトラブルの一例です。こうしたトラブルは、「1人の人間が、一度だけ作成して、その後一切変更・修正しない」という場合には発生しません。しかし、Webサイトというものの性質上、そんなことはほぼありえません。日々の運用で細々と追加修正されることは日常茶飯時ですし、ある程度の規模のWebサイトになれば開発期間も長く、関わる人間の数も増えるので、初期開発中であっても修正や仕様変更は頻発するものです。

CSSをめぐるトラブルの大半はこうした「変更・修正」が行われる場面で発生するため、昔からWebサイトの実装者は「どうしたら変更・修正しやすい、簡単に壊れたりしないものにできるか?」ということを常に考え、様々な手法を編み出してきました。「CSS設計」という考え方も、このような背景から生まれています。

1. 命名によるパーツの分類、管理

前述のようなCSSのトラブルの最も大きな原因は、**「CSSは全てがグローバルである」**という言語としての根本的な仕様にあります。「グローバルである」とは、あるセレクタで定義したCSSのルールは、そのCSSファイルを読み込んでいる全てのページのあらゆる場所からアクセスできるため、**「特定のパーツにだけこのスタイルを適用させる」といったスタイルの分類・管理をする手段が言語仕様として存在しない**ことを意味しています。

ある機能の影響範囲を定める仕組みのことをプログラミングの世界では「スコープ」と呼びますが、CSSにはこの「スコープ」の仕組みが存在しません。したがってCSS自体でスタイル定義の影響範囲を明確にし、そのスタイルが適用されるパーツを分類・管理するためには、セレクタの命名方法を工夫するしかありません。いわゆる「CSS設計」と呼ばれるものの主な目的の1つは、セレクタの命名方法をルール化して、**スタイル定義とそれが適用されるパーツを適切に分類・管理できるようにすること**にあります。

2. 破綻を防ぎ、長期メンテナンスを可能にする

もう1つの重要な目的は、CSSの破綻を防ぎ、できるだけ長期間メンテナンスできるようにすることです。CSS設計には様々な手法がありますが、おおむね以下の4つの項目がポイントとなります。

Memo

これらのルールは、Googleエンジニアのフィリップ・ウォルトン氏が提唱しているものです。

- 予測しやすい（Predictable）
- 再利用しやすい（Reusable）
- 保守しやすい（Maintainable）
- 拡張しやすい（Scalable）

●予測しやすい

セレクタ名を見ただけでどこで使われるべきものか、どんなスタイルが適用されるのか分かりやすいものが「予測しやすい」CSSであると言えます。これは主にセレクタの「命名規則」によって実現されます。

●再利用しやすい

Webサイトのある部品が、どこに配置されても問題ないようになものが「再利用しやすい」CSSであると言えます。これは主にセレクタの「詳細度」を適切に管理し、かつ再利用可能なコンポーネントの単位をあらかじめ適切に設定しておくことで実現されます。

●保守しやすい

Webサイトが運用段階に入って新しい部品が追加されたり、既存の部品のスタイルが修正されることになっても、既存のルールに則って誰でも同じように書けるようになっているものが「保守しやすい」CSSであると言えます。何よりもルールが明確で分かりやすいことが重要です。

●拡張しやすい

サイトの規模が拡大したり複雑化すると関わる開発者の数も増えてきます。また人数が増えなくても開発の担当者が交代することはよくあることです。人数が増えても人が変わっても、最小限の学習コストでルールを理解して同じように管理できるようになっているものが「拡張しやすい」CSSであると言えます。

有名なCSS設計手法

CSS設計は一から自分で考えることもできますが、先人たちが考え抜いて広く世の中に浸透している手法がいくつもあります。代表的なものは「OOCSS」「SMACSS」「BEM」「FLOCSS」などです。

OOCSS

Object Oriented CSS（オブジェクト指向CSS）は、プログラミング言語で用いられる「オブジェクト指向」に基づいたCSS設計手法であり、多くのCSS設計手法の基礎となったものです。

OOCCSでは**「構造（Structure）と見た目（Skin）を切り離す」「コンテナ（入れ物）とコンテンツ（中身）を切り離す」**の2つを原則としています。

Memo

参考

- GitHub - stubbornella/oocss
- Object-oriented CSS
- Slideshare - Object Oriented CSS

SMACSS

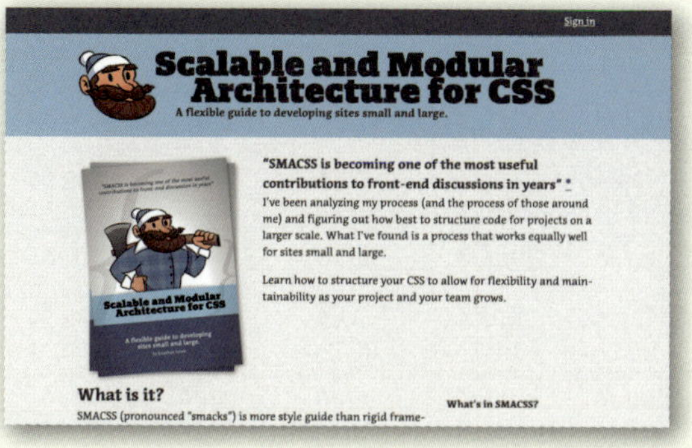

SMACSS（スマックス）はOOCSSをベースとして考案されたCSS設計手法で、スタイルのパターン抽出をしやすくするためのカテゴリを用意しているという点が特徴です。

SMACSSでは役割に応じてスタイルを以下の5つのカテゴリに分類します。

- **Base**（プロジェクト全体における各要素のデフォルトのスタイルを定義）
- **Layout**（ヘッダーやフッターなど慣習的にid属性で指定するような大枠のレイアウトを定義）
- **Module**（見出しやボタンなどレイアウト以外のほぼ全ての再利用可能なパターンを定義）
- **State**（JS操作によって切り替わるような状態の変化を定義）
- **Theme**（ページ全体でのテーマ切り替え用スタイルを定義）

Memo

参考
http://smacss.com/

BEM（MindBEMing）

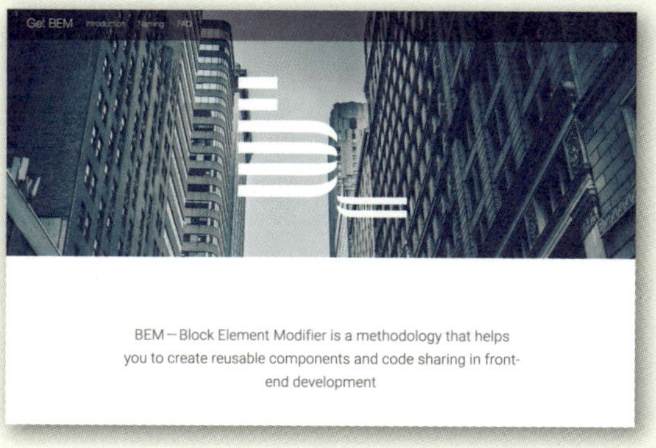
Get BEM
BEM — Block Element Modifier is a methodology that helps you to create reusable components and code sharing in front-end development

Block、Element、Modifierの頭文字を取った設計手法です。1つの独立したコンポーネントのかたまりをBlockとし、そのBlockを構成する要素をElement、BlockやElementのバリエーション違い・状態違いをModifierとします。本家BEMから派生した**MindBEMing**という命名規則があり、一般的にはそちらがBEMとして広く利用されています。

また、BEMには名前被りを防ぎ、ひと目で用途や構造が分かる独特の記法が採用されているため、SMACSSにあるようなカテゴリ分類という考え方はありません。

Memo

参考
http://getbem.com/
https://csswizardry.com/2013/01/mindbemding-getting-your-head-round-bem-syntax/

FLOCSS

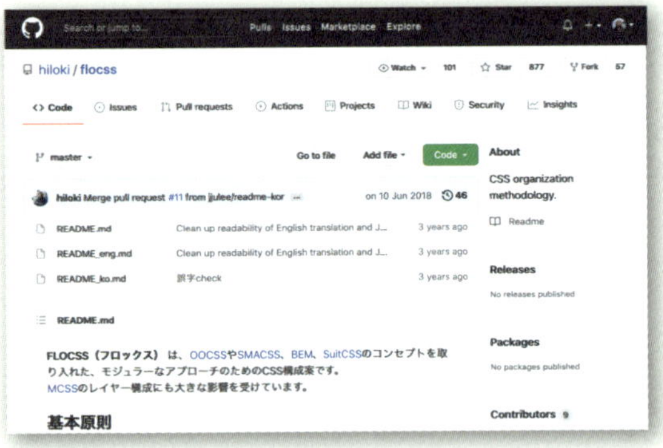

OOCSS、SMACSS、BEMといったCSS設計手法のいいとこ取りを目指して日本人エンジニアの谷拓樹さんが開発した設計手法です。Foundation、Layout、Objectの3つのレイヤーと、Objectに含まれるComponent、Project、Utilityの3つの子レイヤーで構成されるのが特徴です。他のCSS設計手法が海外エンジニアによって考えられたものであるのに対して、FLOCSSは日本人エンジニアが開発したものであり、本人による丁寧な日本語ドキュメントが公開されていることもあって、日本においてはBEMと並んで人気のある設計手法です。

Memo

参考
https://github.com/hiloki/flocss

BEM（MindBEMing）

様々なCSS設計の考え方がありますが、本書では特にBEM（MindBEMing）をベースとした設計手法を採用するので、ここでもう少しBEMについて詳しく見ていきます。

BEMによるCSS設計の考え方

中〜大規模なWebサイトを効率的に開発・運用していくには、同じ役割を持つ部品を共通化して、**どこでも再利用できる部品＝コンポーネント化**することが重要です。BEMはそのようなコンポーネント設計をCSSで管理・運用しやすくすることを目的として開発された手法で、どの規模のサイトであっても汎用的に使える設計ではありますが、特に中〜大規模なWebサイト構築に向いている手法であると言えます。

前述した通り、BEMとは**Block・Element・Modifier**の略語ですが、もう少し詳しくそれぞれを解説します。

●Block（ブロック）

それ単体で独立した1つのコンポーネントとなるものをBEMでは「Block」と呼びます。

Blockには他と被らない、その部品の役割がひと目で分かる名前を付けておく必要があります。そうすることによってどこでも再利用できるコンポーネントとしての役割を担保しています。

また、例のように**Blockの中に別のBlockを含めることができます。**

Blockの例

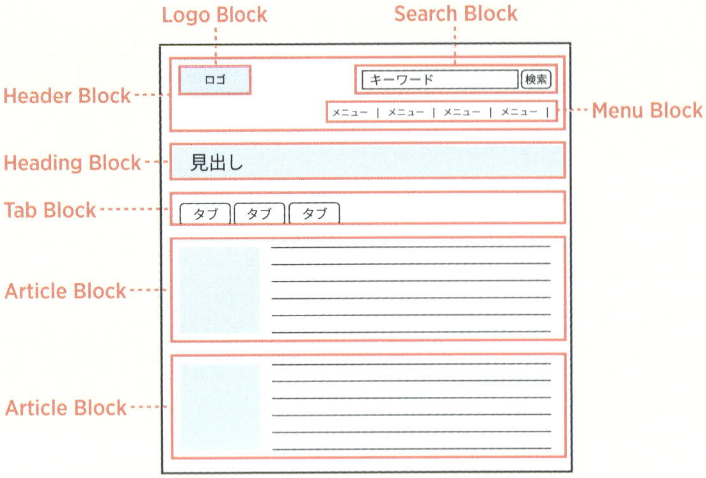

●Element（エレメント）

Elementは特定の親Blockの中でのみ使用できる部品であり、Element単体では使用できません。命名には**必ずそのElementが所属する親Blockの名前を付け、「Block__Element」のようにアンダースコア2つで構造化する**ことで、どのBlockに所属する部品なのかがひと目で分かるようにします。

Elementの例

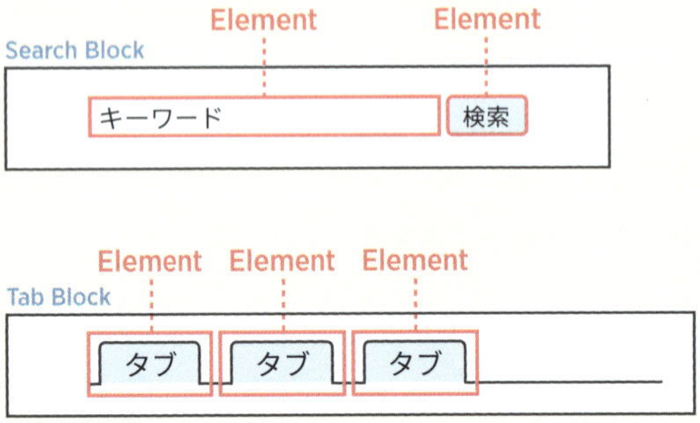

●Modifier（モディファイア）

Modifierは色違いのようなちょっとしたスタイルのバリエーションや、選択されている、開いている、といったコンポーネントの状態を表現したい場合に使います。Modifier用の名前は、**「Block--Modifier」「Block__Element--Modifier」のようにハイフン2つで構造化**します。

Modifierの例

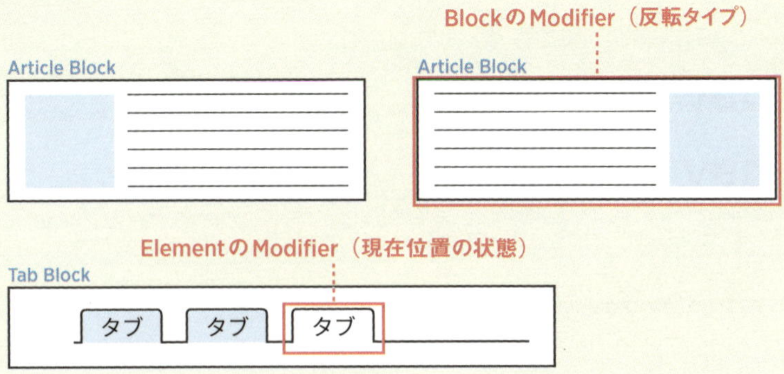

▶ 命名規則とその応用

BEMは命名規則によってそのスタイルの使用場所や用途が分かるようにするため、記号の使い方に特徴があります。この区切り記号のことを**「セパレーター」**と呼びます。

BlockとElementをつなぐセパレーターはアンダースコア2つ（__）です。これは、ElementがBlockの下に所属するものであることを示しています。

これに対してBlockやElementとModifierをつなぐセパレーターはハイフン2つ（--）です。これはModifierがBlockやElementと並列のバリエーション違いであることを示しています。

セパレーターの規則

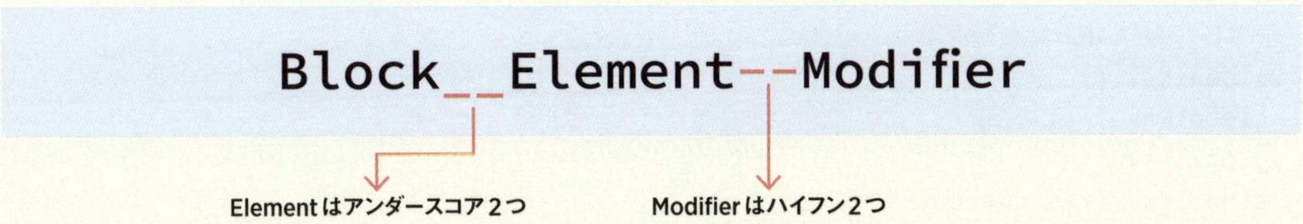

また、区切りの記号が2つ重ねてあるのは、Block、Elemenet、Modifierなどの名前に2つ以上の単語を使用する場合には、ハイフン1つでつなげるケバブケースという命名規則を採用するのが一般的であるため、これと明確に区別する目的があります。

2単語を使った場合の命名例

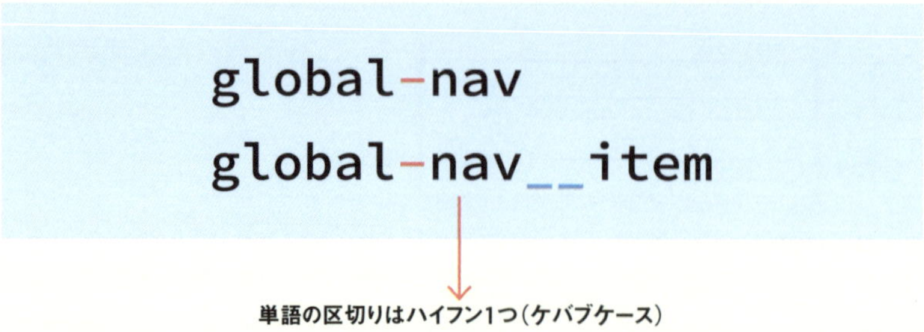

一度覚えてしまえば誰でもその意味をすぐに把握できる点がBEMの命名規則のメリットですが、細かい記法のルールについては基本的なBEMの構造さえ守られていればある程度アレンジすることも可能です。

例えば

- 複数単語を使う場合、ローワーキャメルケースを採用する（単語同士を連結して2つめ以降の単語の先頭文字だけ大文字とする）
- ローワーキャメルケース採用を前提として、Element、Modifierのセパレーターを2つではなく1つに減らす

といった事例は時々見かけることがあります。

CSS

```css
/*本来のBEM記法*/
.global-nav {…}
.global-nav__list {…}
.global-nav__item {…}
.global-nav__item--current {…}

/*アレンジしたBEM記法*/
.globalNav {}
.globalNav_list {…}
.globalNav_item {…}
.globalNav_item-current {…}
```

BEM記法においてケバブケースかキャメルケースかといった複数単語表記のルールや、セパレーターの種類は本質的なものでないため、アレンジを加えたとしてもBEM本来のメリットを損なうものではありません。ただしアレンジした場合でも記法やセパレーターの種類には明確なルールを設け、決めたルールは遵守することが条件です。

BEMのデメリット

BEMを初めて見た多くの人が最初は「なんか気持ち悪い」という印象を持つと思います。筆者もそうした印象を持って最初はなかなか導入する気にはなれませんでした。その気持ち悪さの原因が何かと考えてみると、**「class名が長すぎる」**という点があるでしょう。

Block__Element--Modifierと構造を全てつなげて明記するのが基本なので、ただでさえ1つのclass名が長くなるのに、特にModifierが複数重なった時には正直げんなりするほど冗長なマークアップになってしまいます。特にそれまで「できるだけ無駄を省いてシンプルにHTMLを書こう」と心がけてきた人ほど、ショックとともに強い嫌悪感を示すことになるかもしれません。

例えばあるサービスの実績紹介（.results）の中に、特に注目させたい事例（.results-pickup）Blockがあり、その中に複数のコメントが並ぶが、更にそのコメントにも優先順位で2種類のスタイルバリエーションがある……といった実務になるとありがちな複雑な事例をBEMで書くとこのような形になります。

Memo

ここで述べるclassの冗長性は、破綻を防ぎ、堅牢で長期的に保守しやすいCSSを設計するために考え抜かれた結果導き出されたものなので、実際に使っていくと決してデメリットではありません。ただ、入力の負荷が高いという意味で心理的なデメリットになります。

CHAPTER 4 CSS設計

実務でありがちな事例

HTML

```
<div class="results">
  <div class="results-pickup">
    <div class="results-pickup__comment results-pickup__comment--primary">～</div>
    <div class="results-pickup__comment results-pickup__comment--secondary">～</div>
  </div>
</div>
```

……長いですね。この事例はModifierが1つですが、仮に2つ、3つと必要になるとしたら、正直HTMLを書くのが嫌になってくるレベルです。

もともとclass名が長くなりがちな上に、マルチクラスで記述しようとするとその長さに拍車がかかるというのがBEMの1つのデメリットです。

BEMのデメリットを軽減するための応用手法

Sassを活用してModifierはシングルクラスにする

特にModifierを利用する際に生じる、HTMLの冗長性の問題は、Sassを活用して重複する部分を一元管理し、HTML側は常にclassを1つだけ指定するシングルクラスに保つことである程度解消することが可能です。

シングルクラス設計にした事例

HTML

```
<div class="results">
  <div class="results-pickup">
    <div class="results-pickup__comment--primary">～</div>
    <div class="results-pickup__comment--secondary">～</div>
  </div>
</div>
```

SCSS

```
%results-pickup__comment {
  //コメント本体の共通スタイル指定
}
.results-pickup__comment {
  @extend %results-pickup__comment; //共通指定を挿入
}

.results-pickup__comment--primary {
  @extend %results-pickup__comment; //共通指定を挿入
  //優先順位高の差分スタイル指定
}
.results-pickup__comment--secondary {
  @extend %results-pickup__comment;  //共通指定を挿入
  //優先順位低の差分スタイル指定
}
```

```css
.results-pickup__comment,
.results-pickup__comment--primary,
.results-pickup__comment--secondary {
  //コメント本体の共通スタイル指定
}
.results-pickup__comment--primary {
  //優先順位高の差分スタイル指定
}
.results-pickup__comment--secondary {
  //優先順位低の差分スタイル指定
}
```

生のCSSで運用されることが前提となっている案件でBEMを採用する場合は、上記の出力結果CSSのように、Modifierに対して共通部分をグループセレクタで切り出してまとめておく作業を手動で行う必要があります。

Modifierによる冗長性の問題については上記の対応である程度解決できますが、Modifierを複数掛け合わせて使用したい場合には組み合わせの数だけ差分スタイルを書かなければならず、CSS側の指定が煩雑になるため、どちらが良いとは一概には言えない難しさがあります。

Memo

コメント本体の共通スタイル指定を[class*="results-pickup__comment"]のように属性セレクタで指定しておくことも可能です。この方法だとModifierが増減しても共通スタイル指定のセレクタをメンテナンスする必要はありません。

Point

placeholder selector

%で始まるセレクタはSassのplaceholder selectorと呼ばれる機能で、それ自体はセレクタとして出力されないスタイルをまとめておくことができます。これを@extendで呼び出すことで、重複するスタイルを効率よくグループセレクタにまとめることができます。

Modifierだけ単体class運用とする

BEMはCSSでコンポーネント管理をするという思想でのプロジェクトにおいては非常に使い勝手の良い優れた設計手法ですが、先に述べたようにclass名が長くなり、特に適用したいModifierの数だけclassを複数指定するような場面でその問題が顕著に現れます。そこで比較的よく見られるアレンジが、**Modifierに該当するバリエーション名や状態変化のステータスについては単体classで運用する**というものです。

基本的概念構造はBEMを踏襲しつつ、ModifierだけはBEMの命名規則を適用せず短い単体のclassを掛け合わせることでHTML・CSS双方の記述を省力化し、運用時の柔軟性を高めるメリットを享受できるため、このような運用は現場においてよく見られます。

先ほどの事例をこのアレンジ手法で記述すると以下のようになります。

Modifierだけ単体classとした場合の事例

HTML

```html
<div class="results">
  <div class="results-pickup">
    <div class="results-pickup__comment _primary">～</div>
    <div class="results-pickup__comment _secondary">～</div>
  </div>
</div>
```

SCSS

```scss
.results-pickup__comment {
  //コメント本体の共通スタイル指定
  &._primary {
    //優先順位高の差分スタイル指定
  }
  &._secondary {
    //優先順位低の差分スタイル指定
  }
}
```

CSS

```css
.results-pickup__comment {
  //コメント本体の共通スタイル指定
}
.results-pickup__comment._primary {
  //優先順位高の差分スタイル指定
}
.results-pickup__comment._secondary {
  //優先順位低の差分スタイル指定
}
```

この手法のポイントは、以下の2点です。

- Modifier用の単体classには必ずそれと分かる特定の記号を付ける
- Modifier用の単体classは必ずそれを適用する本体classとの結合classとしてスタイルを指定し、それ単体で機能するようにはしない

この2点を守ることで、本来のBEMのModifierとほぼ同等の役割を持たせることが可能になります。しかし、1つの要素に複数のBlock・Element名が指定されている場合、そのModifierがどこにかかるのかが分かりづらくなるという問題もあります。

BEMにもカテゴリの概念を導入する

BEMのBlockは本来Webサイトのどこででも再利用できるものではありますが、デザイン設計上、「各ページの基本構造としてページ内で1箇所しか使わないもの」「本当に汎用的にどこででも使えるもの」「そのページのコンテンツに特有のもの」など、そのBlockの「使われ方」にはおそらく特徴があるはずです。

BEMではそうしたBlockの使われ方を明示する仕組みはないため、基本的に付けられたBlockの名前から使われ方を推測する形となります。それはそれで慣れれば問題はないのですが、Blockの数が膨大になってくると、名前だけで管理するよりカテゴリ別に分類して整理したほうが分かりやすいと感じる場合も多いでしょう。

そうしたカテゴリ分類を分かりやすくするために有効なのが、名前の冒頭に「接頭辞」を付ける方法です。例えば基本レイアウト構造用のBlockは「l-」で始まるようにするというように、分類したカテゴリごとに接頭辞を変えておくことで命名規則から「使われ方」も判断できるようになります。

ただし、Block同士を分類する場合、今度は**「どのように分類するべきか？」**を考える必要が出てきます。これは単なるアレンジというよりCSSの設計思想そのものでもあるため、その場合はBEM的な考え方をベースにしながらコンポーネントを分類管理しやすく発展させた「FLOCSS」など別のCSS設計手法を検討したほうが良いかもしれません。

そもそもCSS設計手法というのは1つで全てをカバーできるような万能なものは存在しません。有名なCSS設計手法を参考にはするけれども、それをそのまま採用するのではなく、各自が自分のチームやプロジェクトに合わせて適宜アレンジすることは可能ですし、必要な工程と言えるでしょう。

あらためてChapter1〜3のソースコードを見直してみてください。特に言及はしていませんでしたが、ここまでのサンプルソースも基本的にBEMをベースに少しアレンジした命名になっていたのが分かるでしょうか？　ここまで沢山の小さなサンプルを通して読者の皆さんは既にBEM的な命名規則に触れてウォーミングアップはできていますので、ここからは本来のBEMを使ってCSS設計の考え方について学んでいきましょう。

ヘッダーの設計を考える

ここからは、よくあるWebサイトのパーツ単位でBEMを基本としたCSS設計を採用した場合にどのように設計すれば良いのか、事例を通して考えていきます。Lesson15ではヘッダー領域の設計を考えます。

Blockの範囲を検討する

検討するヘッダーのデザイン仕様

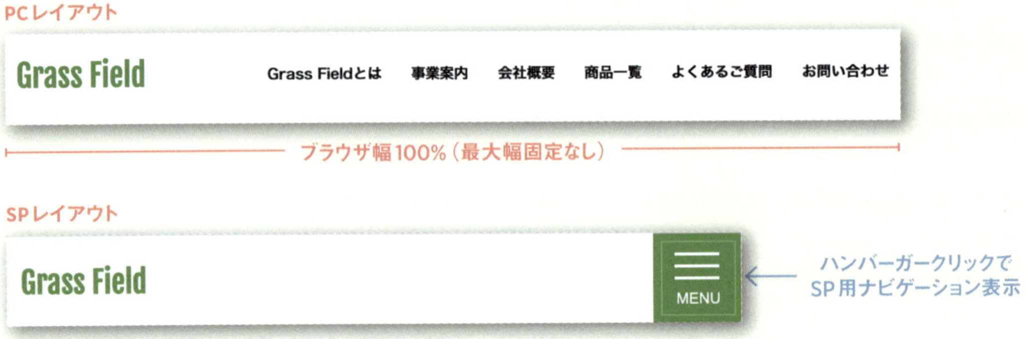

まずは上の図のようなシンプルなヘッダーの設計を検討してみましょう。

各部品にBlock名を付ける

LESSON 15 ▶ 15-01

HTML

```
<header class="header">
  <div class="logo"><a href="/">Grass Field</a></div>
  <button type="button" class="hamburger">
    <span>
      <span></span>
```

```
        <span>MENU</span>
      </span>
  </button>
  <nav class="gnav">
    <ul>
      <li><a href="#">Grass Fieldとは</a></li>
      <li><a href="#">事業案内</a></li>
      <li><a href="#">会社概要</a></li>
      <li><a href="#">商品一覧</a></li>
      <li><a href="#">よくあるご質問</a></li>
      <li><a href="#">お問い合わせ</a></li>
    </ul>
  </nav>
</header>
```

ヘッダー・ロゴ・ハンバーガー（SPのみ）・グローバルナビの4つの部品から構成されているので、素直にそれぞれに対してその部品の役割をBlock名として付けておきます。

Block か Element か？

一旦素直にBlock名を付けてみたものの、HTMLの入れ子構造を見て「ロゴ・ハンバーガー・グローバルナビはヘッダーのElementではないのか？」という疑問が生じる人もいるかと思います。

この点に関しては、Blockは大まかに2種類あると考えると判断がしやすいのではないかと思います。

❶明らかにそれ自体に明確な役割・機能を持つ部品
❷様々な場所で繰り返し利用される汎用的な部品

❶は必ずしも繰り返し利用されるとは限りません。例えばサイトのヘッダーは各ページ1箇所にしか存在しませんし、他の場所で再利用されることもありませんが、「ヘッダー」という独立した機能を持つ領域であるため、これはBlockとなります。ハンバーガーやグローバルナビといった部品もこれに該当します。

❷は例えば見出しやボタン、アイコン、汎用的なリスト表示など様々な場所に配置され何度でも繰り返し再利用される部品です。サイトのロゴはヘッダーだけでなく比較的様々な場所に配置されるものですのでBlockとすることが可能です。ただし本当にそれ単体でどこででも使い回せるようにしておくべきかはデザインによるところも大きいので、ヘッダーのみで使用するも

Memo

BEMではBlockは粒度を問わず全て同じBlockとして扱われます。これに対してFLOCSSではBlockの粒度と利用目的に応じてカテゴライズして接頭辞 l-（レイアウト）、c-（コンポーネント）、p-（プロジェクト）を付けることでそのBlockの粒度・利用目的を明示できるように考えられています。どちらが良いかは好みの問題です。

のとしてヘッダーのElementと定義するのも妥当な判断だと思われます。

Elementを命名する

次に各BlockのElementを命名します。Elementを定義する時にもいろいろと迷うポイントがありますので1つずつ細かく検討していきましょう。

Blockでありかつ Elementでもある場合

LESSON 15 15-02

Blockの中に他のBlockが入れ子になっている場合、特定の親ブロックの中に配置された場合だけスタイルを少し追加・変更したいといったケースはよくあります。先述のロゴについても、ヘッダーの中で利用する時だけレイアウトのためのスタイルを追加しなければならないということはよくあるでしょう。 こうした場合には、次のようにheader__logoというElementとしてのclassを重ね付けし、ヘッダーの中に配置された場合だけの特別なスタイルはそちらに指定しておくようにしましょう。

Word

【Mix】

1つの要素に対してBlockとしてのclassと親BlockのElementとしてのclassを重ね付けする手法のことを、BEMでは「Mix」と呼んでいます。

サンプル15-02(ロゴ部分)

HTML

```
<div class="logo header__logo"><a href="/">Grass Field</a></div>
```

このようにしておくことで使いまわしのできる独立したロゴBlockのスタイルに影響することなく、特定の部品のElemtentとしてのスタイルを追加できます。

このようにBlock自身のスタイルと、特定のBlock内に配置された場合のレイアウトのスタイルを分けて考えると、部品の独立性を保ちながら様々なレイアウトに応用できるようになります。

ハンバーガーボタンを命名する

次にハンバーガーボタンのElementに名前を付けていきたいと思います。

ここでのポイントは、hamburgerという親Blockの直下のElement（span要素）の中に、更に孫要素の部品が入れ子になっている点です。実際にマークアップしていると［親-子］という単純な構造だけではなく、孫要素、ひ孫要素といった具合にどんどん階層が深くなっていくことはよくあります。BEMではBlockの入れ子は許可されていますが、**Elementの入れ子は許可されていません**ので、以下のような命名はNGです。

NG例1

HTML

```html
<button type="button" class="hamburger">
  <span class="hamburger__inner">
    <span class="hamburger__inner__line"></span>
    <span class="hamburger__inner__txt">MENU</span>
  </span>
</button>
```

また、.hamburger__innerに該当するspan要素を独立した新たなBlockとして以下のようにすることもこの場合は適切ではありません。なぜなら.hamburger直下のspan要素はあくまでハンバーガーボタンを構成する部品の1つであって、それ単体で成立するものではないからです。

NG例2

HTML

```html
<button type="button" class="hamburger">
  <span class="hamburger-inner">
    <span class="hamburger-inner__line"></span>
    <span class="hamburger-inner__txt">MENU</span>
  </span>
</button>
```

今回のようにElementの部品の階層が深い場合は、以下のように命名すればOKです。

OK例 サンプル15-02（ハンバーガーボタン部分）

HTML

```
<button type="button" class="hamburger">
  <span class="hamburger__inner">
    <span class="hamburger__line"></span>
    <span class="hamburger__txt">MENU</span>
  </span>
</button>
```

つまり、Element部品については**子要素でも孫要素でも命名的には全て親ブロックに直接所属するElementとして表記すれば良い**ということです。

グローバルナビを命名する

LESSON 15 15-02

最後にグローバルナビの命名を検討してみましょう。

サンプル15-02（グローバルナビ部分）

HTML

```
<nav class="gnav">
  <ul class="gnav__list">
    <li><a href="#">Grass Fieldとは</a></li>
    //省略
  </ul>
</nav>
```

まずgnav直下のul要素にはElementとしてgnav__listと命名しておきます。nav要素の直下にはul要素だけが入るとは限りませんし、BEMの命名規則を積極的に破る理由もないからです。

ただ、その下のli要素・a要素についてはどうでしょうか？　BEMの規則に則ってclass名を付けるならこのようになります。

HTML

```
<nav class="gnav">
  <ul class="gnav__list">
    <li class="gnav__item"><a href="#" class="gnav__link">Grass Fieldとは</
a></li>
    //省略
  </ul>
</nav>
```

BEMの規則では要素に**直接スタイル指定することは禁止されています**ので、li・a要素にも必ずclass名を付けてclassセレクタでスタイルをコントロールする必要があります。

CSS設計の目的は修正・変更に強く、長期的なメンテナンスを可能にすることにありますので、多少記述が冗長になって面倒でも、将来的に問題が出そうな危険な芽はあらかじめ詰んでおくことを優先します。

例えばclassを付けずに以下のようにスタイル定義していた場合、その時点では問題なくとも後に問題になることは十分に考えられます。

NG例

HTML

```
.gnav li {...}
.gnav li a {...}
```

開発途中でメニューが2階層のドロップダウンメニューに変更された場合、ul要素が入れ子になって下層メニューにもスタイルが影響するため、スタイル指定が煩雑化します。

また、メニューの要素は必ずしも常にaタグであるとは限りません。

一部のメニューだけクリックしたら下層を開く、といった挙動にしたい場合、そのメニューは遷移させるのではなく開閉のための機能ボタンとなりますので、button要素でマークアップしたほうが適切です。aタグに直接スタイルが指定してあると、事情があって別の要素に差し替えた場合、スタイルが全く適用されなくなってしまいます。

このように、要素に直接スタイル指定をしないルールになっているのには、ちゃんとした理由があります。したがって最も安全なのは、面倒でもルールに従うことであることは言うまでもありません。

要素に直接スタイルを指定してはいけないのか?

ここからは筆者個人の考えになりますが、全ての案件で同じようにまだ起きていない問題のリスクを考えてあらかじめ全ての問題の芽を詰んでおくようにすべきなのか?というと、必ずしもそうではないとも思います。

重要なのは、**なぜそのルールが設定されているのか、ルールを破った場合にどのようなリスクが発生するのかをきちんと把握すること**です。もし案件特性上それが許容できる範囲なのであれば、敢えてリスクを取ってその場の開発効率を優先するという判断があってもそれはそれで良いと思います。特に小〜中規模のWeb制作案件の場合は、特定の部品の中でしか使わない、変化する可能性がほとんどない限定された要素に関してはclassを付けずに子・子孫セレクタでスタイル指定することを許容したとしても、実害はほぼないでしょう。

例えば今回のグローバルナビに関しては、

- 基本はBEMの命名規則に則っている
- あらかじめデザインが固まっている
- あちこちで使い回す部品ではなく、一度決めたらめったなことでは変更されない
- ul要素はHTMLの文法で直下の子要素がli要素に限定されている

という特性があるので、

HTML

```
<nav class="gnav">
  <ul class="gnav__list">
    <li><a href="#">メニュー1</a></li>
    //省略
  </ul>
</nav>
```

このようにli・aにはclassを付けずにシンプルにマークアップしておき、CSSでは次のように子セレクタで影響範囲を限定しておけば実害は少ないものと思われます。

CSS

```
.gnav__list > li {...}
.gnav__list > li > a {...}
```

カード型一覧の設計を考える

カード型一覧は1つのサイトの中で様々なパターンが用意されていることの多い部品です。Lesson16では、Webサイトで多用されるカード型一覧の設計をできるだけ変更に強い設計になるよう考えてみましょう。

Blockの範囲を検討する

検討する2カラム・3カラムのカード一覧デザイン

16-01
ファイル
この文章はダミーです。文字の大きさ、量、字間、行間等を確認するために入れています。
この文章はダミーです。文字の大きさ、量、字間、行間等を確認するために入れています。
この文章はダミーです。文字の大きさ、量、字間、行間等を確認するために入れています。
この文章はダミーです。文字の大きさ、量、字間、行間等を確認するために入れています。
16-01
ファイル
この文章はダミーです。文字の大きさ、量、字間、行間等を確認するために入れています。
この文章はダミーです。文字の大きさ、量、字間、行間等を確認するために入れています。
この文章はダミーです。文字の大きさ、量、字間、行間等を確認するために入れています。
この文章はダミーです。文字の大きさ、量、字間、行間等を確認するために入れています。

まずはデザインからBlockの範囲を検討します。今回は同じスタイルのカード型一覧ですが、使用箇所によって2カラム・3カラムのいずれかで表示できるようにしたいという意図があります。カード型の部品はグリッド状に配置する性質から、複数のカラムパターンが用意されていることもよくありますが、どのような設計パターンが考えられるのか、そのメリット・デメリットも合わせて考えてみましょう。

①レイアウトごと1つのBlockとする

HTML

```
<ul class="card-list card-list--col3">
  <li class="card-list__item">
    <a href="#" class="card-list__inner">
      <div class="card-list__thumb">
        <img src="img/001.jpg" alt="写真：赤いハイビスカス">
      </div>
       <p class="card-list__txt">この文章はダミーです。文字の大きさ、量、字間、行間等を確認するために入れています。</p>
    </a>
  </li>
  //省略
</ul>
```

まず1つ目は、1つ1つのカードアイテムをまとめているul要素をまるごと1つのBlockと定義し、中身は全てそのElementとして完全にレイアウトとカード本体を一体のコンポーネントとする考え方です。2カラム、3カラムのバリエーションはModifierを追加すれば再現できますので、デザイン再現上は特にこれでも問題はありません。

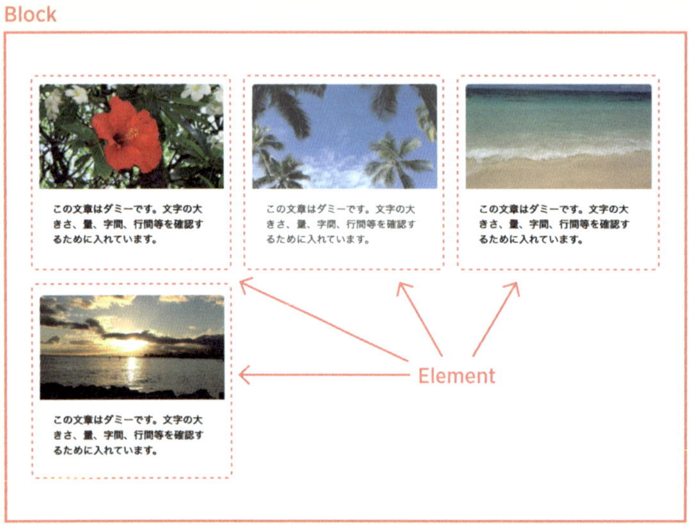
Block
この文章はダミーです。文字の大きさ、量、字間、行間等を確認するために入れています。
この文章はダミーです。文字の大きさ、量、字間、行間等を確認するために入れています。
この文章はダミーです。文字の大きさ、量、字間、行間等を確認するために入れています。
この文章はダミーです。文字の大きさ、量、字間、行間等を確認するために入れています。
Element

別の場所でカード単体部分を利用しようとした場合

HTML

```
<div class="pickup">
  <div class="pickup__card">
    <!-- 表示はできますがElementの単体利用となるのでルール違反です！ -->
    <div class="card-list__inner">
      //省略
    </div>
  </div>
  <div class="pickup__body">
    <p>このカード情報に対する説明テキストが入ります。</p>
  </div>
</div>
```

ただし、仮にカードの中身を1つだけ取り出して別のところで単体で使いたいといった要望が出た場合、そのまま再利用するのはElementのみの単体利用を禁止するBEMのルールに反するため、新たなBlockを再定義しなければならないリスクがあります。また、親Block以下の全ての要素が並列のElementとして命名されることになるので、カード本体の構成要素が複雑だった場合は特に命名に困る場面が発生しやすいというデメリットもあります。

カードの構成要素が複雑だった場合

HTML

```
<ul class="card-list card-list--col3">
  <li class="card-list__item">
    <a href="#" class="card-list__inner">
      <div class="card-list__thumb">
        <img src="img/001.jpg" alt="写真：赤いハイビスカス">
      </div>
      <div class="card-list__body">
        <p class="card-list__catch">キャッチコピーキャッチコピー</p>
        <p class="card-list__text">テキストが入ります。テキストが入ります。テキストが入ります。
</p>
        <p class="card-list__more">詳しく見る</p>
      </div>
    </a>
  </li>
  //省略
</ul>
```

上記の例では、カード本体の範囲であるa要素にcard-list__innerという名前を使ってしまっているため、その中のテキスト部分全体を囲む範囲のcard-list__bodyという名前と役割が識別しづらい状態になってしまっています。

コンテンツの中身が単純に画像だけ、テキストだけ、のように単純なリストであれば支障はありませんが、そうでない場合はレイアウトとコンテンツをまるごと1つのBlockとするのは基本的に避けたほうが良いでしょう。

②レイアウトを汎用グリッドとする

LESSON 16 16-02

HTML

```
<ul class="grid grid--col3">
  <li class="grid__item">
    <a href="#" class="card">
      <div class="card__thumb">
        <img src="img/001.jpg" alt="写真：赤いハイビスカス">
      </div>
       <p class="card__txt">この文章はダミーです。文字の大きさ、量、字間、行間等を確認するために
入れています。</p>
    </a>
  </li>
  //省略
</ul>
```

2つ目は、レイアウトとカード本体を完全に切り離し、レイアウトのほうはレイアウト専用の汎用グリッドBlockにまかせてしまうという考え方です。

これはCSS設計の基礎であるOOCSSでも提唱されている「コンテナとコンテンツを分離する」という原則に基づいた基本的な設計手法です。

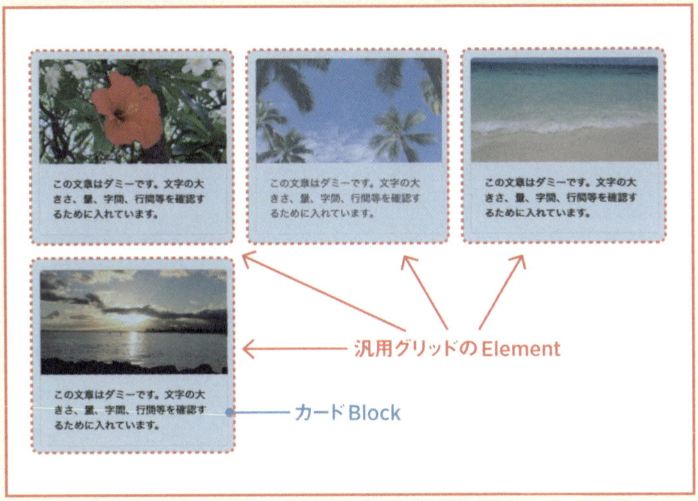
汎用グリッドBlock
この文章はダミーです。文字の大きさ、量、字間、行間等を確認するために入れています。
この文章はダミーです。文字の大きさ、量、字間、行間等を確認するために入れています。
この文章はダミーです。文字の大きさ、量、字間、行間等を確認するために入れています。
汎用グリッドのElement
この文章はダミーです。文字の大きさ、量、字間、行間等を確認するために入れています。
カードBlock

あらかじめ2カラム、3カラム、4カラムなど必要な分だけのレイアウト専用のBlockを用意しておくことで、必要な場面で自由に中身を入れ替えて構成するシステマティックな実装が可能となります。コンテンツの中身は問いませんので、どんなにコンテンツの種類が増えてもレイアウトの定義が1回で済み、効率という面ではこの方法が最も優れていると言えます。

ただし、この手法はデザイン段階からあらかじめ決まったグリッドの中にコンテンツを入れる前提で設計されていないとうまくいきません。同じような3カラムに見えて、実際にはコンテンツごとに少しずつカラム幅を変えていたり、コンテンツ内容によってSP側のレイアウトだけ見せ方を変えたりといったイレギュラーが多発するような場合はメリットをうまく活かすことができませんし、汎用的な名前だけで様々なバリエーションを作るのもなかなか骨が折れます。

機能性を重視し、システマティックにレイアウト設計されている案件であれば大いに活用すべき手法ではありますが、メリットを活かせるかどうかはデザイン次第という面もあるので注意が必要です。

③そのカード専用のレイアウトBlockを用意する

LESSON 16 ▸ 16-03

HTML

```
<ul class="card-list card-list--col3">
  <li class="card-list__item">
    <a href="#" class="card">
```

```
        <div class="card__thumb">
          <img src="img/001.jpg" alt="写真：赤いハイビスカス">
        </div>
         <p class="card__txt">この文章はダミーです。文字の大きさ、量、字間、行間等を確認するために
入れています。</p>
      </a>
    </li>
    //省略
</ul>
```

3つ目は②と同様にカードのレイアウトとカード本体を別Blockとして定義しますが、レイアウトは汎用的なものではなく、カードの種類1つにつき、それをまとめるレイアウト用のBlockもセットで1つ用意するパターンです。

例えばxxx-cardに対してはxxx-card-list、yyy-cardに対してはyyy-card-listといったセットを用意します。

カードレイアウトBlock
この文章はダミーです。文字の大きさ、量、字間、行間等を確認するために入れています。
この文章はダミーです。文字の大きさ、量、字間、行間等を確認するために入れています。
この文章はダミーです。文字の大きさ、量、字間、行間等を確認するために入れています。
この文章はダミーです。文字の大きさ、量、字間、行間等を確認するために入れています。
カードレイアウトのElement
カード本体Block

特定のカードとそれをまとめるレイアウトをゆるく結びつけておくことで、カード本体は単体で他の場所でも再利用できますが、そのカードを一覧化して表示する際にはレイアウトも含めて全体で1つのコンテンツというまとまりを維持する、折衷的なやり方です。

見せたいコンテンツの内容ごとにカードのスタイルもレイアウトパターンも少しずつ違うといった、汎用的化しづらいデザイン設計となっている場合には、無理に汎用化せず、影響範囲を限定したそのコンテンツ固有のコンポーネントとしておいたほうが扱いやすいこともあります。

Memo

筆者の経験では、特に単調なパターンを嫌うデザイン性の高いWebサイトや、LPなどのコンテンツ重視の案件などではこちらのパターンのほうが重宝する印象です。

内容変更に対応可能な設計を検討する

カード型の一覧は、グローバルナビなどのような固定的なコンポーネントと違い、利用されるコンテキストごとにコンテンツ量の増減や適切なマークアップが変わってくる可能性が高いコンポーネントです。デザインカンプを先に作ってからコーディングをすることの多いWeb制作案件であっても、規模が大きくなってくるとコーディング着手時点で全てのデザインカンプが揃っていることは稀ですので、ある程度予測できる変化には耐えられるようにあらかじめ準備しておくことが望ましいでしょう。ここでは、いくつかの変更パターンとその対策を考えてみます。

表示項目の増減を想定する

LESSON 16 ▶ 16-04

NG例

HTML

```
<ul class="card-list card-list--col3">
  <li class="card-list__item">
    <a href="#" class="card">
      <div class="card__thumb">～省略～</div>
      <p class="card__txt">～省略～</p>
    </a>
  </li>
  //省略
</ul>
```

OK例

HTML

```
<ul class="card-list card-list--col3">
  <li class="card-list__item">
    <a href="#" class="card">
      <div class="card__thumb">～省略～</div>
     <div class="card__body">
        <p class="card__text">～省略～</p>
      </div>
    </a>
  </li>
  //省略
```

```
  </ul>
```

今のところサムネイル画像とテキストだけのシンプルなカード一覧ですが、サムネイルエリア以外のテキストが入る領域には周囲に余白があります。

現状はテキストのp要素1つしかないので、そこに余白を付けてしまえばデザイン再現は可能ですが、後から見出しやタグなど別の要素が挿入されたパターンが出てくる可能性は十分ありえますので、サムネイル領域とその他コンテンツ領域はdivで分割しておいたほうが無難でしょう。カード型に限らず、Blockの中のメイン情報が挿入されるエリアについては、筆者は常に「xxx__body」というElement名を付けることにしています。

BEMは親ブロック名さえ被っていなければElementの名前は他のブロックと共通であっても何ら問題ないので、**役割ごとにあらかじめ使用するElement名を固定**しておくと、命名作業が非常に楽になります。以下のElement名としてよく使う名前の例を参考にしてください。

- __wrapper（Blockの外側を囲む必要がある場合）
- __inner（Blockの内側を囲む必要がある場合）
- __thumb（サムネイル画像エリア）
- __body（コンテンツ本文エリア）
- __title（見出しテキスト）
- __text（テキスト）

classの省略はしない

LESSON 16 ▶ 16-05

Lesson15のグローバルナビのようなケースでは、ul>liで構造が固定されるということもあり、li要素やa要素のclassを省略したとしても実害はほぼないと述べましたが、どのような使われ方をするのか、どのような変更が入るのか不確定なコンポーネントに関しては特にclassの省略はNGです。

当初想定のマークアップ

HTML

```
<ul class="card-list card-list--col3">
  <li class="card-list__item">
    <a href="#" class="card">
      <div class="card__thumb">～省略～</div>
     <div class="card__body">
        <p class="card__text">～省略～</p>
      </div>
    </a>
```

```
  </li>
  //省略
</ul>
```

当初のマークアップはul>li>aですが、要素に直接スタイルを当てることなく、BEMのBlock構造に合わせて全てclassを振ってあります。このようにしておけば、次の①・②のように当初予定のスタイルに影響を与えることなく、ある程度の構造変更にも耐えられるようになります。

①リンクなし一覧パターンで利用

HTML

```
<ul class="card-list card-list--col3">
  <li class="card-list__item card">
    <div class="card__thumb">～省略～</div>
    <div class="card__body">
      <p class="card__text">～省略～</p>
    </div>
  </li>
  //省略
</ul>
```

①は同じデザインでリンクがないケースでの利用方法です。カード本体のBlockをa要素に当てていましたが、a要素がなくなってしまったため、1つ上のli要素をcard-listのElementであり、かつcardのBlockでもあるMix要素として指定しています。

もともとcard-listはレイアウトのみ、cardはカード本体のスタイルのみでお互いに干渉しあうスタイルは持っていないので、このような指定が可能となります。

②コンテンツ量が増えsection要素に変更

HTML

```
<div class="card-list card-list--col3">
  <section class="card-list__item">
    <a href="#" class="card">
      <div class="card__thumb">～省略～</div>
     <div class="card__body">
        <h2 class="card__tit">見出しテキスト</h2>
        <p class="card__text">～省略～</p>
        <ul class="card__tag tag-list">
          <li class="tag-list--item tag">タグA</li>
          <li class="tag-list--item tag">タグB</li>
              <li class="tag-list--item tag">タグC</li>
```

```
        </ul>
        <p class="card__btn">詳しく見る</p>
      </div>
    </a>
  </section>
  //省略
</div>
```

カード型一覧についてはもともとul要素とすべきかsection／article要素とすべきか意見の分かれるコンポーネントですが、見出しを伴って一定量のコンテンツを含むものであるならセクショニング・コンテンツとしてマークアップしたほうが適切である可能性があります。

ここではその是非は議論しませんが、諸事情によりulではなく、section／article、場合によってはdivなど別の要素に変更しなければならないということもありえるのが、グローバルナビなどの固定的なコンポーネントとは事情が異なる部分です。

そのような場合でも、スタイルが要素ではなくclassに定義されていれば（階層構造さえ変わらなければ）CSSはそのままでマークアップ要素を変更することができます。

LESSON 17

ボタンの設計を考える

Webサイトの中では様々な場所で沢山のボタンが使われます。ボタンには色、大きさ、配置など実に様々な組み合わせがあります。Lesson17では、効率よく様々な種類のボタンを管理できるようにするにはどうしたら良いかを考えます。

シングルクラスでボタンを設計する

Webサイト内で使われるボタンは通常、コンテンツの優先度、促す動作の種類、配置される場所などでスタイルが異なることが多く、1種類で済むことはほぼありません。色違い、サイズ違いなど様々なバリエーションが考えられるボタンを、classを1つだけ設定するシングルクラスで実装した場合、どのようなことが起こるのか見てみましょう。

色違い×サイズ違いのボタンデザイン

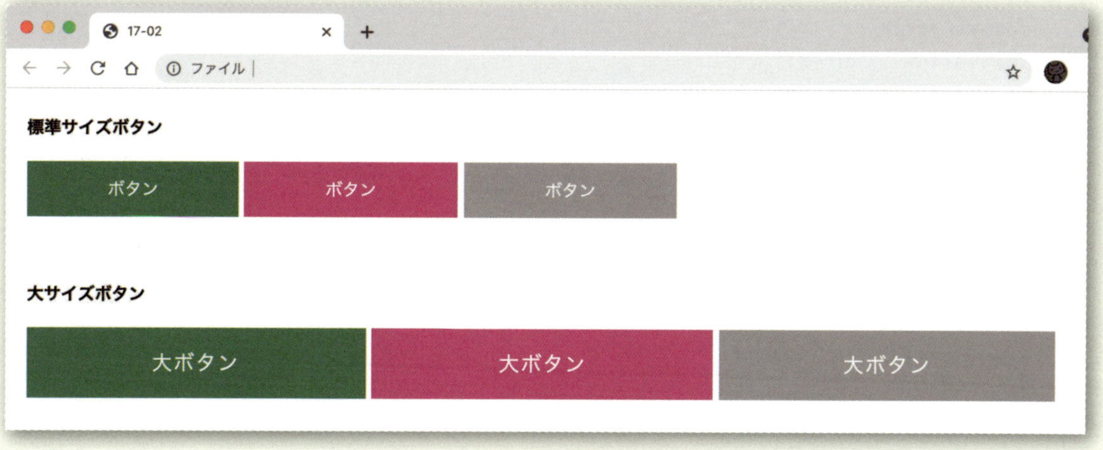

シングルクラスで色違いボタンを実装する

HTML

```html
<!-- 色違いパターン -->
<a href="#" class="btn-green">ボタン</a>
<a href="#" class="btn-pink">ボタン</a>
<a href="#" class="btn-gray">ボタン</a>
```

CSS

```css
.btn-green {
  display: inline-block;
  min-width: 200px;
  padding: 15px 30px;
  background-color: #338833;
  color: #fff;
  text-align: center;
  text-decoration: none;
  line-height: 1.4;
}
.btn-pink {
  display: inline-block;
  min-width: 200px;
  padding: 15px 30px;
  background-color: #eb46a6;
  color: #fff;
  text-align: center;
  text-decoration: none;
  line-height: 1.4;
}
.btn-gray {
  display: inline-block;
  min-width: 200px;
  padding: 15px 30px;
  background-color: #aaaaaa;
  color: #fff;
  text-align: center;
  text-decoration: none;
  line-height: 1.4;
}
```

上記は同じ大きさで色違いのボタンをそれぞれ別の1つのclassで実装した場合です。ボタンスタイルとclassが1対1で対応しているのでHTMLのほうは簡潔ですが、CSSのほうは背景色以外全て同じで無駄が多くなっています。色が増えればその分だけ無駄な重複コードも増えますし、ボタンのサイズに調整が入った場合、全ての色のスタイル定義に同じ修正をしなければなりません。

重複部分をグループセレクタでまとめる

CSS

```
.btn-green,
.btn-pink,
.btn-gray {
  display: inline-block;
  min-width: 200px;
  padding: 15px 30px;
  color: #fff;
  text-align: center;
  text-decoration: none;
  line-height: 1.4;
}
.btn-green {
  background-color: #338833;
}
.btn-pink {
  background-color: #eb46a6;
}
.btn-gray {
  background-color: #aaaaaa;
}
```

このように重複部分をグループセレクタでまとめておけば無駄は最小限に押さえられますが、サイズ違いのパターンが導入されたらどうなるでしょうか？

シングルクラスで色違い×サイズ違いボタンを実装する

LESSON 17 17-02

HTML

```
<!-- 標準サイズ -->
<a href="#" class="btn-green">ボタン</a>
<a href="#" class="btn-pink">ボタン</a>
<a href="#" class="btn-gray">ボタン</a>
<!-- 大サイズ -->
<a href="#" class="btn-green-large">大ボタン</a>
<a href="#" class="btn-pink-large">大ボタン</a>
<a href="#" class="btn-gray-large">大ボタン</a>
```

CSS

```css
/*標準サイズ*/
.btn-green,
.btn-pink,
.btn-gray {
  display: inline-block;
  min-width: 200px;
  padding: 15px 30px;
  color: #fff;
  text-align: center;
  text-decoration: none;
  line-height: 1.4;
}
.btn-green {
  background-color: #338833;
}
.btn-pink {
  background-color: #eb46a6;
}
.btn-gray {
  background-color: #aaaaaa;
}

/*大サイズ*/
.btn-green-large,
.btn-pink-large,
.btn-gray-large {
  display: inline-block;
  width: 100%;
  max-width: 320px;
  padding: 20px 30px;
  color: #fff;
  text-align: center;
  font-size: 1.2em;
  line-height: 1.4;
  letter-spacing: 0.08em;
}
.btn-green-large {
  background-color: #338833;
}
.btn-pink-large {
  background-color: #eb46a6;
}
.btn-gray-large {
  background-color: #aaaaaa;
}
```

標準サイズでも大サイズでも、色のバリエーションは同じなので、サイズごとにグループセレクタで共通部分をまとめても、今度は各サイズごとに同じ色バリエーション指定が重複してしまいました。サイズが増えたり、色が増えるたびに重複箇所はどんどん増えていきます。

Webサイトのデザイン設計にもよりますが、一般的にボタンのバリエーションは比較的多彩で、しかも最初に決めたパターン以外にもどんどん新しいバリエーションが追加される可能性もあるため、最も拡張性が求められるコンポーネントの1つです。シングルクラスの場合、**バリエーションが増えるたびに新たに他と被らないclass名を考えなければならず**、拡張性の観点からこのことが大きな問題となります。

マルチクラスでボタンを設計する

今度は同じように色違い・サイズ違いなどのバリエーションをマルチクラスで実装した場合にどうなるのかを見てみましょう。

マルチクラスで色違いボタンを実装する

LESSON 17 17-03

HTML

```html
<!-- 色違いパターン -->
<a href="#" class="btn btn--green">ボタン</a>
<a href="#" class="btn btn--pink">ボタン</a>
<a href="#" class="btn btn--gray">ボタン</a>
```

CSS

```css
/*ボタンのベーススタイル*/
.btn {
  display: inline-block;
  min-width: 200px;
  padding: 15px 30px;
  color: #fff;
  text-align: center;
  text-decoration: none;
  line-height: 1.4;
}
/*色バリエーション*/
.btn--green {
```

```
  background-color: #338833;
}
.btn--pink {
  background-color: #eb46a6;
}
.btn--gray {
  background-color: #aaaaaa;
}
```

マルチクラス設計の場合、同じ大きさで色違いのボタンを「ボタンのベーススタイル」と「色バリエーション」の掛け合わせで実装します。1つのボタンを実装するのに必ず2つのclassを記述する必要があるため、HTMLのほうは若干煩雑ですが、CSSのほうは非常にスッキリしているのが分かります。

マルチクラスで色違い×サイズ違いボタンを実装する

LESSON 17 17-04

HTML

```html
<!-- 標準サイズ -->
<a href="#" class="btn btn--green">ボタン</a
<a href="#" class="btn btn--pink">ボタン</a>
<a href="#" class="btn btn--gray">ボタン</a>
<!-- 大サイズ -->
<a href="#" class="btn btn--large btn--green">大ボタン</a>
<a href="#" class="btn btn--large btn--pink">大ボタン</a>
<a href="#" class="btn btn--large btn--gray">大ボタン</a>
```

CSS

```css
/*標準サイズ*/
.btn {
  display: inline-block;
  min-width: 200px;
  padding: 15px 30px;
  color: #fff;
  text-align: center;
  text-decoration: none;
  line-height: 1.4;
}

/*大サイズ*/
.btn--large {
  width: 100%;
  max-width: 320px;
```

```
  padding: 20px 30px;
  font-size: 1.2em;
  letter-spacing: 0.08em;
}

/*色バリエーション*/
.btn--green {
  background-color: #338833;
}
.btn--pink {
  background-color: #eb46a6;
}
.btn--gray {
  background-color: #aaaaaa;
}
```

サイズ違いが導入された場合でも、ベーススタイル＋バリエーションの掛け合わせで設計する場合は大サイズ用のスタイルを追加するだけでCSSに重複はありません。ただし、HTMLのほうは掛け合わせるバリエーションが増えるごとに付与するclassがどんどん増えていきますので、こちらは逆に煩雑になります。しかし、新しいバリエーションが増えても既存のclassに手を加えることなく必要なclassを追加すれば良く、掛け合わせるclassによって様々なバリエーションを作ることができるため、このHTML側の煩雑さは**「拡張性」という面ではメリット**であると言えます。

マルチクラスで異なる形状のボタンが追加された場合

LESSON 17 ▶ 17-05

HTML

```
<!-- 円形ボタン -->
<p><a href="#" class="rounded-btn">円形ボタン</a></p>
<p><a href="#" class="rounded-btn rounded-btn--large">円形大ボタン</a></p>
…
```

CSS

```
/*円形ボタンベース*/
.rounded-btn {
  display: inline-block;
  min-width: 200px;
  padding: 1em 2em; /*サイズ展開しても円形を保つためem指定*/
  border-radius: 2em; /*サイズ展開しても円形を保つためem指定*/
  border: 2px solid;
  background: #fff;
  color: #338833;
  text-align: center;
  text-decoration: none;
  line-height: 1.4;
}

.rounded-btn--large {
  width: 100%;
  max-width: 400px;
  font-size: 1.8rem;
}
```

マルチクラスでのボタン設計で1つ注意しなければならないのは、**ベースとなるボタンスタイルは必ずしも1種類である必要はない**という点です。サンプル17-05では四角い標準ボタンとは明らかにスタイルが異なる円形のボタンを追加しています。

- 両端が円形となってる
- 白ベースにボーダー付き
- サイズ展開されても両端は常に円形を保つ必要がある

このように、比較的差異の大きい別種のボタンが必要となった場合には、無理にModifierでバリエーションを増やすのではなく、新たなBlockとして定義することも検討してみましょう。

- 標準ボタンからのベースの差異がある程度多いかどうか
- 標準ボタンとは異なるバリエーション展開のパターンを持っているかどうか

このあたりを考慮してベースとなるスタイルを分けるかどうかを判断すると良いでしょう。

ボタンの命名を検討する

ボタンというのは使用されるコンテキストに応じて様々なバリエーションが考えられるものではありますが、だからといって無秩序・無制限にバリエーションを増やしていいというものではありません。ボタンはユーザーを適切に次のコンテンツや行動に導くための大切なユーザーインターフェースですから、ほとんどの場合、そのボタンの目的によって色や形などのスタイルがいくつかのパターンに分類されており、見た目と役割は基本的に対応しているはずです。

CSS設計とは情報デザイン設計を数値化してHTML／CSSで実装しやすい形に整理することに他なりませんので、基本的にデザインの設計意図を命名にも落とし込むようにしたほうが良いでしょう。

色展開の命名案

LESSON 17 ▶ 17-06

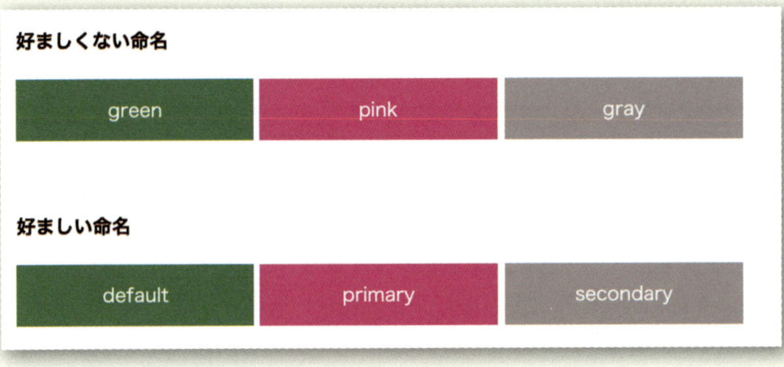

HTML

```
<!-- 好ましくない命名 -->
<a href="#" class="btn btn--green">green</a>
<a href="#" class="btn btn--pink">pink</a>
<a href="#" class="btn btn--gray">gray</a>

<!-- 好ましい命名 -->
<a href="#" class="btn btn--default">default</a>
<a href="#" class="btn btn--primary">primary</a>
<a href="#" class="btn btn--secondary">secondary</a>
```

サンプル17-01〜04ではボタンの色違いを表現するためにbtn--greenといった直接的な色の名前を使用していますが、実はこれはあまり好ましい例ではありません。ボタンの色というのはでたらめに設定されているのではなく、多くの場合はそのボタンの**「役割」に直結しています。**

また、色やデザインが修正される場合には「役割ごと」に再検討が行われますので、例えば一番重要なユーザーアクションを促すボタン類は赤だったのでbtn--redと命名していたのに、後からデザインが変更されてオレンジに変更されたという場合、全て命名し直さなければならないか、名前はredなのに見た目はオレンジといったちぐはぐな状態に陥ってしまうかのどちらかの問題が生じます。

そのため、ボタンの色は直接的な色の名前ではなく、そのボタンが持つ役割をベースに分類し、命名するようにしておくのが基本です。以下はいくつかのボタン名の案です。

役割に応じたボタン名の例

ボタン名	役割
btn--default	標準的なボタン全般（※標準ボタンのベースに含めてしまうのも可）
btn--action	購入・申込み・送信など直接的なユーザーの行動を促すボタン
btn--primary	特に注目してもらいたい重要なボタン
btn--secondary	重要度が少し落ちるが標準よりは目立たせたいボタン
btn--disabled	非活性のボタン（一時的に機能停止している状態）

また、基本がベタ塗りのボタンである場合、その色を反転させたタイプ（reverse）や、濃い背景色の上に乗せる前提の白線・白文字の透明タイプ（ghost）といったデザインが入ってくることもあります。これらは上記の各ボタンのサブバリエーションであるので、btn--primary-reverseやbtn--default-ghostといった形で対応するボタンに対して2つ目のModifier名をつなげるようにしておくと良いでしょう。

Memo

ボタン命名に迷ったら、Bootstrapが用意しているボタンのclass名も参考になります。

https://getbootstrap.jp/docs/5.0/components/buttons/

なおボタンがどのように分類され、どのようなデザインが適用されているかは当然案件ごとに異なりますが、中には明確な分類パターンが見てこないとか、同じ用途なのに異なるスタイルのボタンが混在しているようなケースもあります。経験の浅いデザイナーが担当している案件ではよくあることですが、こうしたケースに遭遇した場合はそのまま実装するのではなく、一度デザイナーとよく協議して整理することも必要でしょう。

サイズ展開の命名案

LESSON 17 ▶ 17-07

HTML

```html
<p><a href="#" class="btn btn--default">標準ボタン</a></p>
<p><a href="#" class="btn btn--small btn--default">小ボタン</a></p>
<p><a href="#" class="btn btn--large btn--default">大ボタン</a></p>
<p><a href="#" class="btn btn--compressed btn--default">圧縮ボタン</a></p>
…
```

ボタンの色が比較的明確に役割と直結しているのに対して、ボタンの大きさはそのボタンの役割と常に密に連動しているわけではありません。したがってサイズについてはそのままサイズ展開が分かるModifier名を検討すれば良いでしょう。

ただし、「大・中・小」といった分かりやすいシンプルな展開だけでなく、「特大・大・中・小・極小」のような多段階で展開されている場合もあるでしょうし、「幅は同じだが高さを押さえたもの」のようなバリエーションもあるでしょう。サイズ展開がある場合には、どういう大きさのボタンなのかが把握しやすいModifier名を付けることが重要です。以下はサイズ展開用の命名例です。

サイズ展開用の命名例

class名	適用サイズ
btn--xsmall	極小サイズ
btn--small	小サイズ
btn--medium	中サイズ（※標準ボタンのベースに含めてしまうのも可）
btn--large	大サイズ
btn--xlarge	特大サイズ
btn--compressed	高さを抑える
btn--wide	全幅にする

レイアウト指定を別Blockに持たせる

ボタンはそれ単体で配置されることもあれば、2つ並べて配置されることもあります。また、右寄せ・左寄せ・中央寄せのいずれの配置もありえます。同じボタンであってもそれが配置される場所によってレイアウトが異なるため、ボタンそのものにレイアウトの情報を持たせてしまうと、異なるレイアウトで使用したい場合に困ってしまいます。

したがって、多少面倒でも基本的にボタンのレイアウトは親要素側から指定するようにするのが基本となります。ボタンのレイアウトを指定する方法としては、主に次の3つの方法が考えられます。

①レイアウト専用Blockを用意する

HTML

```html
<!-- ボタン1つ -->
<div class="btns-center">
  <a href="#" class="btn btn--default btn--large">TOPへ戻る</a>
</div>

<!-- ボタン2つ -->
<div class="btns-center">
  <a href="#" class="btn btn--default-reverse btn--large">修正する</a>
  <button class="btn btn--default btn--large">確認する</button>
</div>
```

CSS

```css
/*中央配置ボタン専用のレイアウト*/
.btns-center {
  display: flex;
  flex-direction: column;
  justify-content: center;
  align-items: center;
}
.btns-center >.btn + .btn {
  margin-top: 20px;
}
@media screen and (min-width: 768px) {
  .btns-center {
    flex-direction: row;
  }
  .btns-center >.btn + .btn {
    margin-top: 0;
    margin-left: 20px;
  }
}
```

各セクションの末尾に配置され、比較的大きなボタンを1つまたは2つ中央配置するなど、特定のレイアウトで繰り返し配置するパターンがある場合は、それ専用のレイアウトBlockを用意しておくと使い勝手が良くなります。

②配置された親Blockからレイアウトを指定する

LESSON 17 ▶ 17-09

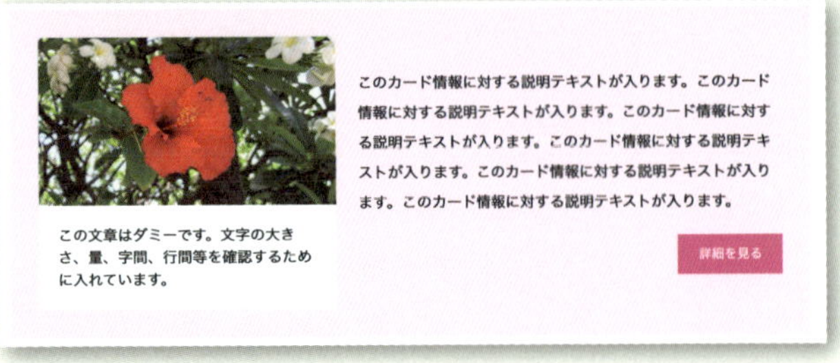

HTML

```
<div class="pickup">
  <div class="pickup__card">
    <div class="card">
      <div class="card__thumb"><img src="img/001.jpg" alt="写真：赤いハイビスカス
"></div>
      <p class="card__txt">この文章はダミーです。～省略～</p>
    </div>
  </div>
  <div class="pickup__body">
    <p>このカード情報に対する説明テキストが入ります。～省略～</p>
    <p class="pickup__btn"><a href="#" class="btn btn--primary btn--small">詳細
を見る</a></p>
  </div>
</div>
```

CSS

```
/*-----------------------------------------
    Pickup
-----------------------------------------*/
～省略～
.pickup__btn { /*このBlock内でのボタンレイアウトをElementとして定義*/
    margin-top: 20px;
    text-align: right;
}
```

各ページコンテンツに固有の様々なコンポーネントパーツの中でボタンを使用する場合、スタイルは共通でもレイアウトは各コンポーネントごとに固有のものになっている場合が多いでしょう。このような場合はボタンに親BlockのElementクラスを設定し、レイアウトはそちらに指定するようにしておきましょう。そうすることでセレクタの詳細度を低く保つことができ、ボタン自身のスタイルとレイアウトの指定も明確に分離しておくことができます。

③ユーティリティclassで指定する

HTML

```html
<!-- 左寄せ -->
<div class="ta-l mt20">
  <a href="#" class="btn btn--default">ボタン</a>
</div>

<!-- 中央寄せ -->
<div class="ta-c mt20">
  <a href="#" class="btn btn--default">ボタン</a>
</div>

<!-- 右寄せ -->
<div class="ta-r mt20">
  <a href="#" class="btn btn--default">ボタン</a>
</div>
```

CSS

```css
/*----------------------------------------
    ユーティリティ（抜粋）
----------------------------------------*/
/*ユーティリティclassは元のスタイルを確実に上書きすることが求められる場面が多いため、ユーティリティclassには例外的に!importantを使うことが一般的です。*/

/*左右中央配置*/
.ta-l { text-align: left !important;}
.ta-c { text-align: center !important;}
.ta-r { text-align: right !important;}

/*マージン*/
.mt0 {margin-top: 0 !important;}
.mt10 {margin-top: 10px !important;}
.mt20 {margin-top: 20px !important;}
.mt30 {margin-top: 30px !important;}
.mt40 {margin-top: 40px !important;}
.mt50 {margin-top: 50px !important;}
```

最後の方法は、特定のプロパティを任意に適用できるようにするユーティリティclassで必要なレイアウトを組み上げる方法です。本来BEMはユーティリティclassの使用は想定していませんが、実際の案件で全くユーティリティclassを使わずに構築するのもなかなか難しいので、わざわざ専用のBlockを作るまでもない単発のスタイルを適用したい場合などにはある程度の利用も許可して良いのではないかと筆者は考えています。

ただし、ユーティリティclassだけで複雑なレイアウトを組み上げるようなやり方は、やりすぎるとHTMLに直接CSSを書いているのと同じ状態となってしまうため、少なくともBEMベースでCSS設計している場合には避けたほうが良いでしょう。

ユーティリティを利用するのは、特に規則性がなく、単発で特定のプロパティを適用したいといったケースで最小限の利用に留めておいたほうが無難です。

Memo

ユーティリティclassは最小限の利用に留めるという規則を設定しても、複数人で運用していると「最小限」の基準が違ったり、面倒臭がってユーティリティで済ませてしまったりする人が出たりするなど、収集がつかなくなってくる恐れもあります。そのため、BEM設計を採用している案件では「ユーティリティは一律禁止」としているケースもよく見られます。

ユーティリティファーストCSS

ここ数年、特にReactやVueなどのJSフレームワークを利用して実装するWeb開発領域のWebエンジニアの中から「ユーティリティファーストCSS」を選択する声が増えてきています。ユーティリティファーストCSSとは、その名の通り全てのスタイル・レイアウトをあらかじめ用意されている単独のプロパティを指定するユーティリティclassの組み合わせだけで構築し、CSS自体は直接自分で書かないという手法です。

BEMにしろFLOCSSにしろ、CSSでコンポーネント管理をしようとするCSS設計自体が万能ではなく、どう頑張っても命名に時間を取られ、頻繁に変更が入るアジャイル開発では命名に一貫性を持たせようとしても現実的にはかなり難しいという実情があります。そのため特にWeb開発の現場ではWebサイト制作で主流となっているCSS設計の手法を捨て、HTMLに直接スタイルを当てるのと同じ感覚で完全に見た目だけを考えて構築できるユーティリティファーストCSS（tailwindcss）を採用するケースも少しずつ増えてきています。

CSSを設計せず、ユーティリティの組み合わせだけで構築するという手法は、正直CSSレイアウトをする時のストレスをかなり軽減してくれるのは事実です（なにしろ「設計」などしなくて良いのですから……！）。ただし、この手法はReactなどのJSフレームワーク側でコンポーネントの管理が担保されているからこそ可能になる手法です。また、HTML側はclassの嵐で、膨大なclass名を把握して使いこなす必要も出てきます。

筆者としてはユーティリティファーストCSS自体は否定はしませんが、Reactなどを使用しない、一般のWebサイト制作現場で採用するにはデメリットが大きすぎるため、案件特性によって棲み分けがされていくのだろうと考えています。本書はあくまで一般のWebサイト制作を念頭において必要な知識・技術を解説していますのでCSS設計を必須のスキルとしていますが、それも絶対ではなく、今後は現場次第では全く異なる手法が必要となることもある、ということは意識しておいたほうが良いかもしれません。

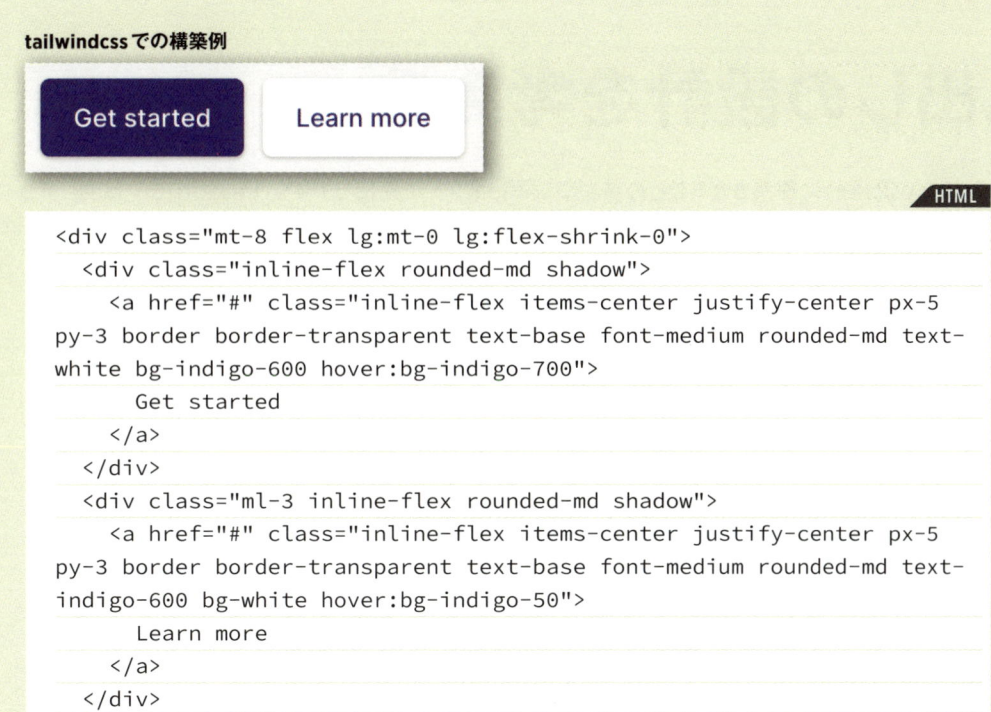

tailwindcssでの構築例

HTML

```html
<div class="mt-8 flex lg:mt-0 lg:flex-shrink-0">
  <div class="inline-flex rounded-md shadow">
    <a href="#" class="inline-flex items-center justify-center px-5
py-3 border border-transparent text-base font-medium rounded-md text-
white bg-indigo-600 hover:bg-indigo-700">
      Get started
    </a>
  </div>
  <div class="ml-3 inline-flex rounded-md shadow">
    <a href="#" class="inline-flex items-center justify-center px-5
py-3 border border-transparent text-base font-medium rounded-md text-
indigo-600 bg-white hover:bg-indigo-50">
      Learn more
    </a>
  </div>
</div>
```

見出しの設計を考える

ボタンと並んで汎用的に使用されることの多いコンポーネントが見出しです。Lesson18では見出しの効率的な設計について考えていきます。

見出しの使われ方とその設計

見出しとは、文書を伝えたい内容によって複数のセクションに分割した際に、そのセクションの内容を端的に伝えるタイトル文言であり、情報構造上もページデザイン上も非常に重要なコンポーネントです。まずは見出しならではの使われ方の特徴と、それを踏まえた適切な設計を見ていきましょう。

見出しは文書構造を決定する重要な要素

LESSON 18 ▶ 18-01

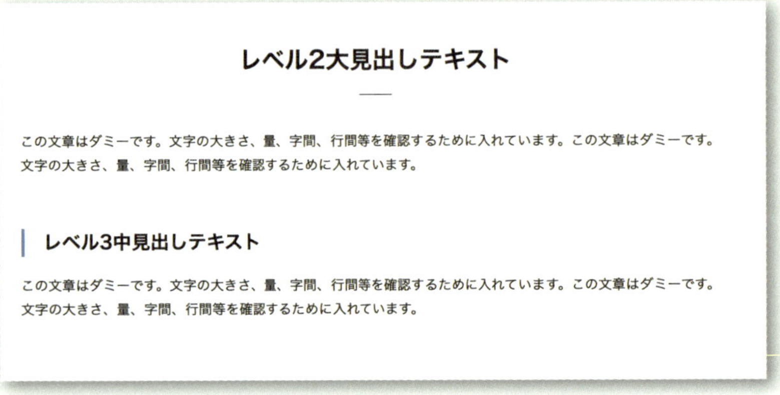

レベル2大見出しテキスト
この文章はダミーです。文字の大きさ、量、字間、行間等を確認するために入れています。この文章はダミーです。文字の大きさ、量、字間、行間等を確認するために入れています。
レベル3中見出しテキスト
この文章はダミーです。文字の大きさ、量、字間、行間等を確認するために入れています。この文章はダミーです。文字の大きさ、量、字間、行間等を確認するために入れています。

HTML

```
<section class="section">
  <h2 class="heading-lv2">レベル2大見出しテキスト</h2>
  <p>この文章はダミーです。…省略</p>
```

```
  <section class="sub-section">
    <h3 class="heading-lv3">レベル３中見出しテキスト</h3>
    <p>この文章はダミーです。…省略</p>
  </section>
</section>
```

サンプル18-01は簡単なセクション構造と見出しレベルの関係です。セクションが入れ子になり、情報の階層が1つ下がったら、そのセクションの見出しレベルも1つ下げるというように、情報の階層構造に応じ適切にレベル（h1～h6）を使い分ける必要があります。

デザイン面では、同じレベルの見出しは同じデザインで統一することで視覚的にも情報の区切りを明示しデザインの統一感も担う重要な役割を持っているため、一般に見出しレベルとそれに対応するスタイルは一致しているというのがデザインにおける常識です。

しかし、実際には**HTMLで表現する情報の階層構造に伴う見出しレベルと、デザイン表現上の見出しスタルは必ずしも一致するとは限りません**。そこに見出し設計の難しさがあります。

Memo

Webでも読み物中心の記事ページのデザインに限って言えば、書籍の誌面デザインのように情報の階層構造上の見出しレベルとそれに対応する見出しスタイルは基本的に一致しています。

見出しの構造とスタイルは常に一致するわけではない

LESSON 18 ▶ 18-02

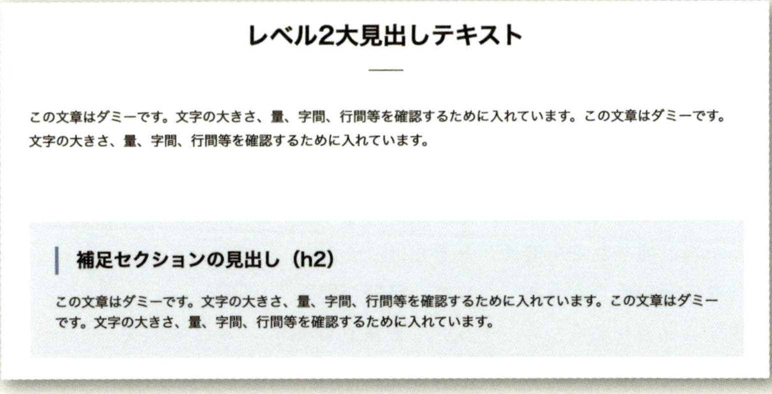

レベル2大見出しテキスト
この文章はダミーです。文字の大きさ、量、字間、行間等を確認するために入れています。この文章はダミーです。文字の大きさ、量、字間、行間等を確認するために入れています。
補足セクションの見出し（h2）
この文章はダミーです。文字の大きさ、量、字間、行間等を確認するために入れています。この文章はダミーです。文字の大きさ、量、字間、行間等を確認するために入れています。

HTML

```
<section class="section">
  <h2 class="heading-lv2">レベル２大見出しテキスト</h2>
  <p>この文章はダミーです。文字の大きさ、量、字間、行間等を確認するために入れています。この文章はダミーです。文字の大きさ、量、字間、行間等を確認するために入れています。</p>
</section>
<aside class="aside-section">
  <h2 class="heading-lv3">補足セクションの見出し（h2）</h2>
```

```
  <p>この文章はダミーです。文字の大きさ、量、字間、行間等を確認するために入れています。この文章はダミーです。文字の大きさ、量、字間、行間等を確認するために入れています。</p>
</aside>
```

CSS

```
/*Lv2*/
.heading-lv2 { /*h2に直接スタイルを当ててはいけない*/
  display: flex;
  flex-direction: column;
  align-items: center;
  margin-bottom: 40px;
  font-size: 28px;
  line-height: 1.5;
}
.heading-lv2::after {
  content: "";
  display: block;
  width: 40px;
  margin-top: 15px;
  border-top: 1px solid;
}
/*Lv3*/
.heading-lv3 { /*h3に直接スタイルを当ててはいけない*/
  margin-bottom: 20px;
  padding-left: 1em;
  border-left: 4px solid #558ebd;
  font-size: 22px;
  line-height: 1.5;
}
```

サンプル18-02では構造上の見出しレベルと表現上の見出しレベルにズレがあるため、同じ見出しスタイルであっても適用されるHTML要素が異なります。コンポーネントは様々な場所で再利用される可能性があるため、元の場所と再配置先では情報の階層が異なるということもありえます。階層が異なれば基本的に見出しレベルも変更する必要があるため、そういう意味でも見出しレベルに直接スタイルを当てていると問題が発生する頻度が非常に高くなるのです。

BEMを始めとするあらゆるCSS設計では常に「要素に対して直接スタイル指定してはいけない」と言われますが、その事例として一番に挙げられるほど、**見出しは特に要素とスタイルが一致しない典型的なコンポーネントです。** CSSを設計する時には常にそのことを頭に入れておく必要があります。

サブタイトルが付属する場合

見出しは単純に見出しテキストのみで構成されるとは限りません。サブタイトルや英字タイトルが見出しテキストの上または下、もしくはその両方に付くような場合があります。このような場合の見出しの設計は、「どのようにマークアップするか」「付属要素を取り外し可能な状態にするにはどうしたら良いか」といったことを考える必要があります。

見出しの下にサブタイトルが付く場合

LESSON 18 ▶ 18-03

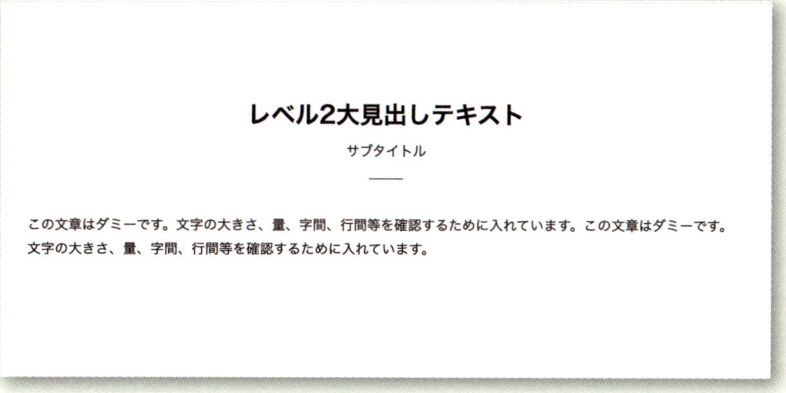
レベル2大見出しテキスト
サブタイトル
この文章はダミーです。文字の大きさ、量、字間、行間等を確認するために入れています。この文章はダミーです。文字の大きさ、量、字間、行間等を確認するために入れています。

HTML

```
<h2 class="heading-lv2">
  <span class="heading-lv2__main">レベル2大見出しテキスト</
span>
  <span class="heading-lv2__sub">サブタイトル</span>
</h2>
```

CSS

```
/*Lv2*/
.heading-lv2 {
  display: flex;
  flex-direction: column;
  align-items: center;
  margin-bottom: 40px;
  line-height: 1.5;
}
.heading-lv2::after { /*罫線は必須なので親の擬似要素で設定する*/
  content: "";
```

```
  display: block;
  width: 40px;
  margin-top: 20px; /* サブタイトルの有無に関わらず罫線上の余白を確保する */
  border-top: 1px solid;
}
.heading-lv2__main {
  font-size: 28px;
}
.heading-lv2__sub {
  margin-top: 10px; /* サブタイトルとその上の余白をセットにしておく */
  font-size: 16px;
  font-weight: normal;
}
```

マークアップに関してはひとまず置いておくとして、CSS設計する際に気を付けるべきポイントは、「**サブタイトルがないパターンも想定する**」という点です。

まず見出し自体の罫線装飾は、サブタイトルの有無に関わらず必須の装飾要素ですので、親Blockのheading-lv2のafter擬似要素で表現します。また、罫線からテキストの下端までの余白についても、after擬似要素のmargin-topで設定しておきます。サブタイトルのmargin-bottomで設定してしまうと、サブタイトルがなかった場合に適切な余白が維持できないからです。

メインタイトルとサブタイトルの間は10pxの余白を取りますが、下にサブタイトルがある場合、この余白は**サブタイトル側のmargin-topに付ける**ようにしておきましょう。サブタイトルとメインタイトルの間の余白はサブタイトルがなければ不要となるものですので、余白もセットにしておいたほうが分かりやすいからです。

また今回は親Block自体をdisplay: flexにしてレイアウトしていますが、この場合**flexアイテムである子要素同士はmargin相殺が効かなくなる**ため、メインタイトル側のmargin-bottomに10pxを付けてしまうと、サブタイトルがない場合に隣接する罫線のmargin-top: 20pxと足されて30pxの余白となってしまう物理的な問題も生じてしまいます。

Memo

親がdisplay: blockなどで子要素同士のmargin相殺が効く状態であればメインタイトルのmargin-bottomに10pxを付けても罫線のmargin-top: 30pxと相殺されて、サブタイトルがなくてもレイアウト上の問題は出ませんが、相殺が発生していること自体があまり好ましくないため、やはり避けたほうが良いでしょう（margin相殺についてはp.257を参照）。

見出しバリエーションと余白の設定

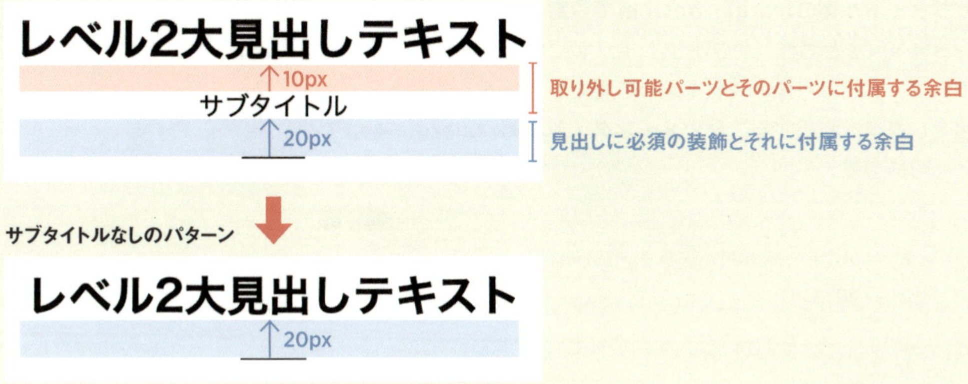

見出しの上にサブタイトルが付く場合

LESSON 18 ▶ 18-04

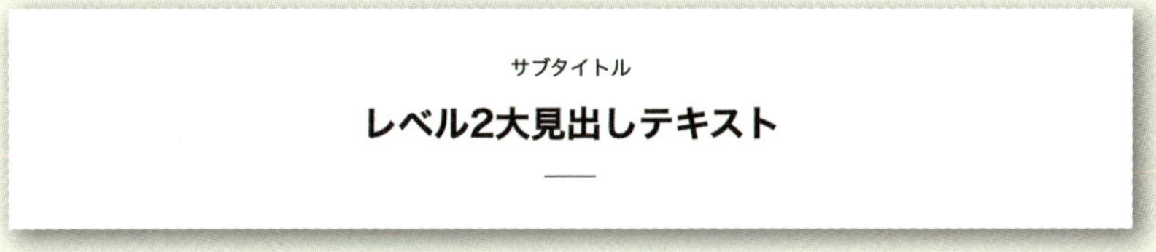

HTML

```
<h2 class="heading-lv2">
  <span class="heading-lv2__sub">サブタイトル</span>
  <span class="heading-lv2__main">レベル2大見出しテキスト</
span>
</h2>
```

CSS

```
/*Lv2*/
～省略～
.heading-lv2__sub {
  margin-bottom: 10px; /*サブタイトルとその下の余白をセットにしておく*/
  font-size: 16px;
  font-weight: normal;
}
```

サブタイトル（意味的にはタイトルではなく短いキャッチコピー的なものである場合もあります）がメインタイトルの上にある場合も、取り外しを想定した余白設定をしておくことが重要です。

サブタイトルが上にある場合、サブタイトルとメインタイトルの間の余白については**サブタイトル側のmargin-bottomで設定**しておきましょう。こうすればサンプル18-03と同様、サブタイトルがなくなった場合には余白も一緒に消えるので、見出し自体のスタイルに影響を与えなくて済みます。

また、**隣接セレクタを利用することでメインタイトル側のmargin-topで設定する**ことも可能です。

CSS

```
.heading-lv2__sub + .heading-lv2__main {
  margin-top: 10px;
}
```

このように、パーツの取り外しが可能となるように組む場合、隣接する要素との余白をどこに付けたら余白も一緒に削除されるのか、よく検討するようにしましょう。

マークアップのパターン

LESSON 18 ▶ 18-05

HTML

```
<!-- ①まとめてh2とする -->
<h2 class="heading-lv2">
  <span class="heading-lv2__main">レベル2大見出しテキスト</span>
  <span class="heading-lv2__sub">サブタイトル</span>
</h2>

<!-- ②h2とpに分割する -->
<div class="heading-lv2">
  <h2 class="heading-lv2__main">レベル2大見出しテキスト</h2>
  <p class="heading-lv2__sub">サブタイトル</p>
</div>
```

最後にマークアップのパターンを検討してみます。

①のようにh2などの見出し要素の中をspan要素で分割した場合、見た目上はメインタイトルとサブタイトルを別物として扱うことができますが、文書のアウトライン上に出現する見出しテキストは「メインタイトルサブタイトル」という**連結された1つの文字列**となります。明確に2つで1つの見出しとして見せたいといった意図がある場合はこのパターンで良いでしょう。

②は見出しブロックをdivで囲み、メインタイトルのみをh2、サブタイトルはpでマークアップする案です。こちらはサブタイトルのほうは見出し要

Memo

②の場合、セクション要素を明示したマークアップであるならdivではなくheader要素を使ったほうが文書構造をよりセマンティックに表現できます。

素から外れていますので文書のアウトライン上に現れるのは**h2のメインタイトル文言のみ**となります。サブタイトル側が見出しを補足するテキストであったり、キャッチコピー的な文章なのであれば、そこまで見出しとしてアウトライン上に載せるのはやりすぎであると思われるため、メインタイトルのみを見出し要素としておくのが適切でしょう。

どちらが適切かはその文書の意図によるので、都度判断する必要があります。

見出しの周囲に別のパーツが付属する場合

見出しは基本的に各セクションの冒頭に置かれるものであるため、そのセクションの「ヘッダー領域」に配置したい他のコンポーネントとレイアウト的に一体化した形でデザインされることもあります。付属要素がある場合の設計について考えてみましょう。

付属パーツがあることが最初から分かっている場合

LESSON 18 ▶ 18-06

HTML

```html
<div class="heading-lv2">
  <h2 class="heading-lv2__title">レベル２大見出しテキスト</h2>
  <p class="heading-lv2__btn"><a href="#" class="btn btn--xsmall">一覧へ</a></p>
</div>
```

CSS

```css
/*Lv2*/
.heading-lv2 { /*見出し要素の親Blockに枠スタイルを指定*/
  display: flex;
  justify-content: space-between;
  align-items: center;
  margin-bottom: 40px;
```

```
    padding: 10px 0 10px 20px;
    border-left: 4px solid #558ebd;
    border-bottom: 1px solid #ccc;
    line-height: 1.5;
  }
  .heading-lv2__title { /*見出し要素にはテキストスタイルのみ指定*/
    font-size: 28px;
  }
  .heading-lv2__btn {
    flex-shrink: 0; /*テキストが長くなった時でもサイズが変わらないようにする*/
    margin-left: 20px; /*テキストとボタンの間に適切な余白を維持する*/
  }
```

比較的よくあるのが見出しの右端に一覧や詳細へのリンクボタンが付くケースです。この手の見出しは、リンクボタンがあったりなかったりどちらもありえると考えたほうが良いので、見出し本体とリンクボタンは別Blockとし、取り外し可能な状態にしておく必要があります。

まずマークアップ面での注意点は、**見出し要素の中に直接リンクボタンを入れてしまわない**ことです。デザイン的には見出し枠の中にリンクボタンが配置されて一体化しているように表現されていますが、一覧リンクのボタン自体は明らかに「見出し」ではないからです。デザインに引きずられて見出し要素の中に入れてしまわないように注意しましょう。

スタイル指定する時の注意点は以下の3点です。

- リンクボタンは取り外し可能であること
- 見出しテキストが長くなった場合にボタンとテキストが被らないこと
- リンクボタンがなければ端まで全てテキストが入る領域となること

この条件を一番簡単に実現できるのは、最初から見出しとリンクボタンをflexで横並びにしておき、見出し枠のスタイル自体はflexコンテナに設定しておくことです。渡されたデザインカンプを見て最初からこのパターンがあることが分かっている場合には、付属要素があってもなくてもこのスタイルの見出しを利用する時は親要素ごと配置するようにしておけばどちらのパターンでも問題なく対応が可能です。

▶ 付属パーツがあることが後から判明した場合

HTML

```
<div class="heading-lv2-wrap">
  <h2 class="heading-lv2-wrap__title heading-lv2">レベル2大見出しテキスト</h2>
  <p class="heading-lv2-wrap__btn"><a href="#" class="btn btn--xsmall">一覧へ</
a></p>
</div>
```

CSS

```
/*Lv2*/
.heading-lv2 { /*見出し要素に直接スタイルを指定してある*/
  display: flex;
  justify-content: space-between;
  align-items: center;
  margin-bottom: 40px;
  padding: 10px 0 10px 20px;
  border-left: 4px solid #558ebd;
  border-bottom: 1px solid #ccc;
  line-height: 1.5;
  font-size: 28px;
}
/*後から付属要素があるパターンを追加（絶対配置）*/
.heading-lv2-wrap {
  position: relative;
}
.heading-lv2-wrap__btn { /*絶対配置で右端に配置*/
  position: absolute;
  right: 0;
  top: 50%;
  transform: translateY(-50%);
}
.heading-lv2-wrap__title { /*テキストがボタンに被らないように余
白を追加*/
  padding-right: 100px;
}
```

少々困るのが、当初は付属パーツがあるパターンがなく、単独の見出し要素として設計して、既に多くの場所で利用してしまってから、後で付属パーツ付きのパターンが判明した場合です。

既に多くの場所で単独の見出し要素として使ってしまっているものを、後から全てサンプル18-06のような形に直すのは影響が大きすぎるため、見出し枠のスタイルは見出し要素自身に持たせたまま、ボタン付きの見出しパターンを別途追加する必要が出てきます。

この場合、ボタン付き見出しレイアウトを実現するためのブロックを追加し、既存の見出し要素の上にposition: absoluteでボタンを被せるようにするのが一番簡単な方法と思われます。

ただしabsoluteで被せる場合は見出しテキストとボタンが被らないように、見出しの右側にボタン領域分の余白を確保しておく必要があります。

absoluteで上から被せた場合の問題

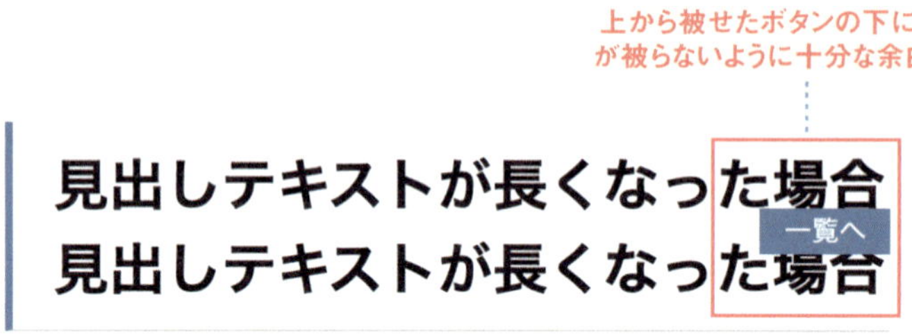
上から被せたボタンの下にテキスト
が被らないように十分な余白が必要
見出しテキストが長くなった場合
一覧へ
見出しテキストが長くなった場合

absoluteで上からボタンを被せるパターンは、簡単ではありますが**「ボタンのサイズと見出しのテキスト領域のサイズが連動しない」**という仕様上の弱点があります。上に被せるボタンの文字数が固定であれば、見出し側の余白サイズも固定で設定しておけば良いだけなので問題は生じませんが、ボタンの文字数が不定でサイズにバラツキが出る場合、見出しのテキストがボタンに被ってしまって読めない状態になる可能性もあります。

これを避けるためには、ボタン付き見出しレイアウト用の親ブロックを追加した場合だけ、見出し要素自身に付けてある見出し枠スタイルを打ち消して親ブロック側に移動させ、サンプル18-06と同じようにflexでレイアウトするようにしておくしかないかと思われます。

いずれにせよ、新たなパターンが追加されても既に使用している既存の見出しブロック自体には影響がないようにしておくことが重要です。

見出しに関してはこのように付属パーツを後から追加するような拡張がありがちですので、拡張性を重視するのであれば仮にデザインカンプになくても最初からサンプル18-06のように親要素を追加してそちらに見出しスタイルを適用するようにしておくというのも1つの方法かと思います。

余白の設計を考える

余白の設計はCSS設計の中でも最も難しいと言われるものの1つです。Lesson19では、どういう点に気を付けたら良い設計になるのか、そのポイントを解説していきます。

要素同士のmarginはtopかbottomか？

余白の設計で最初に遭遇する問題は、要素同士の垂直方向の余白をmargin-top／margin-bottomのどちらをベースに設計するか？　という点です。まずはこの点について考えてみましょう。

marginの相殺

まず、見た目を再現することだけを考えるならばmargin-topとmargin-bottomのどちらでも実現可能です。しかし開発効率や保守性を考えた場合、どちらかに統一するのが一般的です。その理由は、**「marginの相殺」**をできるだけ避けるためです。

marginの相殺

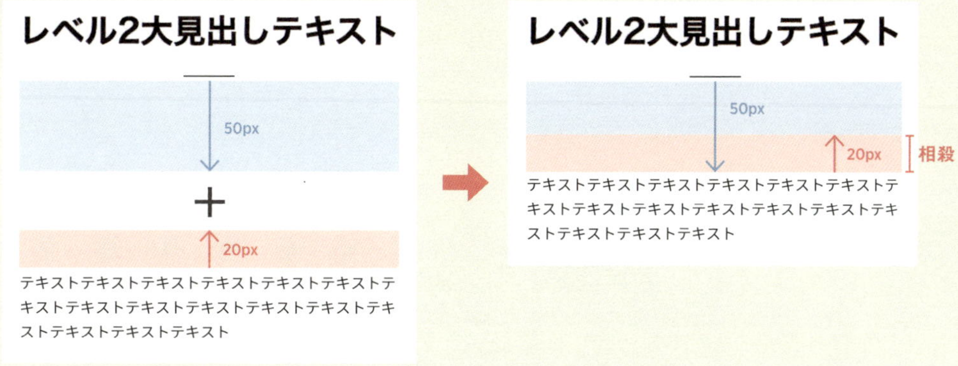

図のように、見出し側にmargin-bottom: 50px、テキスト側にmargin-top: 20pxが設定されていた場合、足して70pxになるのではなく、大きいほうの値である50pxだけが適用されるのがmarginの相殺です。この仕様をうまく利用して設計することも可能ではありますが、かなり難易度が高いので、一般的には**できるだけmarginの相殺が発生しないように上下どちらか片側だけに付けるようにする**のがベストプラクティスとされています。

margin-topかmargin-bottomか

marginの相殺を避けるためにどちらか一方で統一するとして、どちらに統一するのが良いのでしょうか？ これは昔から意見が分かれる点ですが、「上から順番に書いていくのでmarginは下に付けたほうが自然」という理由からmargin-bottomで統一する人のほうが若干多いような印象です。筆者も以前はmargin-bottomで統一していました。

ただ、近年はmargin-topで統一するように変えています。その理由は、「要素同士の余白は新たに要素が下に追加された時に発生するものであり、その余白は追加されたほうの要素に由来するのだからmargin-topで付けたほうが自然ではないか？」と考えるようになったためです。

正直このあたりは個人の感覚によるところもありますのでどちらが正しいというものではありません。ただ、後から追加される要素のmargin-topに余白を付けるルールにしておくと、不要な要素間の余白調整があまり必要にならないことが多いと感じます。

margin-topとmargin-bottomの余白設計

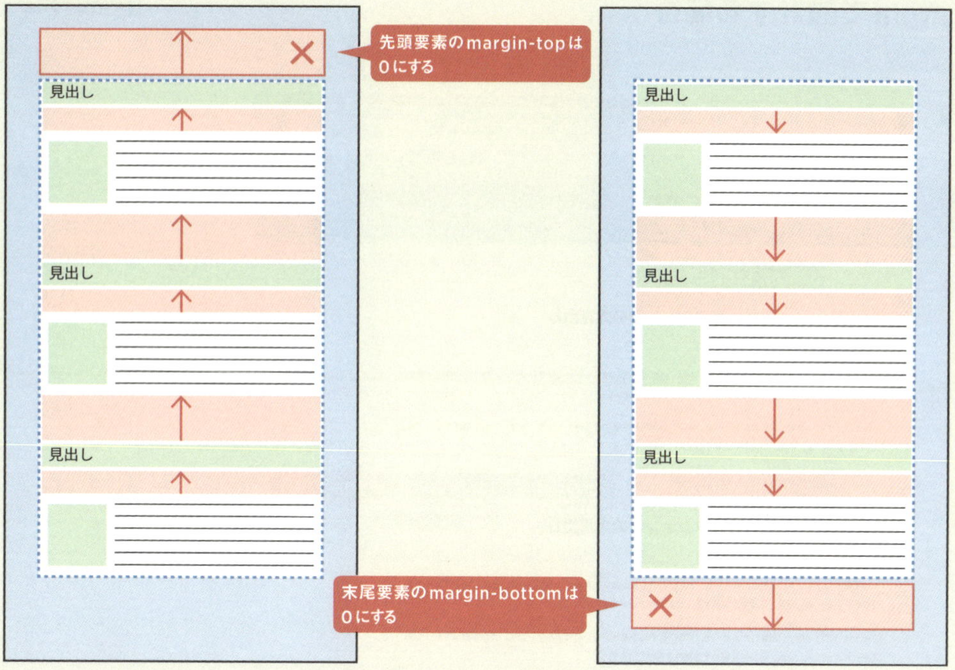

　また、margin-bottomで統一した場合、必ず一番最後の要素の下マージンを何らかの方法で処理しなければなりません。同じことはmargin-topで統一した場合でも発生しますが、末尾の要素は常に不確定であるのに対し先頭の要素はなくなることはありません。不確定要素が少ない分だけ考えることも少なくて済むため、僅かな差ではありますが、個人的にはmargin-topのほうがシンプルに作れるように思います。

セクションの余白はmarginかpaddingか？

　次に検討するのはセクション間の余白をどう設計するか？　という問題です。セクションは、特定のテーマについてまとめられたコンテンツのかたまりです。したがって、デザイン上ではセクション同士の間には大きめの余白を取ってコンテンツ同士を区別するようにするのが定石です。この余白はmarginで取るのが良いのか、それともpaddingで取るのが良いのか、それぞれのケースで見てみましょう。

margin で設計する場合

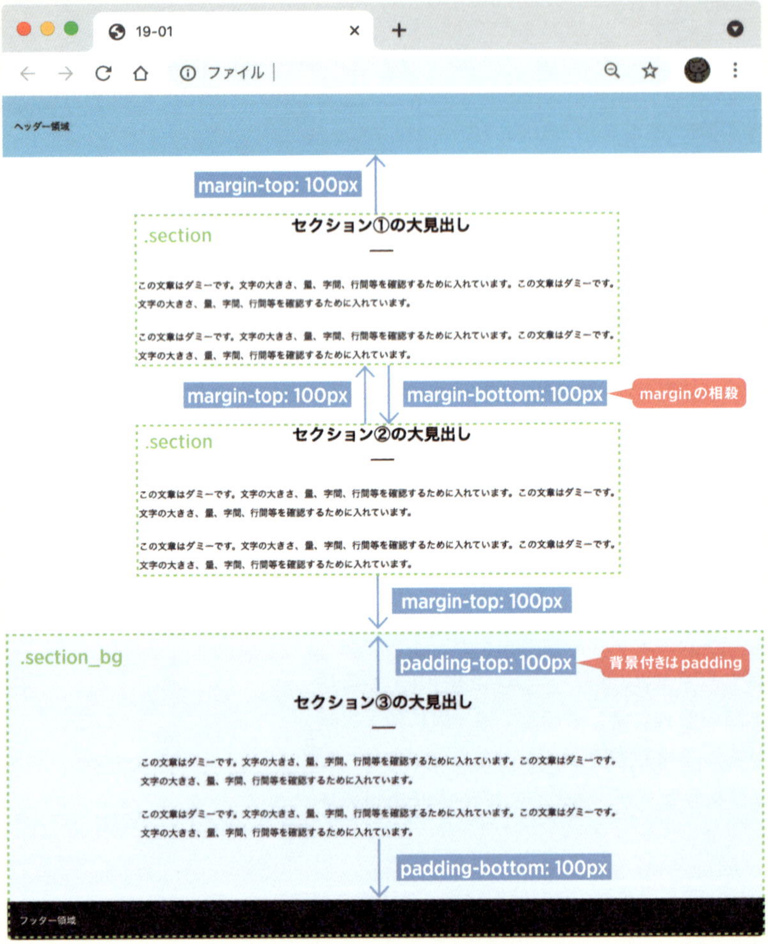

HTML

```
<section class="section">
  <h2 class="heading-lv2">セクション①の大見出し</h2>
  <p>この文章はダミーです。文字の大きさ、～省略～</p>
</section>
<section class="section">
  <h2 class="heading-lv2">セクション②の大見出し</h2>
  <p>この文章はダミーです。文字の大きさ、～省略～</p>
</section>
<section class="section-bg">
  <h2 class="heading-lv2">セクション③の大見出し</h2>
  <p>この文章はダミーです。文字の大きさ、～省略～</p>
</section>
```

CSS

```
/*背景色なし*/
.section {
  margin-top: 100px;
  margin-bottom: 100px;
}
/*背景色あり*/
.section-bg {
  margin-left: calc(50% - 50vw);
  margin-right: calc(50% - 50vw);
  padding-left: calc(50vw - 50%);
  padding-right: calc(50vw - 50%);
  padding-top: 100px;
  padding-bottom: 100px;
  background-color: #edf3fa;
}
```

セクション①と②のようにデザイン的に大見出しの上に大きく余白を取る形でセクション間の余白を確保するようなケースでは、marginで余白を取っても特に問題はなさそうです。各セクションとも上下に100pxずつの余白を付けたとしても、margin同士であれば隣接した場合には相殺されて100pxだけ設定されるので、余白の片側処理問題も考える必要がありません。

margin相殺は不用意に発生してしまうことは避けるべきですが、このケースのように意図的に相殺を利用して設計することはその限りではありません。ただ、③のように背景色を伴うセクションの場合は、どうしてもpaddingで上下の余白を確保する必要があるため、同じレベルのセクションで余白サイズも同一であるにも関わらず、**背景付きのセクションと背景なしのセクションで別ブロックにしなければならない**のが難点です。

paddingで設計する場合

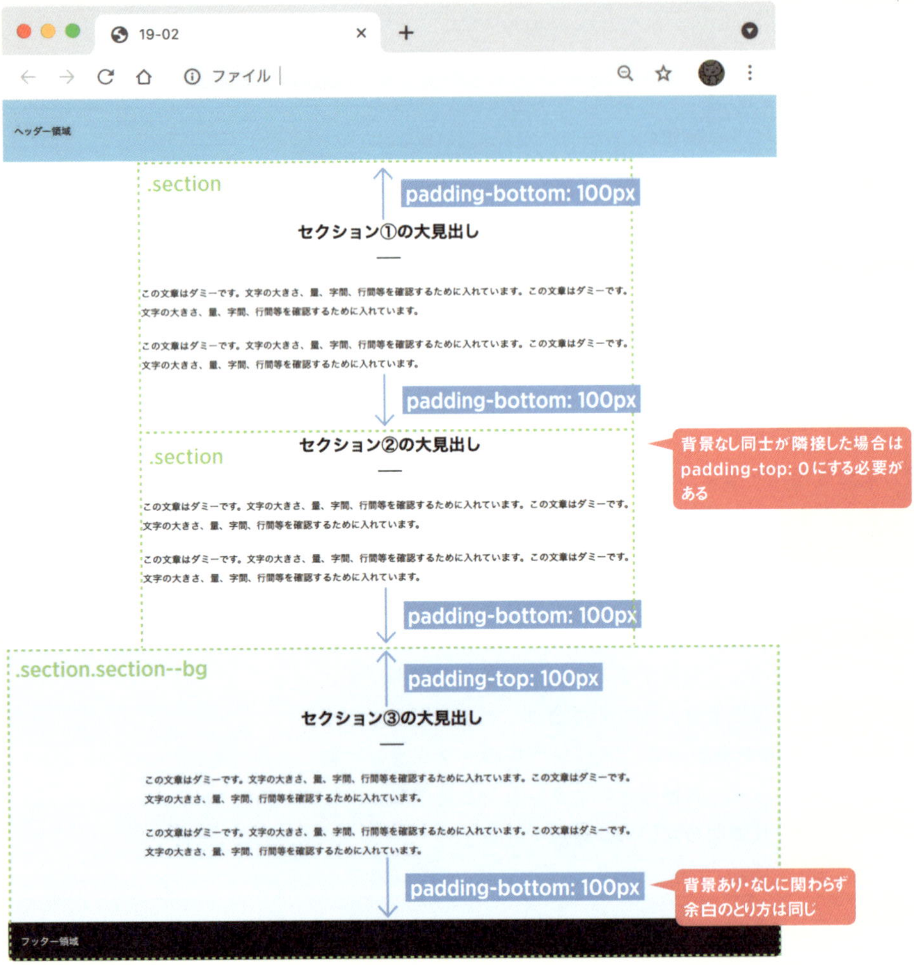

19-02
ファイル
ヘッダー領域
.section
padding-bottom: 100px
セクション①の大見出し
この文章はダミーです。文字の大きさ、量、字間、行間等を確認するために入れています。この文章はダミーです。文字の大きさ、量、字間、行間等を確認するために入れています。
この文章はダミーです。文字の大きさ、量、字間、行間等を確認するために入れています。この文章はダミーです。文字の大きさ、量、字間、行間等を確認するために入れています。
padding-bottom: 100px
.section
セクション②の大見出し
背景なし同士が隣接した場合はpadding-top: 0にする必要がある
この文章はダミーです。文字の大きさ、量、字間、行間等を確認するために入れています。この文章はダミーです。文字の大きさ、量、字間、行間等を確認するために入れています。
この文章はダミーです。文字の大きさ、量、字間、行間等を確認するために入れています。この文章はダミーです。文字の大きさ、量、字間、行間等を確認するために入れています。
padding-bottom: 100px
.section.section--bg
padding-top: 100px
セクション③の大見出し
この文章はダミーです。文字の大きさ、量、字間、行間等を確認するために入れています。この文章はダミーです。文字の大きさ、量、字間、行間等を確認するために入れています。
この文章はダミーです。文字の大きさ、量、字間、行間等を確認するために入れています。この文章はダミーです。文字の大きさ、量、字間、行間等を確認するために入れています。
padding-bottom: 100px
背景あり・なしに関わらず余白のとり方は同じ
フッター領域

HTML

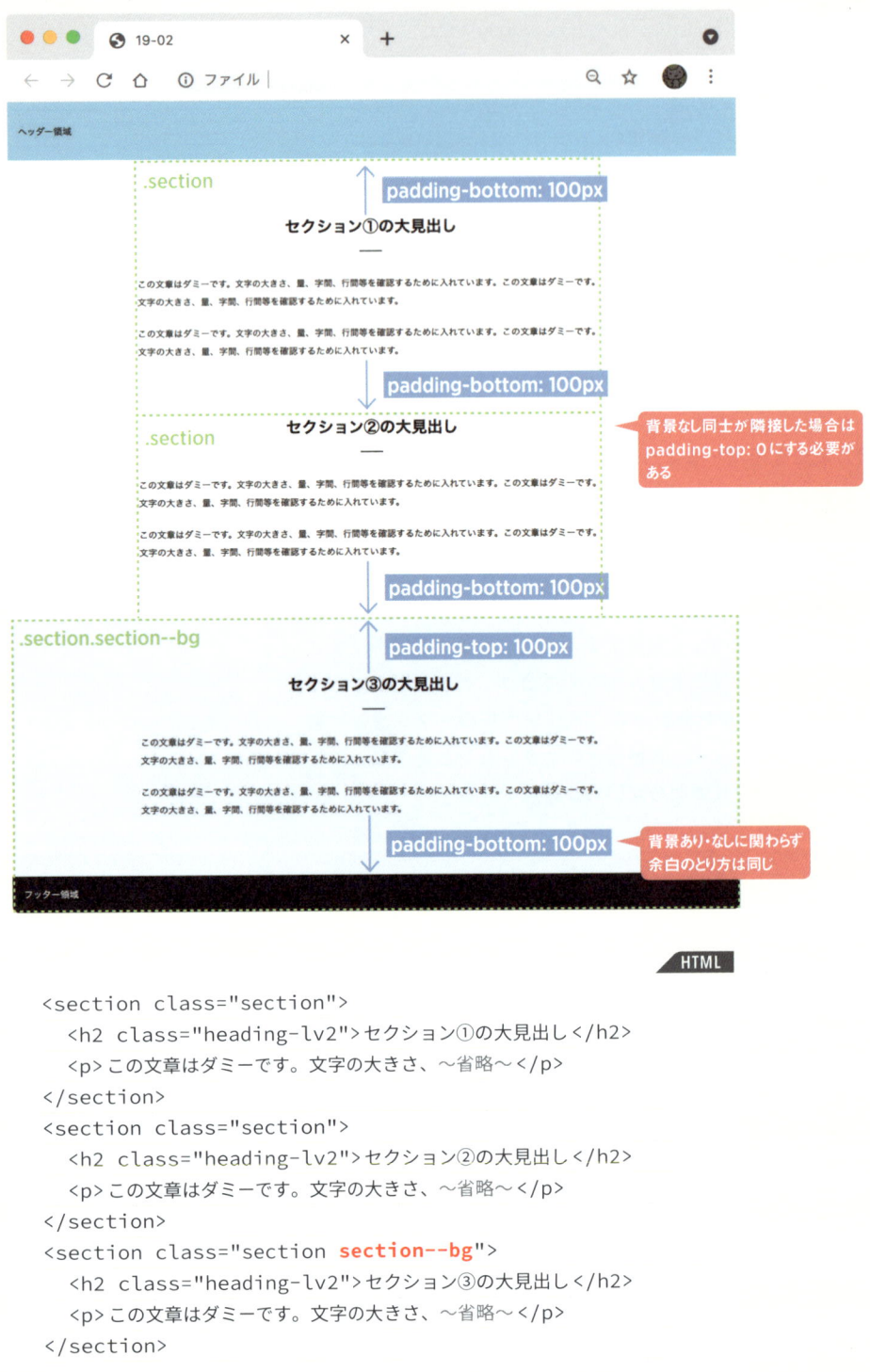

```html
<section class="section">
  <h2 class="heading-lv2">セクション①の大見出し</h2>
  <p>この文章はダミーです。文字の大きさ、～省略～</p>
</section>
<section class="section">
  <h2 class="heading-lv2">セクション②の大見出し</h2>
  <p>この文章はダミーです。文字の大きさ、～省略～</p>
</section>
<section class="section section--bg">
  <h2 class="heading-lv2">セクション③の大見出し</h2>
  <p>この文章はダミーです。文字の大きさ、～省略～</p>
</section>
```

CSS

```
/*セクション間隔（共通）*/
.section {
  padding-top: 100px;
  padding-bottom: 100px;
}
/*背景なしのセクションが隣接した場合の調整*/
.section:not(.section--bg) + .section:not(.section--bg)
{
  padding-top: 0;
}
/*背景色付き*/
.section--bg {
  margin-left: calc(50% - 50vw);
  margin-right: calc(50% - 50vw);
  padding-left: calc(50vw - 50%);
  padding-right: calc(50vw - 50%);
  background-color: #edf3fa;
}
```

こちらは同じデザインのセクション余白をpaddingで設計したケースです。背景色の有無に関わらず同じレベルのセクションは同じBlockで上下paddingを設定し、背景色については別途Modifierで色を指定しています。色が付く付かないに関わらず、同じレベルのセクションに同じ余白が設定されているのですから、意味合い的にも同一コンポーネントとして設計したほうが自然です。上下余白をpaddingで指定することで、同一コンポーネントとして運用することが可能となりますので、その点がpaddingで余白を取ることのメリットです。

ただし、marginと違ってpaddingは上下の相殺が効かないので、背景色なしのセクションが連続する場合には余白量が2倍になってしまいます。この点に関しては**隣接セレクタを活用して、背景色なしのセクションコンポーネントが連続した場合だけpadding-topを0にする**指定を入れておくことで解決できます。

近年のデザイントレンドとしてはセクションごとに交互、あるいは任意の複数のセクションに対して背景色を付けることが一般的になっています。セクション間の余白に関しては、margin／paddingともにそれぞれメリットとデメリットがありますが、背景色が付くことが例外ではないことを考慮すると、セクション余白に関してはpaddingで指定するほうに軍配が上がると言って良いでしょう。

Memo

背景なしセクションの連続が例外的でまれにしか発生しないのであれば、そこだけユーティリティclassで打ち消しをすることもできますが、機械的に処理できるものはできるだけ自動設定されるようにしておいたほうが効率的です。

セクション内の先頭・末尾の要素の余白調整

各セクションごとに上下にpaddingで余白が設定されることを前提とする場合、セクション内コンテンツの先頭要素と末尾要素に付いているmarginが相殺されずに邪魔になることが想定されます。不要となるmarginだけユーティリティclassで打ち消すこともできますが、それではコンポーネントの流用性に支障が出てあまり好ましくないので、以下のような形で自動的に打ち消されるようにしておきましょう。

セクション内の最後の要素のmargin-bottomを0に

LESSON 19 ▶ 19-03

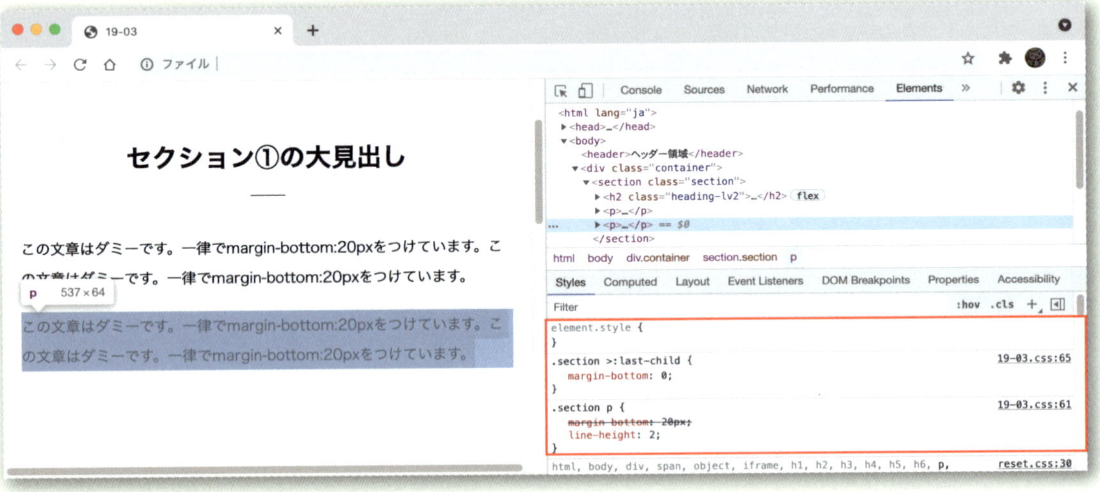

CSS

```
.section >:last-child {
  margin-bottom: 0;
}
```

Memo

対象を子セレクタで絞っておかないと、孫要素以下の:last-childにも影響が出てしまうので注意してください。また、要素間のmarginをmargin-topとしている場合はセクション末尾のmargin処理は不要です。

コンテンツに対してmargin-bottomで統一して余白を付けている場合、セクション内の末尾の要素のmargin-bottomは必ず0としなければなりません。「末尾の要素」は:last-child、「セクション直下の子要素」は子セレクタ(>)で指定できるので、上記のように指定しておくことでどんなものが来たとしても自動的に末尾の要素のmargin-bottomを0にしておくことができます。

セクション内の最初の要素のmargin-topを0に

LESSON 19 ▶ 19-04

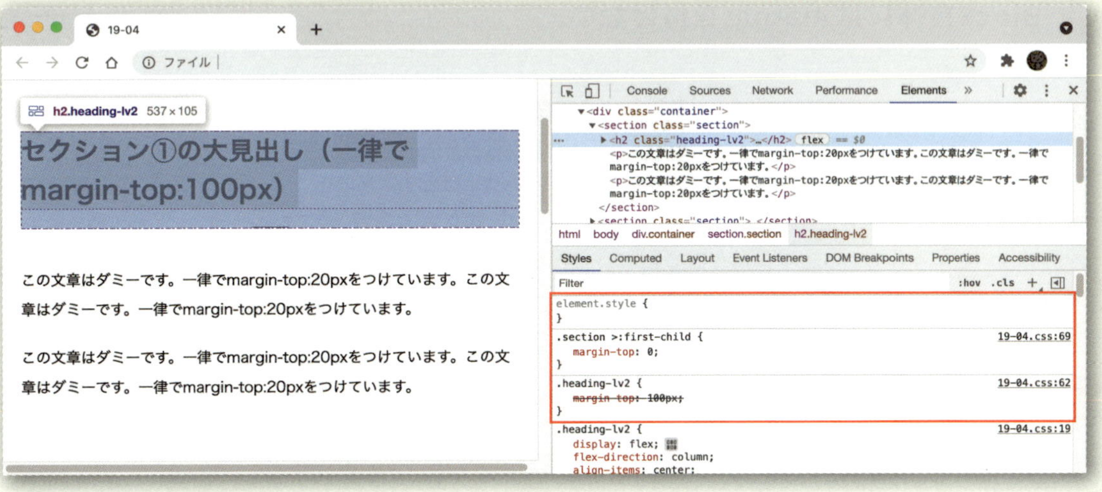

CSS

```css
.section >:first-child {
  margin-top: 0;
}
```

同様に、セクション内の最初の要素のmargin-topも不要なはずですので、こちらは:first-childでmargin-topを0にしておくこともできます。ただし、margin-bottomで統一している場合には先頭の要素に上マージンが付くことはありませんので、こちらはmargin-topで統一しており、かつセクション先頭に配置された要素に万が一margin-topが付いていた場合に、それを無効化するための措置となります。

Memo

複雑なレイアウトの場合、セクションの先頭に来る要素に敢えてmargin（ネガティブマージン含む）を取る必要が出てくることも考えられるので、先頭要素のmargin-topに関しては敢えて処理せず、必要な場合にのみユーティリティで打ち消しを入れる方法も考えられます。

余白はどこに付けるべきか？

最後に最も重要で難しいのが、余白を付ける場所のルールです。見た目を再現するだけならどこに付けようが自由である分、自ら考えて意図的にルール化しない限り保守しやすい設計にすることはできません。ここではBEMベースのCSS設計をしている場合に余白の付け方をどう考えたら良いかについて見ていきましょう。

Block自体にはmarginを付けない

LESSON 19 ▶ 19-05

このようなボタンが2つ隣り合わせに並んでいるレイアウトを実現したい場合、どのようにボタン同士の余白を設定したら良いでしょうか？

サンプル19-05（NG例）

HTML

```
<input type="reset" value="書き直す" class="btn btn--reverse">
<input type="submit" value="確認する" class="btn">
}
```

CSS

```
.btn {
  display: inline-block;
  width: 100%;
  max-width: 320px;
  margin: 0 20px; /*ボタン本体に直接margin*/
  ～省略～
}
```

上のコードはボタンのBlockに直接左右のmarginを20pxずつ設定してしまっていますが、これは良い例ではありません。2つ並びのボタンが中央配置なら良いのですが、左寄せ・右寄せの場合、ボタンの端が親Blockの端と揃わなくなってしまいます。マークアップ面でも単にbutton要素を2つ並べるだけでは、スマホ表示で縦積みする時にどうすれば良いのか頭を悩ませてしまいますし、そもそも縦積みの場合は必要なmarginは左右ではなく上下です。

このように、汎用的に使い回すコンポーネントのBlock自体に余白を付けてレイアウトしようとすると様々な問題が生じてしまいます。

サンプル19-05（OK例）

HTML

```
<div class="btns">
  <input type="clear" value="書き直す" class="btns__item btn btn--reverse">
  <input type="submit" value="確認する" class="btns__item btn btn--large">
</div>
```

CSS

```
/*ボタンレイアウト用*/
.btns {
  display: flex;
  flex-direction: column; /*SPでは縦並び*/
}
.btns__item + .btns__item { /*ボタンが2つ並ぶ場合だけボタン間に余白を付ける*/
  margin-top: 20px;
}
@media screen and (min-width: 768px) {
  .btns {
    flex-direction: row; /*PCでは横並び*/
  }
  .btns__item + .btns__item { /*PCではボタン間の余白を左に変更*/
    margin-top: 0;
    margin-left: 40px;
  }
}

/*ボタン本体*/
.btn {
  display: inline-block;
  width: 100%;
  max-width: 320px;
  /*margin: 0 20px; ボタンに直接marginは付けない*/
}
```

この問題の解決策は、**2つのボタンを内包する親Blockを追加して、レイアウトは親要素に指定、ボタン同士の余白も親要素のElementとして指定する**ことです。

Blockは他で使い回すことを前提とした、独立したコンポーネントである必要があります。余白は使いたい場所によって必要なサイズが異なることが多いため、様々な場所で使うことを前提とする**Blockにはmarginは付けない**のが鉄則です。

Blockの余白は常に親のBlockから指定する

先ほどの横並びのボタンを使って、上のようなフォーム画面を作ろうとした場合、横並びボタンBlockとフォームとの間の余白はどのように付けたら良いでしょうか？

サンプル19-06（NG例）

HTML

```
<form action="#" method="POST">
  //フォーム部分のソースは省略
  <div class="btns btns--center">
    <input type="reset" value="書き直す" class="btns__
item btn btn--reverse">
    <input type="submit" value="確認する" class="btns__
item btn btn--large">
  </div>
</form>
```

CSS

```
.btns {
  display: flex;
  flex-direction: column;
  margin-top: 60px; /*直接marginを付けるのは原則NG*/
}
～省略～
```

こちらは横並びボタンブロックを作るための.btnsに直接margin-top: 60pxを指定していますが、これはNGです。横並びボタンBlockの上の余白が常に60pxと決まっているわけではないからです。先ほど「Blockの外側へのmarginは付けない」と言いましたが、最小単位の汎用コンポーネントだけでなく、それらをラップしたレイアウトBlockであっても、それ自体が様々な場所で流用されるBlockですから、やはり同じようにBlock自体にmarginは付けないのが原則です。

サンプル19-06（OK例）

HTML

```
<form action="#" method="POST">
  <div class="form-layout">
    //フォーム部分のソースは省略
    <div class="form-layout__footer">
      <div class="btns btns--center">
        <input type="reset" value="書き直す" class="btns__item btn btn--reverse">
        <input type="submit" value="確認する" class="btns__item btn btn--large">
      </div>
    </div>
  </div>
</form>
```

CSS

```
.form-layout__footer {
  margin-top: 60px; /*親BlockのElementにmarginを付ける*/
}

.btns {
  display: flex;
  flex-direction: column;
  /*margin-top: 60px; Blockには原則marginを付けない*/
}
～省略～
```

この場合はサンプル19-05と同様、フォームとフォームの送信ボタンを内包するレイアウト用のBlockを追加し、そのElementとして横並びボタンに対しmargin-topを設定するようにしましょう。

つまり、**marginは常に親BlockのElementに対して設定します**。こうすることで、汎用的なBlock自体はどこでもそのまま流用できる状態を保つことができます。

このように、Block自体の独立性・流用性を担保しながら様々なレイアウトを実装するためには、必要に応じて余白や位置調整のためのレイアウト目的のBlockを用意して、BlockをBlockで囲むようにしながら構築していくのがベストプラクティスであると言えます。

しかし、このような作り方を杓子定規に適用していると、divの入れ子が際限なく深くなってしまいます。BEMではBlockを他のBlockのElementにする「Mix」の手法が許可されていますので、入れ子が深くなりすぎることが懸念される場合にはMixの手法も活用するようにしましょう。

そうすることで最小限の入れ子構造で親Blockから子Blockのmarginやレイアウトを制御できるようになります。

Memo

そのBlockが外部ファイルになっていて完全に全ての箇所で全く同じコードを流用しなければならない場合など、同一コードの流用が必要なコンポーネント設計の場合は、Mixではなく新規divで囲むようにしましょう。

MixによるBlockの入れ子構造

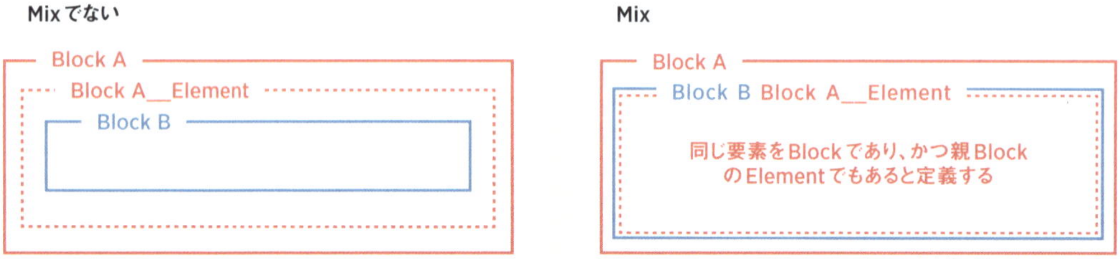


```
<div class=" blockA" >
  <div class=" blockA__
element" >
    <div class=" blockB" >…</
div>
  </div>
</div>
```

```
<div class=" blockA" >
  <div class=" blockB  blockA__
element" >
  …
  </div>
</div>
```

最上位に配置されるBlockのmarginをどうするか?

BlockをBlockで囲んでページを構築していくと、最終的にそれ以上親要素でまとめられない（まとめづらい）単位のBlockに行き着きます。具体的には、各セクションの直下に配置されるレベルのBlockがそれに該当します。各セクションの直下に配置されるBlock同士の間隔についてどのようなやり方があるのか見ていきましょう。

サンプルの余白設定

19-07
ファイル
ヘッダー領域
.section
100px（.sectionのpadding）
大見出しテキスト
この文章はダミーです。文字の大きさ、量、字間、行間等を確認するために入れています。この文章はダミーです。
文字の大きさ、量、字間、行間等を確認するために入れています。
この文章はダミーです。文字の大きさ、量、字間、行間等を確認するために入れています。この文章はダミーです。
文字の大きさ、量、字間、行間等を確認するために入れています。
.pickup
50px
この50pxをどうするか?
この文章はダミーです。文字の大きさ、量、字間、行間等を確認するために入れています。
このカード情報に対する説明テキストが入ります。このカード情報に対する説明テキストが入ります。このカード情報に対する説明テキストが入ります。このカード情報に対する説明テキストが入ります。このカード情報に対する説明テキストが入ります。このカード情報に対する説明テキストが入ります。
100px（.sectionのpadding）
フッター領域

①親セクションのElementとする

LESSON 19 ▶ 19-07

HTML

```
<section class="section">
  <h2 class="heading-lv2">大見出しテキスト</h2>
  <p>この文章はダミーです。～省略～</p>
  <div class="pickup section__item">
    <div class="pickup__card">～省略～</div>
  </div>
</section>
```

CSS

```
/*下層セクション*/
.section__item {
  margin-top: 50px;
}
```

まず1つ目の方法は、これまで解説してきた**「親BlockのElementにmarginを付ける」**という原則をセクション直下の大きなBlockに対しても厳密に適用する方法です。

この方法は他のBlockと共通したルールで運用できるため、迷いが少なく、1つ1つの余白自体をデザインに合わせて高度にカスタマイズできるメリットがあります。しかし、セクション直下のBlock同士の余白パターンが多数ある場合はBlock名／Element名を変えるか、modifierを付けるかするなど、やや設計に手間がかかるのが難点です。

②ユーティリティclassで余白を付ける

LESSON 19 ▶ 19-08

HTML

```
<section class="section">
  <h2 class="heading-lv2">大見出しテキスト</h2>
  <p>この文章はダミーです。～省略～</p>
  <div class="pickup u-mt50">
    <div class="pickup__card">～省略～</div>
  </div>
</section>
```

CSS

```
.u-mt0 {margin-top: 0 !important;}
.u-mt10 {margin-top: 10px !important;}
.u-mt20 {margin-top: 20px !important;}
.u-mt30 {margin-top: 30px !important;}
.u-mt40 {margin-top: 40px !important;}
.u-mt50 {margin-top: 50px !important;}
.u-mt60 {margin-top: 60px !important;}
.u-mt70 {margin-top: 70px !important;}
.u-mt80 {margin-top: 80px !important;}
.u-mt90 {margin-top: 90px !important;}
.u-mt100 {margin-top: 100px !important;}
```

2つ目の方法は、**余白専用のユーティリティclassで設定する**方法です。

あらかじめ用意しておいた余白専用のclassでその都度必要な余白サイズを付ければ良いので、分かりやすいのが最大のメリットです。BEMは本来ユーティリティの利用は想定していませんが、コンテキストから余白サイズが決定できず任意にBlock同士のmarginを決めたい場面ではやはりこの方法が便利なのは確かです。

ただし、レスポンシブのデザインではPCレイアウトとSPレイアウトで余白サイズが異なるケースというのはよくあること（むしろそのほうが多い）ですので、様々なパターンに対応できるよう、ユーティリティclassをあらかじめかなり充実させておく必要があります。

なおこの手法はコーディング優先で機械的に余白を付けて良い案件には向いていますが、ピクセルパーフェクトのようにデザインカンプを正確に再現することが求められる案件にはあまり向いていないと思われますので、導入を検討する際にはその点も考慮すると良いでしょう。

③margin専用のdivで囲む

LESSON 19 19-09

HTML

```
<section class="section">
  <h2 class="heading-lv2">大見出しテキスト</h2>
  <p>この文章はダミーです。～省略～</p>
  <div class="u-mt50"><!-- 余白専用div -->
    <div class="pickup">
      <div class="pickup__card">～省略～</div>
    </div>
  </div>
</section>
```

親セクションのElementとしてのclassを付ける方法でも、ユーティリティclassを付ける方法でも、基本的には子Block自身にマルチクラスで余白用のclassを付けることになります。同じコンポーネントであっても場所によって付与する余白のサイズが異なれば、当然余白用のclassも異なるものが付与されるので、コードベースでは完全に同一のBlockではなくなります。

コンテンツとレイアウトを分離し、Blockの独立性・流用性を最大限確保することを重視するのであれば、子Blockに直接余白コントロール用のclassを付与するのではなく、**必ずmargin専用のdivを追加してそちらに余白を指定することを徹底する**手法もあります。

このようにするとdivの入れ子が深くなるため、HTMLは複雑になりますが、Block自身の独立性を最大限維持することが可能です。ただしそのことで得られる実務上のメリットは、「Blockのコードをそっくりそのまま別のところで流用できる」という点にありますので、案件の特性によってはその恩恵をほとんど得られないこともあります。

④ Block自身にmarignを付ける

HTML

```
<section class="section">
  <h2 class="heading-lv2">大見出しテキスト</h2>
  <p>この文章はダミーです。～省略～</p>
  <div class="pickup">
    <div class="pickup__card">～省略～</div>
  </div>
</section>
```

CSS

```
/*Pickup*/
.pickup {
  margin-top: 50px;
}
```

最後は、**最も大きな粒度のコンポーネントに限ってBlock自身に固有のmarginを付ける**という方法です。これまで解説してきたmarginルールに反するやり方ではありますが、大きな粒度のBlockを他で流用することがほぼないことが分かっている場合には最も手軽なやり方となります。

各ページ各セクションがほぼ固有の独自Blockで構成されており、ページをまたいで流用されるBlockがあっても基本的に全て同じレイアウトで同じ場所に配置される（コンテンツとレイアウトが常に一体化している）ことがあらかじめ分かっている場合、Block自身にmarginを付けることで問題が生じることは実はほとんどありません。

- LPなどのペライチで構成されている場合
- ほぼ全てがページ固有のコンテンツであり、かつコンテンツごとに固有のレイアウト・余白を持たせる前提で作られている場合

このような事案であれば少なくともセクション直下に配置されるBlockに関してはBlockに直接marginを付けても許容範囲であると思われます。

Memo

Blockに直接marginを付けることを推奨しないことに変わりはありません。ケースバイケースで例外を認めていると特に複数人で運用するような案件では人によって判断のブレが生じて結果的に破綻が早まることになるので、少なくとも1つの案件の中ではmarginルールは統一するようにしましょう。

デザインと余白

デザイナーからデザインカンプをもらってコーディングするという実装の仕事をしていると、デザイナーによって「余白」に対する意識は本当に千差万別だということを強く感じます。余白も1つのデザインパーツのように捉え、並列コンテンツ同士の余白サイズを一定の数パターンにキッチリ統一しているような人もいれば、ありとあらゆる場所の余白が全部違うといった具合に、そもそも「余白をデザインする」という意識自体がないのではないか？　というような人もいます。

カンプを元にコーディングする場合、基本的にはそのカンプを再現することが求められますが、余白に関してあまりにも統一性がない場合、流用性・保守性を担保した形でコーディングすることが困難となってしまいます。

余白に限らず数値のバラツキに規則性が見られない場合は、一度デザイナーと協議をして、原則として規則性のある数値に統一してからCSS設計することを強く推奨します。

CSS設計にチャレンジしてみよう

Chapter4のまとめとして、サンプルサイト用のコンポーネント一覧の設計に挑戦してみましょう。

完成パーツ一覧

ボタン

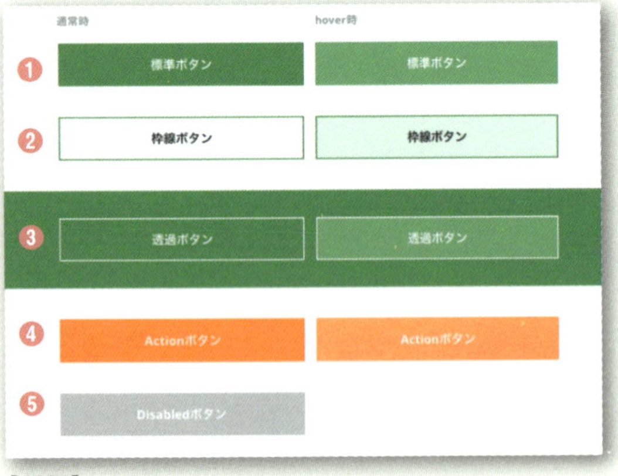

【種類】
❶塗ボタン（標準）
❷枠線ボタン
❸透過ボタン（白文字＋白枠）
❹Action系ボタン（送信など）
❺Disabledボタン（送信不可）

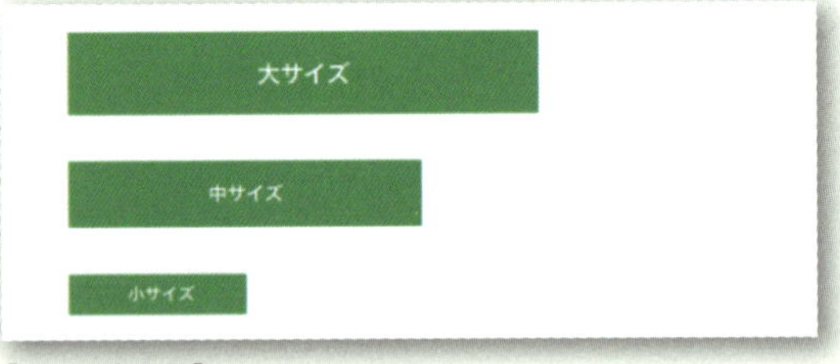

【サイズ展開】
大／中／小

【ボタン用レイアウト】
センター配置（2アイテム）／センター配置（1アイテム）
※兼用でも可

インラインスタイル

リンク／強調／警告

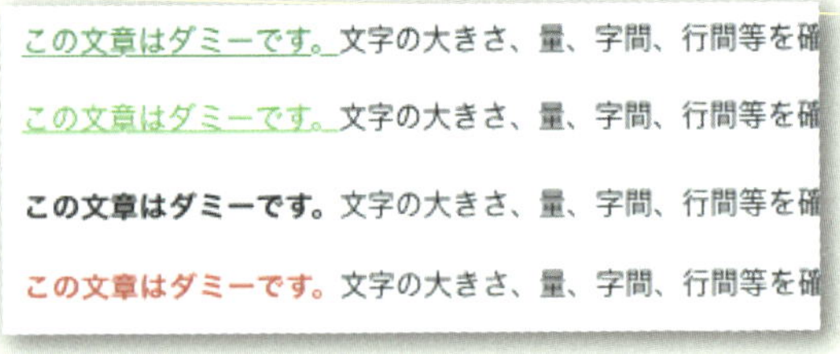

リスト

ノーマル／矢印リンク／数字

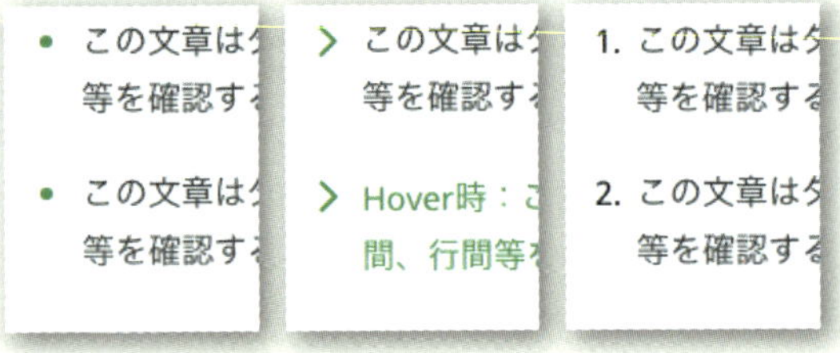

テキスト

本文／注釈

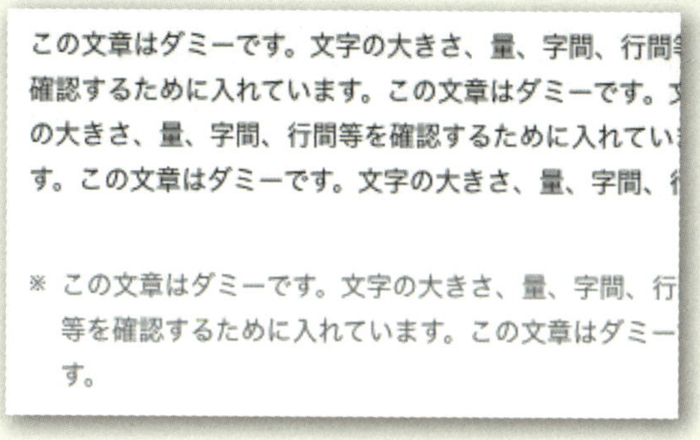
この文章はダミーです。文字の大きさ、量、字間、行間等を確認するために入れています。この文章はダミーです。文字の大きさ、量、字間、行間等を確認するために入れています。この文章はダミーです。文字の大きさ、量、字間、
※ この文章はダミーです。文字の大きさ、量、字間、行間等を確認するために入れています。この文章はダミーです。

囲み枠

通常／警告

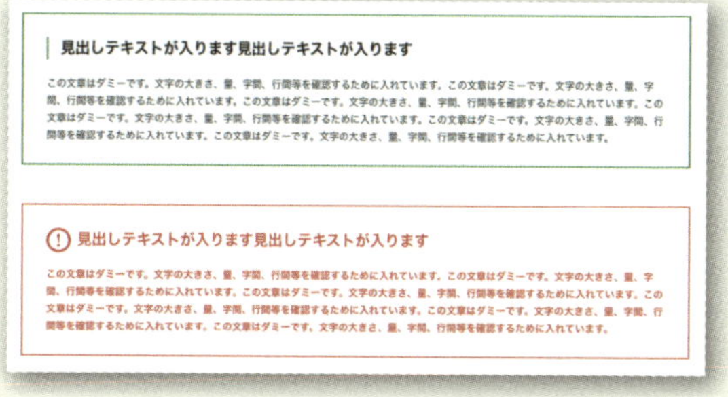
見出しテキストが入ります見出しテキストが入ります
見出しテキストが入ります見出しテキストが入ります

ページタイトル

大／中／小

SERVICE
事業内容

CONTACT
お問合わせ

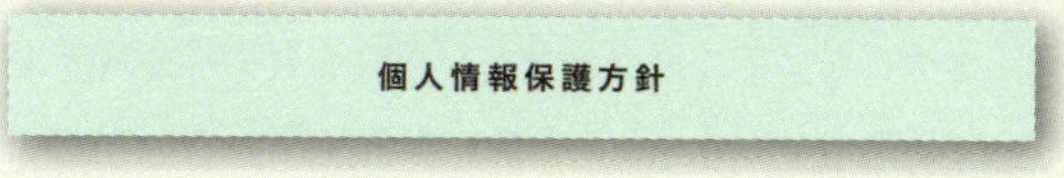
個人情報保護方針

大見出し

英語／日本語

SERVICE
SERVICE
日本語サブタイトル
SERVICE
日本語サブタイトル

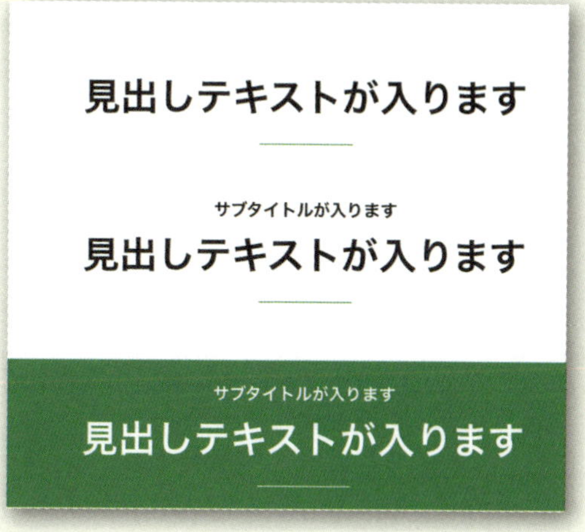
見出しテキストが入ります
サブタイトルが入ります
見出しテキストが入ります
サブタイトルが入ります
見出しテキストが入ります

中見出し

左寄せ／中央寄せ／白抜き

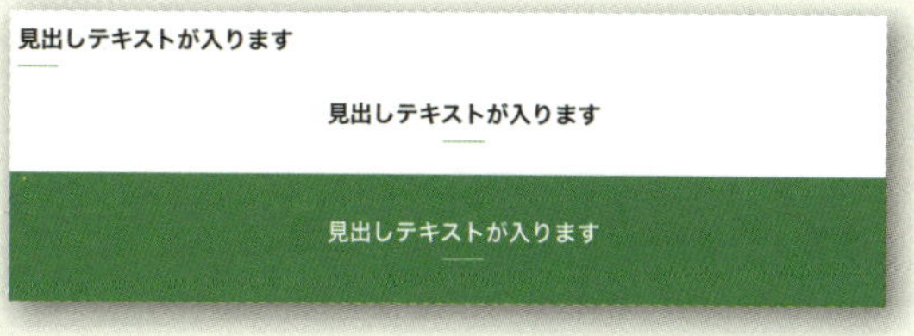
見出しテキストが入ります
見出しテキストが入ります
見出しテキストが入ります

小見出し

標準左寄せ／白抜き

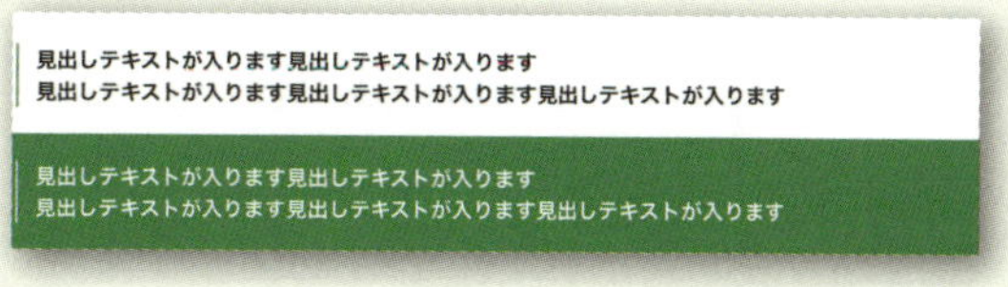
見出しテキストが入ります見出しテキストが入ります
見出しテキストが入ります見出しテキストが入ります見出しテキストが入ります
見出しテキストが入ります見出しテキストが入ります
見出しテキストが入ります見出しテキストが入ります見出しテキストが入ります

アイテム一覧

- ・PC-4カラム／SP-2カラム
- ・PC-3カラム／SP-1カラム
- ・PC-2カラム／SP-1カラム

カード一覧

- ・PC-3カラム／SP-1カラム

作業手順　Procedure

1. デザインカンプ（XD）で各パーツごとのバリエーションや数値などを確認する
2. 保守性・流用性を考慮して各パーツのCSSを設計する。
3. 設計した各パーツをコンポーネントリストとして1ページにまとめてコーディングする
4. 各種ブラウザ環境で表示に問題がないか確認する
5. 完成コード例を確認する

作業フォルダの構成　Folder

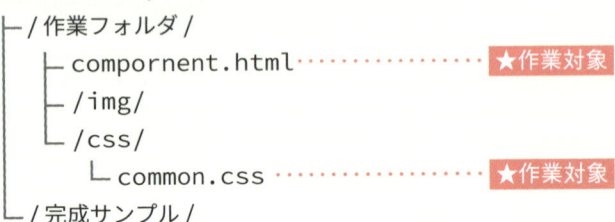

```
/EXERCISE04/
├─/作業フォルダ/
│   ├─ compornent.html ················· ★作業対象
│   ├─ /img/
│   └─ /css/
│        └─ common.css ·················· ★作業対象
└─/完成サンプル/
```

作業上の注意

- この練習問題ではコンポーネント一覧を作成するためのベースフォーマットのみ用意しています。
- コンポーネント名（セレクタ）やHTML構造などは各自が最適と思うものを実装してください。ただし、**原則としてBEMベースでの設計**とします。
- Chapter1〜3までのEXERCISEで作成したコードを参考にしても、全て破棄して自分なりに一から考えて設計してもどちらでも構いません。
- Chapter1〜3までのEXERCISEを参考にする場合、Chapter4のコンポーネント一覧カンプと比較して異なる部分があった場合、Chapter4の数値を正として実装して下さい。

CHAPTER 5

マークアップ

Markup

HTML・マークアップは表面には見えませんが「あらゆる人に情報を正しく伝える」というWebの本質的な価値の提供を担っています。ユーザーの目に触れるCSSと違い、裏側のHTMLは軽視されがちですが、Webサイトの品質を担保する非常に重要な役割があります。Chapter5では、今一度HTMLとマークアップの意義・役割について、主にアクセシビリティの面から学んでいきたいと思います。

LESSON 20

マークアップの役割

Webサイトの本質的な目的はあらゆる人・デバイスに対する情報発信ですが、これを担っているのがHTMLです。Lesson20では、「情報を正しく伝える」というWebの本質的な価値の提供を担うHTMLとそのマークアップについて、今一度その意義を考えていきたいと思います。

SEOとマークアップ

正しくマークアップすることの目的として「SEO対策」を挙げる人がいますが、マークアップそのものがSEOに対して何らかの目に見える効果を発揮したのは遠い昔の話です。Tableレイアウトが主流で、正しくHTMLを書いている人がほとんどいなかった時代ならともかく、現代のWeb制作では少なくとも見出しタグで情報の骨格を示したり、画像にaltを付けて補足情報を記載することくらいは誰でもやっています。それ以上のセマンティクスはいくら厳密に整えたところで直接的に検索エンジンの評価に何か影響を与えることはありませんし、まして「SEO対策」と称して本来の情報構造に反する形でHTMLを改変することは無意味どころか害悪にもなり得ます。

SEO対策としてマークアップでできることは今や**「普通のHTML」を書く**ことだけです。正しい文法で、伝えたい情報構造をそのままHTMLでマークアップするだけで良いのです。我々Web制作者がマークアップにおいて意識するべきことはSEOではなく、別のところにあります。

アクセシビリティとマークアップ

アクセシビリティとは、**「情報へのアクセスのしやすさ」**のことです。どんなに価値の高い情報があっても、その情報にアクセスできなければ存在しないも同然ですので、できるだけ多くの人に正しく伝わるように配慮する必要があります。Webに情報を載せることは、他のメディア（特に紙媒体）と比較してそれだけで圧倒的にアクセシブルですが、正しくマークアップすることで更にアクセシビリティを高めることができます。

セマンティック

アクセシビリティを高めたければ、まずはHTMLを正しく書きましょう。文法的に正しいのはもちろんのこと、「**セマンティック**」を意識することが重要です。「セマンティック」とは「データの意味付け」のことです。人は文書に書かれた内容を読めば、自分で情報を整理して内容を理解できます。しかしコンピュータにとっては私たちが読んでいるような自然言語をそのまま解釈することは非常に難しいので、コンピュータに対して素早く適切に情報構造を伝えるために、用意されたHTMLタグを使って目印を付け、「これが見出し、ここはリスト情報、ここはナビゲーション……」といったことを伝える必要があるのです。これがマークアップです。普段何気なくHTMLを書いていると思いますが、それは人間のためではなく、コンピュータに情報を伝えるために書いているのです。

セマンティックなマークアップの必要性

コンピュータに分かるように正しく意味付けされたHTMLを書くことがマークアップするということの意義だと述べましたが、伝えられた情報は、コンピュータを介してまた人に伝達されます。

典型的な例はスクリーンリーダーでしょう。目の不自由な方がWebを閲覧する時、頼りにするのはスクリーンリーダーが読み上げる音声です。そしてスクリーンリーダーはHTMLから得てブラウザが解釈した情報をもとにそこが見出しなのか、リンクなのか、リスト項目なのか、表組みなのかという情報を付加しながらWeb閲覧を補助してくれます。

VoiceOver、NDVA、PC-Talkerといった多くのスクリーンリーダーには、見出しやリンク、文書構造などを一覧化して各項目にジャンプできるショートカット機能を備えています。こうした機能はHTMLが正しくマークアップされていなければ正常に機能しません。逆に見出しや段落、リスト、表組み、リンクなどの基本的なHTMLタグを適切に使ってページ全体の情報構造を意味付けできていれば、最低限のアクセシビリティは確保されます。

アクセシビリティというと何かと面倒くさい、難しそう、と敬遠されがちかもしれませんが、まずは第一歩として、「HTMLをちゃんと書く」ことから始めれば良いのです。そのために、少しだけセマンティックを意識したマークアップについて学んでおきましょう。

文書全体の基本マークアップ構造

セマンティックなマークアップを意識する場合、まずは文書全体の情報構造の骨格をしっかり明示しておくことから始めましょう。

title

Webページのコンテンツ部分のマークアップに入る前に、SEO的にもアクセシビリティ的にも非常に重要な役割を持つ「title要素」の中身をしっかり検討するようにしておきましょう。title要素はその文書のコンテンツの中身をきちんと識別できるものでなければなりません。スクリーンリーダーはページを開いたり遷移したりするたびにまずそのページのtitle要素を読み上げますし、検索結果一覧にもtitle要素が表示されることになりますので、ユーザーがそのページを閲覧する／しないの判断材料にもなります。

したがって、title属性は「そのページのコンテンツ内容と一致している」ことが最重要で、かつ「ページ固有のタイトル | サイト名」のように、固有のタイトル文言がtitle要素の中で先頭に来るように記述しておくことが求められます。また文字数はSEO的な観点からは30～35字前後が望ましいとされています。

Memo

Googleは数年前からtitle要素の中身がそのページのコンテンツを正確に表していないと判断した時、独自のアルゴリズムで設定されているtitle要素とは違うタイトルを検索結果に表示するようになっています。その際、title要素の代わりにh1要素の文言を表示するケースがあるようです。

title要素の良い例･悪い例

HTML

```
<!-- NG例① 定義されていない -->
<title>無題ドキュメント</title>

<!-- NG例② そのページのタイトルが後ろの方に記載されている -->
<title>株式会社〇〇〇〇〇〇〇〇 | カテゴリ名 | ページタイトル名</title>

<!-- OK例 そのページのタイトルが先頭に記載されており、適度な長さである -->
<title>ページタイトル名 | カテゴリ名 | 株式会社〇〇〇〇〇〇〇〇</title>
```

見出しレベルと文書のアウトライン

コンテンツ部分のセマンティックなマークアップにおいて、最低限しっかり意識する必要があるのは、**文書の見出しレベルを正しく保つこと**です。ご存知の通りHTMLにはh1〜h6までの6段階の見出しレベルが用意されているので、h1から順番に、情報の階層構造を意識しながら階層レベルに応じてh2、h3、h4……と見出し要素をマークアップしていきます。

各種ブラウザは見出しのレベルを頼りにして文書のアウトラインを構築します。アウトラインとは、その文書の骨格のようなものであり、機械的に内容を整理・解釈する上で重要な情報構造、屋台骨にあたります。アクセシビリティの面においても、見出しを適切に設定していると、スクリーンリーダーの見出しジャンプ機能を使って素早く必要な情報にアクセスできるようになります。

見出し要素はHTMLの中でも基本中の基本ですが、マークアップにおいてはあらゆる方面でHTMLの品質を担保する最重要項目です。自分のマークアップによってどのようなアウトラインが構築されているのかは、HTML5 Outlinerや W3Cの Markup Validation Serviceなどのツールで確認できますので、制作工程の早い段階で少なくとも一度はアウトラインがどうなっているのか確認するようにしましょう。

参考

- HTML5 Outliner（https://gsnedders.html5.org/outliner/）
- W3C Markup Validation Service（https://validator.w3.org/）

見出しレベルが構築する文書のアウトライン

【HTML ※骨格のみ】

```
<header>
  <h1>Grass Field</h1>
  <nav>グローバルナビ</nav>
</header>
<main>
  <section>
    <h2>Service</h2>
    <section><h3>サービス名1</h3></section>
    <section><h3>サービス名2</h3></section>
    <section><h3>サービス名3</h3></section>
    <section><h3>サービス名4</h3></section>
  </section>
</main>
<footer><small>Copyright</small></footer>
```

【出力される見出しレベルのアウトライン】

Heading-level outline

- <h1> Grass Field
  - <h2> Service
    - <h3> サービス名1
    - <h3> サービス名2
    - <h3> サービス名3
    - <h3> サービス名4

セクションと文書の全体構造

次に意識したいのが文書全体のセクションと全体構造です。これを意味付けするのはsection・article・nav・asideの4つのセクション要素と、header・footer・mainの3つの構造化要素です。

これらもHTML5のマークアップを学んだ方であれば基本中の基本として日常的に使用しているものであると思いますが、見出し要素と共により明確に文書全体の構造と各エリアの役割をコンピュータに伝えるものとして、今一度その役割を見直しておきましょう。

●header・footer・main

Webページは文書の純粋なコンテンツ部分と、サイト全体の共通情報を格納するヘッダー領域・フッター領域に大きく分かれています。ほぼ定型フォーマットとも言えるこの大きな役割の違いについては、特別な事情がなければコンテンツ部分をmain要素、ヘッダー領域をheader要素、フッター領域をfooter要素としてマークアップしておけば良いでしょう。

なお、main要素は多くのスクリーンリーダーで本文先頭に移動する際の目印の1つとして利用されます。特別にスキップリンク機能などを用意しなくても適切にmain要素の範囲を設定しておけば支援技術を必要とするユーザーに対しても素早くコンテンツ本文へアクセスする手段を提供できます。

Word

スキップリンク

Webページの先頭からメインコンテンツの開始位置までジャンプできるページ内リンクのことで、通常は各Webページの先頭に配置されるスクリーンリーダーやキーボード操作のユーザー向けの機能。

よくあるレイアウトパターン例

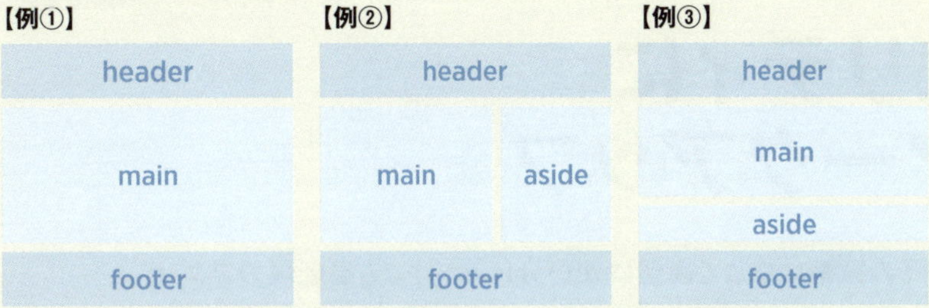

● section・article・aside・nav

見出しがあればブラウザ側は文書のアウトラインを構築できますが、セクション要素を使うことで見出しとそれに伴うコンテンツのかたまりである「セクション」に対して、より詳しい役割の違いを明示できます。セクション要素の使用は必須ではありませんが、可能な限り見出しとともにセクション要素を使ってそのセクションの範囲と役割を明確化することが推奨されています。また、特にnav要素については、多くのスクリーンリーダーに対して「ナビゲーションである」という情報を明示してユーザーに伝えることができるため、グローバルナビなどの主要なナビゲーションエリアについてはnav要素を使うことを推奨します。

セクション構造パターン例

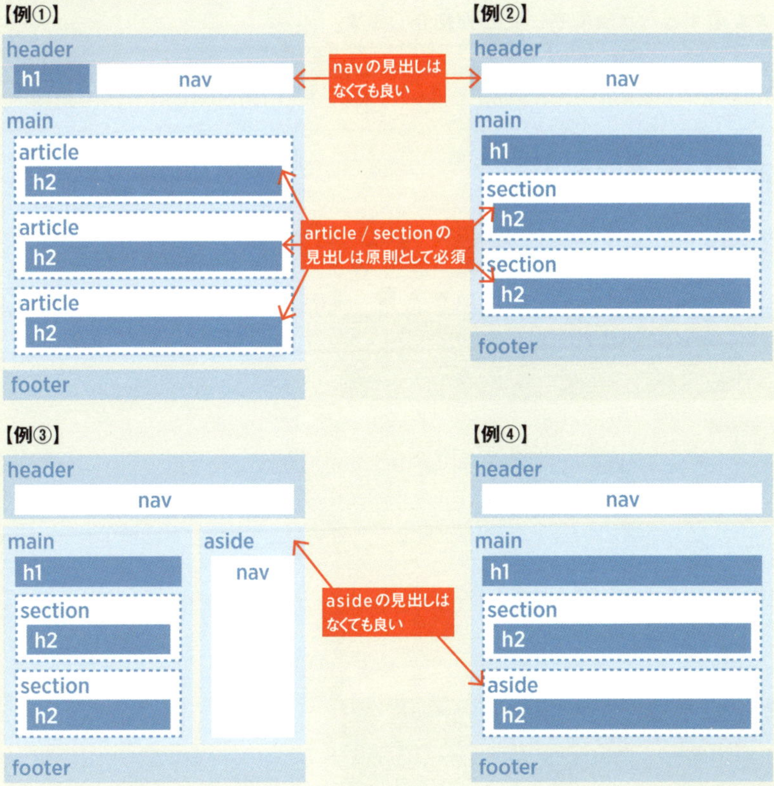

LESSON 21

アクセシビリティに配慮したマークアップ

HTMLで用意されている要素をその役割に応じて適切に使い分けるだけでも最低限のアクセシビリティは確保されます。Lesson21では特別な技術を使うことなく、HTMLの書き方だけでアクセシビリティを高める方法について解説していきます。

読み上げ順に配慮する

CSSでは比較的自由に表示順を入れ替えられますが、スクリーンリーダーはマークアップされたものを**上から順番（DOMの出現順通り）に読み上げていきます**。したがって、マークアップする時はあくまで「どういう順番で読み上げてもらいたいか」を重視して記述順を決定しましょう。以下に、見た目の順番とマークアップの順番を変更するべき事例をいくつか紹介します。

左側にサイドバーがあるレイアウト

LESSON 21 ▸ 21-01

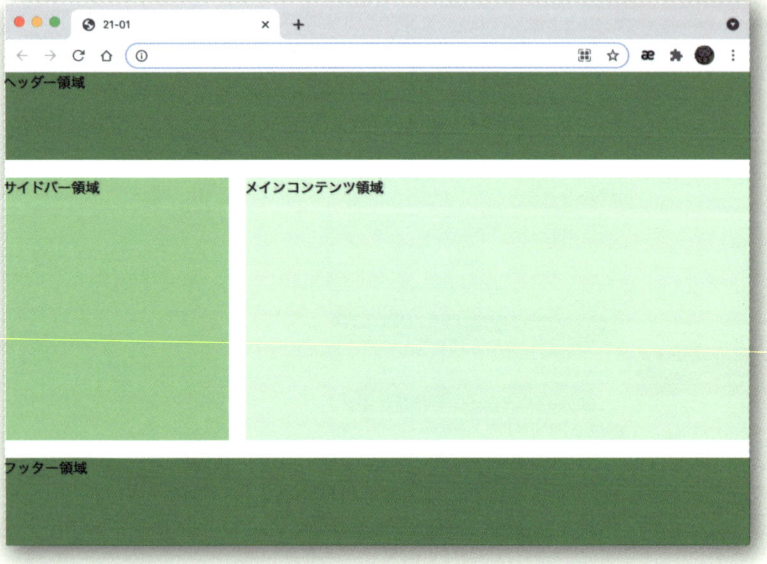

HTML

```html
<header class="header">ヘッダー領域</header>
<div class="contents">
  <main class="main">メインコンテンツ領域</main>  //先に記述
  <aside class="sidebar">サイドバー領域</aside>
</div>
<footer class="footer">フッター領域</footer>
```

CSS

```css
@media screen and (min-width: 768px),print {
  .contents {
    display: flex;
    flex-direction: row-reverse; /*左右入れ替え*/
    justify-content: space-between;
  }
～省略～
}
```

左側にサイドバー、右側にメインコンテンツが並ぶようなレイアウトの場合、マークアップでは**メインコンテンツを先に記述します**。上から順に読み上げた際、できるだけ早くメインコンテンツの情報にアクセスできることが望ましいからです。2カラムで表示した際にどちらを左に置くか、ということはCSSで調整できるので、あくまで**読み上げ順を基準にマークアップする**ようにしましょう。

商品画像サムネイルのあるカード

LESSON 21 ▶ 21-02

HTML

```
<article class="pd-card">
  <h2 class="pd-card__title">肉球ブローチ（7個セット）</h2> //先頭に記述
  <figure class="pd-card__thumb"><img src="img/nikukyu-7.jpg" alt="毛色×肉球色の掛け合わせは、白ピンク・白黒・黒黒・黒ピンク・茶ピンク・茶こげ茶・白ブチの7種類"></figure>
  <div class="pd-card__body">
    <p class="pd-card__text">可愛らしい肉球型のレジンブローチ。（7個セット）</p>
    <p class="pd-card__price">700円<small>(税抜)</small></p>
  </div>
  <ul class="pd-card__btns">
    <li><button class="btn btn--cart">カートに入れる</button></li>
    <li><a href="#" class="btn btn--more">詳細を見る</a></li>
  </ul>
</article>
```

CSS

```
.pd-card {
  display: flex;
  flex-direction: column;
  ～省略～
}
.pd-card__thumb {
  order: -1; /*表示位置を先頭に移動*/
}
```

商品のサムネイル画像を付けたカード型のコンポーネントを、article要素でマークアップする場合を考えます。この場合、商品タイトル部分が見出し要素になります。この時、おそらく商品画像のサムネイルは商品タイトルより上に表示される場合が多いと思いますが、マークアップ上は**見出し要素である商品タイトルを先に記述することが望ましい**と言えます。多くのスクリーンリーダーには見出しジャンプ機能がありますが、ジャンプ先の見出しがセクションの冒頭でない場合、見出しより前に記述されているコンテンツにユーザーが気づかない可能性があるからです。また、各種ブラウザは見出しから次の見出しまでを1つのセクションとみなす暗黙のアウトラインしか実装していないため、商品画像が1つ前の見出しに所属するコンテンツであると誤認されてしまう恐れもあります。

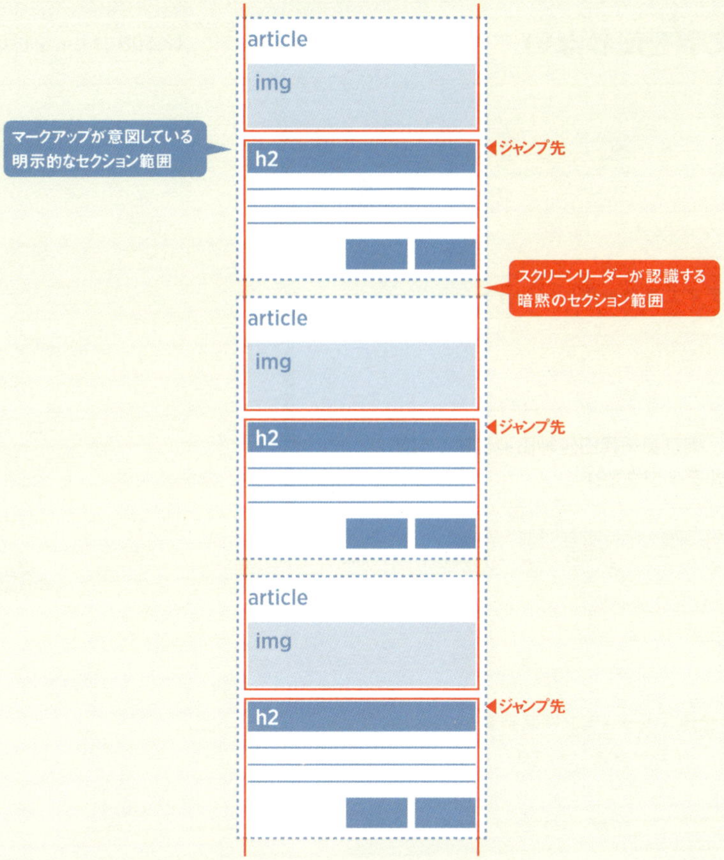

こうした理由から、見出しを伴うコンテンツブロックについては、極力見出し要素を先頭に持ってくる形でマークアップし、それをCSSでデザインに合わせて並べ替えるようにすると良いでしょう。

Memo

サムネイル画像自体が装飾、あるいは単なるイメージ画像であり、スクリーンリーダーなどに情報を伝達する必要がないようなケースなど、無理に順番を入れ替える必要はない場合もあります。

読み上げ仕様に配慮する

ソースの記述順の他、コンテンツの読み上げ仕様についても細々とした注意点があります。全てに対して完璧に配慮することは難しいかもしれませんが、少し注意するだけでスクリーンリーダーに優しいコンテンツにできるものもありますので、まずはそうした点から配慮しましょう。

単語の文字間に空白文字を使わない

HTML

```
<!-- NG例 -->
<table class="table01">
  <tr>
    <th>会　社　名</th> //全角スペースで文字間調整
    <td>株式会社エムディエヌコーポレーション</td>
  </tr>
  <tr>
    <th>設　　　立</th>
    <td>1992年1月</td>
  </tr>
  <tr>
    <th>所　在　地</th>
    <td>〒101-0051　東京都千代田区神田神保町1-105　神保町三井ビルディング22F</td>
  </tr>
</table>
```

Word形式のビジネス文書などでよく見られる「均等割付」のような見た目にしたいがために、単語中の文字と文字の間に空白文字を入れて文字数を揃えるようなことはしないようにしましょう。単語中に空白スペースが入ってしまうと、**1つ1つが単独の文字として読み上げられてしまい、意味が通じなくなってしまいます**。Webでは現状「均等割付」を問題のない形でスマートに実装する方法はないので、**スペースを空けずに詰めて表示するのが基本です**。

OK例

HTML

```html
<th>会社名</th> //スペースは入れずに詰めて表示する
```

ただし、どうしても「均等割付」にする必要があるのであれば、以下のようなテクニックを使う方法もあります。

均等割付:text-align-lastを使う

CSS

```css
th { text-align-last: justify; }
```

文章中の最後の行のみ、行揃えを指定できるtext-align-lastプロパティで、justifyを選択すると、テキストの均等割付をすることができます。ただしこのプロパティはSafari・iOS Safariで未実装なので、クロスブラウザ対応が求められる場合には使用できません。

英単語は小文字で記述する

LESSON 21 ▶ 21-04

SAMPLE

HTML

```html
<!-- NG例 -->
<h2 class="heading">SAMPLE</h2> //大文字で記述している

<!-- OK例 -->
<h2 class="heading">Sample</h2>
```

CSS

```css
.heading {
  text-transform: uppercase;
}
```

もうひとつよくあるケースで問題になるのが、デザイン的に英単語を全て大文字で見せたい場合です。全て大文字で「SAMPLE」と記述してしまうと、スクリーンリーダーの中には「サンプル」ではなく「エス・エー・エム・ピー・エル・イー」といった具合にアルファベットを単体で読み上げてしまうものがあります。確実に英単語として読ませる必要がある場合には、「sample」または「Sample」のように、**2文字目以降は小文字で記述する必要があります。**

英単語を大文字で見せたい場合には念のためCSSで **text-transform: uppercase;** を指定するようにしておきましょう。

装飾的な画像のaltは空にする

LESSON 21 ■ 21-05

HTML

```
<!-- NG例（alt属性なし）-->
<a href="#" class="btn">
  <img src="img/icon_mail.png" class="btn__icon">お問い合わせ //altがない
</a>

<!--OK例（alt属性の値が空）-->
<a href="#" class="btn">
  <img src="img/icon_mail.png" class="btn__icon" alt="">お問い合わせ
</a>
```

装飾パーツやイメージ画像、同内容のテキストを伴うアイコンなど、視覚的な効果のみを意図したもので情報として伝達する必要のない画像については、alt=""のように**alt属性の値を空にしておきましょう**。alt情報が不要だからといってalt属性そのものを削除してしまうのはNGです。スクリーンリーダーの中には**ファイル名をそのまま読み上げてしまうもの**があり、情報の読み取りに支障が出る恐れがあるからです。

画像には適切なalt属性を設定する

alt属性とは、画像が表示できない場合に画像の代わりにその内容を表示する代替テキストのことです。昔は「alt属性を設定するのはSEOのため」と言われていたこともありますが、本来はあくまで画像が表示されない環境で閲覧する人に対して、可能な限り正確な情報を伝達できるようにするために記述するものです。altを設定する場合はいくつかのパターンがありますので、パターンに応じて適切なaltを設定できるようにしましょう。

ロゴ・バナー・見出しなどのテキスト画像

LESSON 21 ▶ 21-06

HTML

```
<a href="#"><img src="img/banner.jpg" alt="ハンドメイド猫グッズのお店 -nekonokomono-
l'atelier Queue Clickにゃう！" width="360" height="225"></a>
```

ロゴ・バナー・見出しなどのテキスト画像など、画像に文字が記載されているものについては原則として**画像に記載されている文字をそのままaltに記述**しておけば問題ありません。このパターンは誰でも機械的に判断できるものですので、コーディング担当者の裁量で適宜設定しておきましょう。

前後に重複する内容のテキストがある画像

LESSON 21 ▶ 21-07

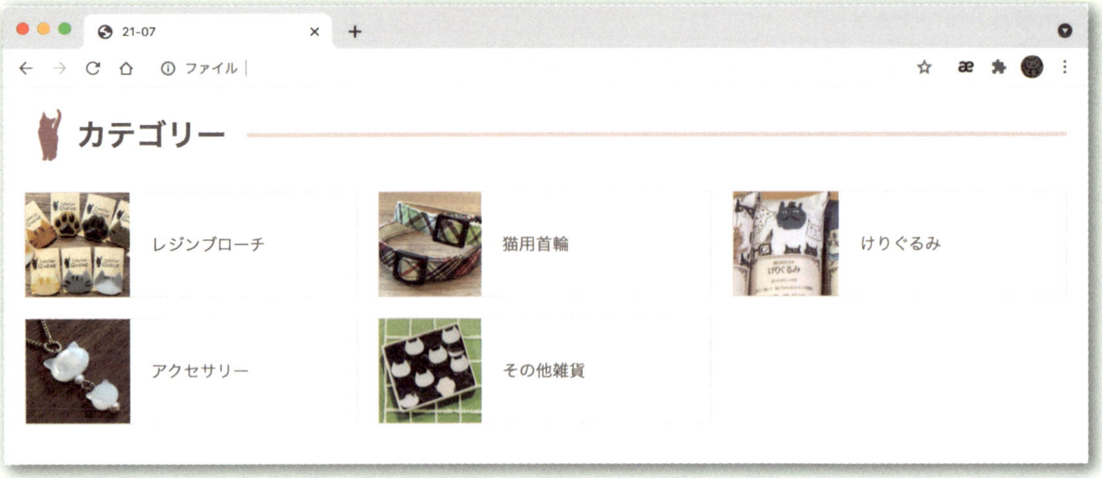

HTML

```
<a href="#" class="category">
  <div class="category__thumb">
   <img src="img/category01.jpg" alt="" width="100" height="100">
  </div>
  <div class="category__title">レジンブローチ</div>
</a>
```

画像の前後にその画像と全く同じテキスト情報が記載されている場合は、**altの中身を空にする**ようにしましょう。

当たり前ですが、スクリーンリーダーはalt情報を読み上げます。画像のaltと、その前後に記載されたテキストが同じ文言だった場合、スクリーンリーダーでは同じ内容が重複して読み上げられてしまい、冗長です。したがって前後に重複するテキスト情報がある場合は、装飾目的の画像と同様にalt=""としておくことが望ましいでしょう。これについてもaltを含めて原稿を口に出して読み上げてみればすぐ分かることなので、コーディング担当者の裁量で判断しても問題ありません。

図解・グラフ

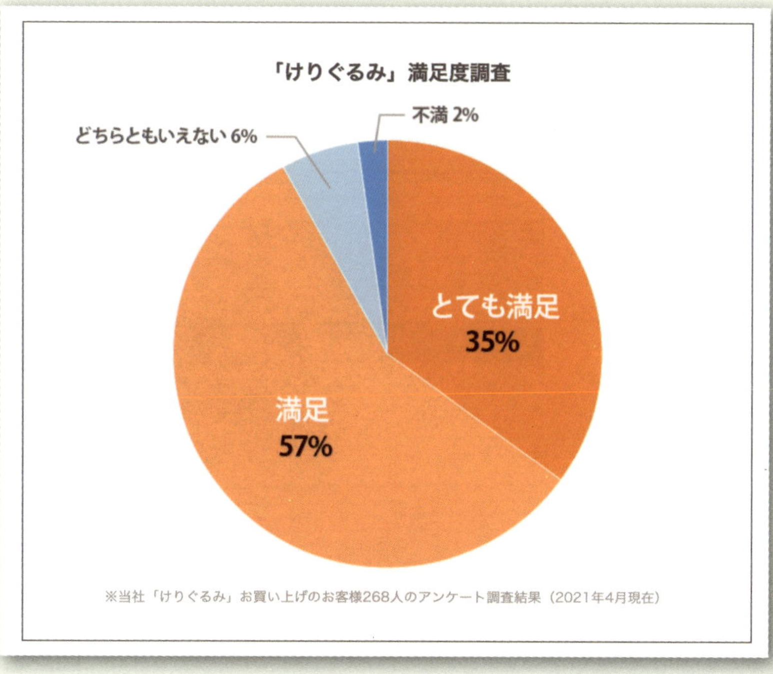

HTML

```
<figure class="graph">
  <figcaption class="graph__title">「けりぐるみ」満足度調査</figcaption>
  <img src="img/graph.png" alt="円グラフ とても満足35%、満足57%、どちらとも言えない6%、不満2%。とても満足・満足合わせて92%のお客様が満足と答えました。" width="718" height="542">
  <p class="graph__note">※当社「けりぐるみ」お買い上げのお客様268人のアンケート調査結果（2021年4月現在）</p>
</figure>
```

図解やグラフなどを掲載する場合はaltの内容に注意が必要です。図解やグラフはそれ自体が重要なコンテンツですので、画像が表示されなくてもその図解やグラフで伝えたい情報が伝わるようにする必要があります。そうしなければスクリーンリーダーのユーザーには何の情報も伝わらないからです。

特に、前後に図解やグラフの内容を解説したテキストがなく、画像だけで情報を伝達している場合はaltに**その画像で伝えたい情報をきちんとテキストに書き起こして記述する必要があります**。内容によってはかなり長い文章で説明する必要が出てくると思われますが、それがなければスクリーンリーダーに対して情報を伝達する手段がないのですから仕方ありません。この場合、その図解・グラフが何を伝えたいのか正確に把握し、適切な表現で文章を書く必要があることから、可能であればライターやディレクターに「テキスト原稿」として依頼をしたほうが良いでしょう。なお、前後にその図解やグラフの内容を解説する本文テキストがある場合は、内容の重複を避けるため、altの中身はalt="○○のグラフ"などの簡単な説明だけで十分です。

人物・動物・風景・その他のコンテンツ画像

LESSON 21 ▶ 21-09

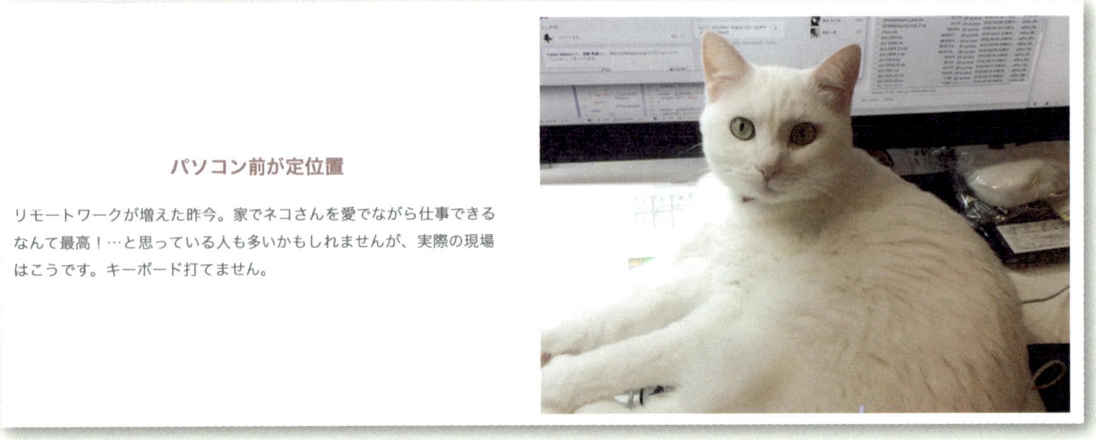
パソコン前が定位置
リモートワークが増えた昨今。家でネコさんを愛でながら仕事できるなんて最高！…と思っている人も多いかもしれませんが、実際の現場はこうです。キーボード打てません。

HTML

```
<section class="media">
  <div class="media__body">
    <h2 class="media__title">パソコン前が定位置</h2>
    <p class="media__txt">リモートワークが増えた昨今。家でネコさんを愛でながら仕事できるなんて最高！…と思っている人も多いかも知れませんが、実際の現場はこうです。キーボード打てません。</p>
  </div>
  <figure class="media__photo">
    <img src="img/ph_cat01.jpg" alt="パソコンのモニタ前にでーんと寝そべってこちらを見つめる白猫の写真。キーボードは猫の体の下にあります。仕事できません。" width="640" height="480">
  </figure>
</section>
```

おそらくaltの中で最も難しいのが、記事中に挿入される人物・動物・風景その他の一般的な写真コンテンツでしょう。このような写真類はイメージ画像ではなくコンテンツの一部ですので、altを空にするわけにはいきません。かといって機械的にaltの中身を決めることもできず、正確に記述するには国語力・文章作成力が求められます。

コンテンツとして使われる写真に設定するalt属性の例

●alt属性例①
沢山のグラフが書かれた資料を手に持ち、データの説明をする女性と、それを真剣に聞く男性の写真
写真提供：ぱくたそ
(www.pakutaso.com)

●alt例属性例②
一面のひまわり畑の真ん中で長い黒髪をかきあげる女性の写真
写真提供：ぱくたそ
(www.pakutaso.com)

●alt属性例③
畑の土から顔を出したさつまいもを一生懸命両手でひっぱる幼い男の子の写真

上記はコンテンツとして使用された写真に対する望ましいalt属性の事例です。一般的にこうした写真類の望ましいalt属性の判断基準は、**電話でその内容を伝えて相手が中身をある程度理解できるように書く**というものなので、写真に写っている情景をできるだけ丁寧に文章で伝える必要があります。

しかしalt属性については正直なところ、全ての画像に完璧なものを設定するのはなかなか難しいのが現実で、どこかで折り合いを付ける必要が出てくると思われます。alt属性について適切な原稿が支給されることはほぼなく、何を入れるかはコーディング担当者の良識に任されていることがほとんどである現実を踏まえると、

1. 画像上の文字をそのまま記述する
2. 空altを設定する
3. 簡単なものであれば図解やグラフを要約する

くらいまでがコーディングの裁量で担保できる領域であり、それ以上を求めるのであればコンテンツを作成する工程でライター・ディレクターが原稿を用意するべきものであると筆者は考えます。

Memo

コンテンツ内容に即した適切なalt属性の原稿を用意してもらえない場合、こうした画像類については「○○○の写真」「○○○の様子」といった簡単な説明のみ、あるいは「写真1」「写真2」といった形でそこに写真があることだけは分かるようなalt属性にしておくのもやむなしかもしれません。

キーボードだけで操作できるようにする

キーボード操作を必要としているユーザーは、身体に障がいがありマウス操作が難しい人だけではありません。スクリーンリーダーも基本操作はキーボードで行います。また、普段はマウスを利用している人が、たまたまマウスを忘れた／壊れたなどの理由でキーボード操作を余儀なくされる場合もあるでしょうし、普段からキーボード操作のほうを好んで利用するエキスパートの人もいます。

キーボードだけで操作できる状態にしておくことは、障がいの有無にかかわらず、多くの人が快適にWebサイトを閲覧できるようにするために非常に重要な要件であるということを覚えておきましょう。

自動でキーボードフォーカスされる要素

LESSON 21 ▶ 21-10

HTML

```
<!-- 自動でフォーカスがあたる要素の例 -->
<a href="#">a要素</a>
<button>button要素</button>
<input type="text" value="input要素">
<video src="assets/movie.mp4" controls>雲が流れる空の動画</video>
<audio src="assets/chaim.mp3" controls>玄関のチャイム音</audio>
```

キーボード操作が可能なようにマークアップするには、まずは基本的に**HTML標準で用意されている操作可能な要素を使用してコーディングする**のが第一です。具体的には、a要素、button要素、input要素などのフォーム部品、controls属性の付いたvideo／audio要素などです。

こうした部品を使えば、キーボードだけで操作できるようにするという要件は自動的に達成されますので、特別に何かを行う必要はありません。

tabindex属性

LESSON 21 ▶ 21-11

HTML

```
<!-- tabindexなし -->
  <a href="#" class="btn">a要素</a>
  <button class="btn">button要素</button>
  <div class="btn">div要素</div>  //フォーカスが当たらない

<!-- div要素にtabindex="0" -->
  <a href="#" class="btn">a要素</a>
  <button class="btn">button要素</button>
  <div class="btn" tabindex="0">div要素</div>  //フォーカスが当たる
```

JavaScriptで動的なUIを作る際、開発者都合でどうしてもdivやspanなど、標準ではフォーカスされない静的要素に対してキーボード操作を可能にする必要に迫られることもあります。この場合は**tabindex属性**でキーボードフォーカス可能な状態にしなければなりません。フォーカスが当たらなければキーボードでは全く操作ができなくなるからです。具体的にはフォーカスが当たるようにしたい静的要素に**tabindex="0"**と指定します。こうすることで、HTMLソースコードの出現順にTabキーでフォーカスが当たるようになります。

逆にもともと自動でフォーカスがあたる要素をフォーカス対象から除外する目的で使用するのがtabindex="-1"などの"負の整数"の値です。こちらはフォーカス制御を別途JavaScriptで実装することを前提とした機能となります。

もう1つ、tabindexでは"正の整数"を指定することでフォーカス順序を任意で変更できるという機能もあります。しかしこれを使う場合はページ内の全てのフォーカス可能な要素に対して明示的なフォーカス制御が必要になるので、よほどのことがない限りおすすめはできません。

	タブ移動フォーカス	クリックフォーカス	フォーカス順
正の整数	○	○	指定した整数の順番にフォーカス
負の整数	×	○	-
0	○	○	ソースコード上の出現順にフォーカス

フォーカスリング

LESSON 21 ▶ 21-12

CSS

```
:focus { outline: none; }
:focus-visible { border: 2px solid #973e03; /*任意のスタイルを適用*/}
```

フォーカス方法によって表示を変えた例

キーボード操作を意識したマークアップを行う際に忘れてはならないのが、**現在フォーカスが当たっている要素を表示するための枠線＝フォーカスリング**です。これはマークアップではなくCSSで制御するものになりますが、キーボード操作対応をする際にはセットで必ず実装すべき項目となりますので、ここで解説を加えておきます。

アクセシビリティの観点からは、キーボードフォーカスした際の**フォーカスリングの表示は必須**です。しかし、マウス操作しているユーザーからすると不恰好である上に操作に混乱をきたす恐れもあるため、input要素以外のリンクやボタンについてはマウス操作時にはフォーカスリングは表示されないほうが良いという、操作方法によって望ましい実装が異なる状況が生じてしまいます。

この問題を解決するため、現在多くの主要ブラウザには**「:focus-visible」**という擬似クラスが実装されています。一旦:focusでフォーカスリングを表示させるoutlineを削除しておき、:focus-visibleプロパティでキーボード操作時のフォーカスリングスタイルを任意で上書きしておくようにすれば、キーボード操作でフォーカスを当てた時だけフォーカスリングを表示させることが可能となります。

Memo

:focus-visibleはIEとSafariで未実装です。実務的には、Safari・iOS Safariで実装されるまでの間はwhat-input（https://github.com/ten1seven/what-input）などのJavaScriptライブラリで機能補完したほうが良いでしょう。

LESSON 22

WAI-ARIAによるスクリーンリーダー対応

Lesson20,21ではあくまでHTMLの標準仕様の範囲内でできるアクセシビリティ向上のための方法について解説してきました。Lesson22では、もう一歩踏み込んで積極的にスクリーンリーダー向けの対応を強化することができるWAI-ARIAについて解説しておきたいと思います。

WAI-ARIAとは

WAI-ARIA（Web Accessibility Initiative Accessible Rich Internet Applications | ウェイ・アリア）とは、W3Cが定めたアクセシビリティのための追加仕様で、HTMLだけでは表現しきれない構造や役割、状態などを明示できるようにするためのものです。

WAI-ARIAの仕様は大きく分けると役割を定義する**role属性**と、性質・状態を定義する**aria-*属性**の2つに分類されます。aria-*属性は更に性質を現す**プロパティ**と状態を表す**ステート**に分類されます。これらを適切にマークアップに盛り込んでおくことで、スクリーンリーダーを利用する方がWebサイト・Webアプリケーションを操作する際の手助けとなります。

Memo

WAI-ARIAは現在1.2が勧告候補となっており、既に多くのブラウザにも実装済みですが、本書は勧告済みの1.1仕様の範囲で解説しています。

- WAI-ARIA 1.2 https://www.w3.org/TR/wai-aria-1.2/
- WAI-ARIA 1.1 https://www.w3.org/TR/wai-aria-1.1/

WAI-ARIAの2大属性

カテゴリ	用途	例
role属性	その要素の「役割」を定義する。一部のHTML要素には「暗黙のrole」が設定されているものもある。	role="navigation", role="main"など
aria-*属性	roleの「性質」を定義するプロパティと、「状態」を定義するステートから構成されている。	aria-controls, aria-expandedなど

role属性

WAI-ARIAのうち、比較的分かりやすいのがrole属性です。HTML文書のセマンティクスは標準のHTML要素である程度担保されますが、それだけではその要素がどんな役割を持っているのか全て判断できるほどの語彙がないため、別途role属性を使って役割を明示できるようにしよう、という意図で使われます。HTMLの意味付けの拡張版という位置付けであるため、普段からセマンティックなマークアップを心がけている制作者にとっては取り組みやすいでしょう。

role属性のカテゴリと基本的な使い方

role属性はいくつかのカテゴリに分類されています。

role属性の主なカテゴリ

カテゴリ	役割	例
ランドマークロール	ページ全体のレイアウトを定義するロール。ナビゲーションの目印として機能する。	banner／conplementary／contentinfo／form／main／navigation／search／region
文書構造ロール	静的な文書構造を定義するロール	aplication／article／group／list／listitem／math／presentation など多数
ウィジェットロール	ユーザーが操作可能なユーザーインターフェースを定義するロール	button／checkbox／radio／searchbox／tab／tablist／tabpanelなど多数

role属性はスクリーンリーダーに対応するために全ての要素に必ず付けなければならないものではありません。例えばnav要素にはrole="navigation"、main要素にはrole="main"、button要素にはrole="button"といった具合に、HTML要素にはもともとそれに対応したrole属性が**「暗黙のロール」**として設定されていますので、そうしたものについてはわざわざrole属性を重複して設定する必要はありません。

role属性を設定したほうが良いケースというのは、例えばシステムの都合など、何らかの事情でセクション要素などが使用できず、レイアウトは全てdivで組まなければならないような場合です。このような時、

HTML

```html
<div role="navigation">…ナビゲーションメニュー…</div>
```

このようにrole属性で役割を付与しておけば、

HTML
```
<nav>…ナビゲーションメニュー…</nav>
```

とマークアップしたのと同等のセマンティクスを与えることができ、スクリーンリーダーもそれを解釈できるようになります。

また、**role属性はHTML要素の持つ暗黙のroleを上書きする**ことできますので、例えばタブUIのようにそもそもHTMLの語彙にないUIを作成する時など、以下のように書くことでこれが「タブ」であることをスクリーンリーダーに伝えることもできます（※実際にタブUIを表現するにはrole属性だけでは不十分ですが、ここでは暗黙のロールを上書きできる例として紹介しています）。

HTML
```
<ul role="tablist">
  <li role="presentation"><a href="#tab01" role="tab">タブ1</a></li>
  <li role="presentation"><a href="#tab02" role="tab">タブ2</a></li>
  <li role="presentation"><a href="#tab03" role="tab">タブ3</a></li>
</ul>
<div id="tab01" role="tabpanel">タブパネル1</div>
<div id="tab02" role="tabpanel">タブパネル2</div>
<div id="tab03" role="tabpanel">タブパネル3</div>
```

Point

スクリーンリーダーに要素を無視させる

タブ構造を表現するにはtablist > tab となっていれば十分で、tablistとtabの間に挟まっているli要素は意味的には不要です。このようにHTMLとしてのマークアップ構造では必要でも、WAI-ARIAで表現する構造としては不要になるものについては、role="presentation" を設定することでスクリーンリーダーにこの要素を無視させることができます。

ランドマークロール

LESSON 22 ▶ 22-01

初めてWAI-ARIAを導入する時には、まずはランドマークロールから始めるのが良いと思います。ランドマークロールはページ全体のレイアウトを定義するためのロールで、種類も少なく、その多くに暗黙のロールを持つHTML要素が存在するので、理解しやすいからです。また、これはスクリーンリーダーがページ内を移動する時の目印となるものであり、基本的に設定するだけで要素をアクセシブルにすることができるため、導入の敷居が低いわりに効果が分かりやすいのもポイントです。

ランドマークロールの一覧とその用途は以下の通りです。

ランドマークロール一覧

ロール名	意味	対応するHTML要素
banner	ページのヘッダー領域（ページ内に1つ）	セクション要素の子孫でないheader要素
contentinfo	ページのフッター領域（ページ内に1つ）	セクション要素の子孫でないfooter要素
main	メインコンテンツ領域（ページ内に1つ）	main要素
complementary	補足のコンテンツ（サイドバーなど）	aside要素
navigation	ナビゲーション	nav要素
region	汎用的なランドマーク	section要素
search	検索フォーム	-
form	フォーム	form要素

search以外のランドマークロールは全て暗黙のロールを持つHTML要素が存在します。基本的に**HTML要素が同等の暗黙のロールを持つ場合は、重複してrole属性を記述する必要はありません。**

何らかの事情で各領域をdiv要素などで代用しなければならない場合に使用するものと覚えておきましょう。

サンプル22-01

HTML

```
<!-- divでマークアップする場合 -->
<div id="header" class="header" role="banner">
  <h1 class="header__logo"><a href="/">ロゴ</a></h1>
  <form action="#" method="GET" role="search">検索フォーム</form>
  <div class="gnav" role="navigation">グローバルナビ</div>
</div>
<div id="contents" class="contents">
  <div id="main" class="main" role="main">メインコンテンツ領域</div>
  <div id="sidebar" class="sidebar" role="complementary">サイドバー領域</div>
</div>
<div id="footer" class="footer" role="contentinfo">フッター領域</div>
```

サンプル22-01（HTML5版）

HTML

```
<!-- HTML5の構造化要素でマークアップする場合 -->
<header id="header" class="header">
  <h1 class="header__logo"><a href="/">ロゴ</a></h1>
  <form action="#" method="GET" role="search">検索フォーム</form>
  <nav class="gnav">グローバルナビ</nav>
</header>
<div id="contents" class="contents">
  <main id="main" class="main">メインコンテンツ領域</main>
  <aside id="sidebar" class="sidebar">サイドバー領域</aside>
</div>
<footer id="footer" class="footer">フッター領域</footer>
```

サンプル22-01（HTML5版）のように暗黙のロールを持つHTMLを使ってマークアップする場合は前述の通りrole属性を記述する必要はありません。しかし、role="search" は対応する暗黙のロールがありませんので、ヘッダー内に配置されたフォームを「検索フォーム」として明確に意味付けするには**role="search"** が必要です。

なお、banner／contentinfo／main以外はページ内に複数設置される可能性がありますが、その場合はaria-label属性によって各ロールに対してアクセシブルな名前を付けて区別できるようにしておくことが望ましいとされています（aria属性については後述）。

aria-labelで複数のロールを名前で区別できるようにした事例

HTML

```
<!-- 複数のnavがある場合 -->
<nav class="gnav" aria-label="メインメニュー">グローバルナビ</nav>
<nav class="lnav" aria-label="カテゴリ内メニュー">ローカルナビ</nav>
```

Point

aria-labelにはユーザー向けの名前を

aria-labelはあくまで使用するユーザーに向けた名前になるので、「グローバルナビ」「ローカルナビ」といった専門用語よりも、より一般的な馴染みやすい名称を使ったほうが良いでしょう。

使用頻度が高いと思われるその他のロール

他にもロール属性は非常に沢山あり、その全てを理解して使いこなすのはなかなか骨が折れます。しかし暗黙のロールと同じ意味のrole属性はそもそも明示的に付与する必要もないので、まずはWebサイトでよく使うインターフェースでありながら、HTML自体にそれを意味付けする要素が存在しないものを優先的に覚えていくのが合理的でしょう。積極的に使用することでアクセシビリティを高める効果が高いと思われるものをいくつか表にまとめましたので、まずはこうしたものから使ってみると良いのではないでしょうか。

名前	意味	よく使われる場所
tablist	タブ要素をまとめたリスト	タブ切り替え
tab	タブ要素	タブ切り替え
tabpanel	タブパネル要素	タブ切り替え
dialog	ブラウザ内ウィンドウ	ポップアップ・モーダルウィンドウ・動画プレイヤーなど
presentation／none	WAI-ARIAの構造から隠す	スクリーンリーダーに読ませる必要のない要素（アイコンなど）

他にどのようなroleがあるかは、各自必要に応じて仕様書などで確認してください。なお一般的なWebサイトではなく、ユーザー操作が主体のWebアプリケーションを開発している場合は特にWAI-ARIAの仕様全体の把握が必要になると思われますので注意してください。

参考：WAI-ARIA1.1 role属性の定義

- 5.4 Definition of Roles
  https://www.w3.org/TR/wai-aria-1.1/#role_definitions

aria-*属性

ランドマークロールや文書構造ロールは静的な要素に役割を与えるものなので、その多くは設定するだけでその要素をアクセシブルにすることができます。しかし、role属性を与えるだけではHTMLの構造やコンテンツの状態から十分な情報が得られないこともあります。また、動的に変化するユーザーインターフェースを意味付けするウィジェットロールについては、基本的にrole属性だけではアクセシビリティ的に不十分です。

aria-*属性は、role属性に対して付加的な情報を加えスクリーンリーダーのユーザーに対してコンテンツ構造の理解や操作を助けるために必要なものです。

プロパティとステート

aria-*属性は大きく2つに分類されます。1つは**プロパティ（性質）**、もう1つは**ステート（状態）**です。プロパティはそのroleの性質を表し、様々な補足情報を加えるためのものです。プロパティは基本的に静的な情報ですので、状況によって書き換えることができません。一方、ステートは「選択されている/いない」「展開されている/いない」「表示されている/いない」といった、そのroleの現在の状態を表すものです。ユーザーの操作で動的に変化する状態を正確にスクリーンリーダーに伝達するため、**ステートを利用するにはJavaScriptによる操作が必要です。**

よく使うaria-*属性（プロパティ）

名前	意味	補足
aria-label	現在の要素にラベルをつける	要素に明示的なラベル（見出しなど）がない場合のみ使用する
aria-labelledby	現在の要素にラベルをつける要素を識別する	離れた場所に記述された明示的なラベル（見出しなど）を関連付けるために使用する
aria-describedby	現在の要素を説明している要素を識別する	離れた場所に記述された説明文などを関連付けるために使用する
aria-controls	現在の要素が制御している対象の要素を識別する	その要素が開閉などの表示制御をする対象となる要素を明示するために使用する

よく使うaria-*属性（ステート）

名前	意味	値
aria-expanded	要素が展開しているかどうか	true／false／undefined
aria-hidden	要素が非表示であるかどうか	true／false
aria-selected	（タブなどの）現在選択されているもの	true／false／undefined
aria-current	（ナビなどの）現在位置	page／step／location／date／time／true／false

参考：WAI-ARIA1.1-aria属性（ステートとプロパティ）の定義

- 6.6 Definitions of States and Properties（all aria-* attributes）
  https://www.w3.org/TR/wai-aria-1.1/#state_prop_def

aria-*属性を使う場合の注意点

aria-*属性は全てのHTML要素で自由に設定できるものもありますが、使用できるroleが限定されているものもあります。例えばよく使うaria-*属性として紹介したものに関して言えば、aria-expandedとaria-selectedは使えるroleが限定されています。

WAI-AIRA仕様で「グローバル」と明記されているもの以外は、使用できるroleが限定されていますので、利用する際には一度仕様書で確認したほうが良いでしょう。

参考:WAI-ARIA1.1 グローバルなステートとプロパティ

- 6.4 Global States and Properties
  https://www.w3.org/TR/wai-aria-1.1/#x6-4-global-states-and-properties

使用できるroleが限定されているaria-*属性の例

属性名	使用できるrole
aria-expanded	button／combobox／document／link／section／sectionhead／window
aria-selected	gridcell／option／row／tab
aria-modal	alertdialog／dialog
aria-posinset	article／listitem／menuitem／option／radio／tab
aria-setsize	article／listitem／menuitem／option／radio／tab

Memo

自力で仕様書を確認するのが難しい場合、ツールを使って構文チェックをすることも検討しましょう。例えばVSCodeの拡張機能にある「markuplint」などでは、WAI-ARIAの構文もチェックしてくれます。

実装事例① ラベル付け

ここからは具体的な使用例を挙げてよくある使い方や間違いやすいポイントなどを解説していきます。まずは要素に対して「アクセシブルな名前」を付けるラベル付けの方法について解説します。

要素に直接ラベルを設定する

LESSON 22 ▶ 22-02

ある要素（厳密にはその要素に設定されているロール）に対して**直接アクセシブルな名前を付ける**のが**aria-label属性**です。aria-label属性で設定したラベルはコンテンツのテキストやtitle属性、label要素など**他の技術で提供されたラベルを上書きします**。以下にアクセシビリティの向上が期待できるaria-labelの使い方をいくつか紹介します。

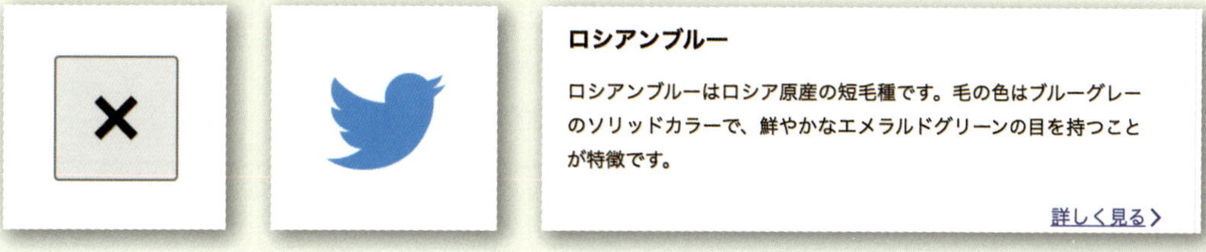
×
ロシアンブルー
ロシアンブルーはロシア原産の短毛種です。毛の色はブルーグレーのソリッドカラーで、鮮やかなエメラルドグリーンの目を持つことが特徴です。
詳しく見る

```
<!-- 例①：テキストが明示されていないボタン -->
<button aria-label="閉じる">×</button>

<!--例②：アイコン自体に意味を持たせる -->
<i class="fab fa-twitter" aria-label="Twitter"></i>

<!--例③：リンクの目的を説明する -->
<h2>ロシアンブルー</h2>
<p>ロシアンブルーはロシア原産の短毛種です。毛の色はブルーグレーのソリッドカラーで、鮮やかなエメラルドグリーンの目を持つことが特徴です。</p>
<p class="more"><a href="xxx.html" aria-label="ロシアンブルーの特徴について詳しく見る">詳しく見る</a></p>
```

例① テキストが明示されていないボタン

コンテンツテキストが「×」となっているbutton要素を「閉じるボタン」として使用しているケースです。「×」自体には「閉じる」という意味はないため、視覚情報が取得できない場合ユーザーを混乱させる恐れがあります。このような場合、aria-label属性によってラベルを上書きすることで正確な目的を伝達できます。

例② テキストが明示されていないボタン

font awesomeなどのアイコンフォントはCSSの擬似要素でアイコンを出力しますが、絵柄が見えない場合、何の意味も持ちません。そのアイコンが装飾的なものであるならaria-hidden="true"としてアクセシビリティツリーから非表示にするのが良いのですが、アイコンそのものに意味を持たせる必要がある場合は、aria-label属性によってラベルを設定することでアクセシブルにすることが可能です。

例③ リンクの目的を説明する

見出し・本文・リンクと全て順番に読み上げていけばa要素のコンテンツである「詳しくはこちら」でも意味は理解できますが、キーボードでリンクだけを追っている場合、そのリンクの目的が分からないという問題が生じます。このような場合も、aria-labelで具体的なリンクの目的を記述しておけばそのリンクの目的をスクリーンリーダーに対して明確に伝えられます。

Point

リンクテキストを具体的に記述する

例③の場合、aria-labelを追加する他、a要素に設定するリンクテキストそのものを「○○について詳しく見る」のように具体的に記述するように変更するという方法もあります。このほうがスクリーンリーダーだけでなく利用している全てのユーザーに対してリンクの目的を明確に示すことができ、かつSEO的にも望ましいので、デザイン的に許されるのであればそちらを採用することをおすすめします。

他の要素のテキストをラベルとして関連付ける　LESSON 22 ▸ 22-03

明示的にアクセシブルな名前を付けるもう1つの方法として、**aria-labelledby属性**というものがあります。役割としてはaria-labelと同じですが、aria-labelがその要素に直接ラベルを付けるのに対して、aria-labelledby属性は「他の要素によってラベル付けされている」という形でラベルを関連付けるのが特徴です。具体的には、**id属性で命名された他の要素のテキストをラベルとして指定する**という方法で使用します。

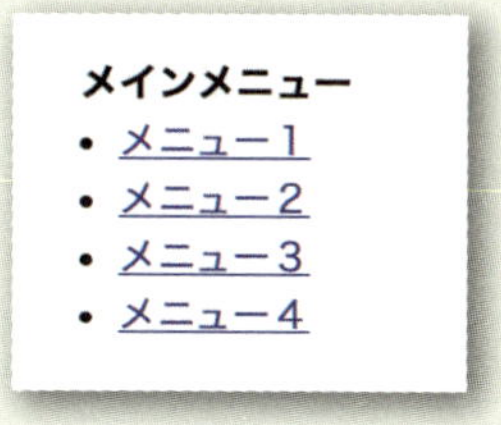

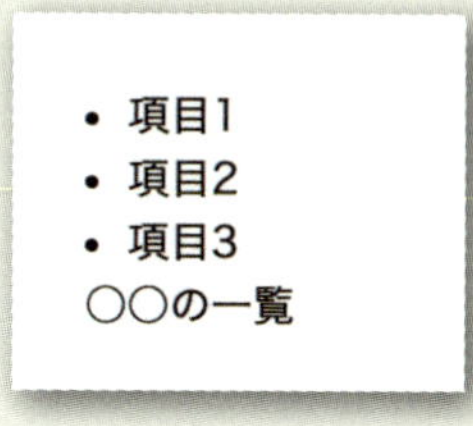

```
<!-- 例①：内包する見出しを領域に関連付ける -->
<nav aria-labelledby="menu-title">
  <h2 id="menu-title">メインメニュー</h2>
  <ul>
   ～省略～
  </ul>
</nav>

<!-- 例②：親子関係にない要素をラベルとして関連付ける -->
<ul aria-labelledby="my-label">
  <li>項目1</li>
  <li>項目2</li>
  <li>項目3</li>
</ul>
<p id="my-label">○○の一覧</p>

<!-- 例③：複数のラベルを関連付ける -->
<h2 id="billing">請求書</h2>
<div>
  <span id="name">名前</span>
  <input type="text" aria-labelledby="billing name">
</div>
<div>
  <span id="address">住所</span>
  <input type="text" aria-labelledby="billing address">
</div>
```

例① 内包する見出しを領域に関連付ける

要素内に見出しが存在して、見出しのテキストを自分自身のラベルとして明示的に関連付けたい場合にはaria-labelledby属性を使用します。aria-labelとaria-labelledbyで重複して同じラベルを付けても意味がありませんので、見出しを内包しているならaria-labelledby、していないならaria-labelと使い分けをするようにしましょう。また仮にaria-labelとaria-labelledbyで異なるラベルを指定した場合はaria-labelledbyが優先される仕組みになっています。

例② 親子関係にない要素をラベルとして関連付ける

HTML構造的にどうしても自身の要素内にラベル用の要素を内包できない場合でも、aria-labelledbyであれば親子関係にない、離れた場所にある要素であっても対象のid属性で関連付けることでラベル付けできます。この使い方はaria-labelにはない特徴です。

例③ 複数のラベルを関連付ける

あまり使う場面はないかもしれませんが、aria-labelledbyは複数のラベルを指定できるので、例③のように二重のラベル構造になっている場合でも、マークアップを複雑にすることなくラベル付けすることが可能です。

アクセシブルな名前

LESSON 22 ▶ 22-04

aria-label、aria-labledbyを正しく理解するには、WAI-ARIAの「アクセシブルな名前」の算出方法に関する仕様をしっかり理解する必要があります。アクセシブルな名前とはロールの名前のことで、以下の2種類があります。

- コンテンツ由来
- 著者由来

コンテンツ由来の名前とは、要素のコンテンツテキストがそのまま名前として読み上げられるもので、**コンテンツ由来の名前を持てるかどうかはロールによって決まっています**。著者由来の名前とは、aria-label、aria-labelledby属性によって明示的に付けられた名前のことで、これは一部のロールを除きほぼ全てのロールが持つことができます。また、コンテンツ由来・著者由来いずれかのアクセシブルな名前が必須となるロールもあります。

参考:WAI-ARIA1.1 アクセシブルな名前の計算

- 5.2.7 Accessible Name Calculation
  https://www.w3.org/TR/wai-aria-1.1/#namecalculation

```
<!-- 「送信」というコンテンツ由来のアクセシブルな名前を持つ -->
<button>送信</button>

<!-- 「インフォメーション」という著者由来のアクセシブルな名前を持つ -->
<a href="#" aria-label="インフォメーション">!</a>

<!-- navigationロールはコンテンツ由来の名前を持たないのでアクセシブルな名前はない（必須ではないので
なくても構わない）-->
<nav>ナビゲーション</nav>

<!-- presentationロール、noneロールには著者由来のアクセシブルな名前を設定できない（aria-label
などを設定してはいけない）-->
<i class="fa fa-arrow-right" role="presentation"></i>
```

アクセシブルな名前に関して注意が必要なロール

アクセシブルな名前が必須のロール	alertdialg／application／button／heading／img／link／searchbox／tabpanel／tooltip／tree／treeitem 他
コンテンツ由来の名前を持てるロール	button／cell／checkbox／columnheader／gridcell／heading／link／menuitem／menuitemcheckbox/ menuitemradio／option／radio／row／rowgroup／rowheader／switch／tab／tooltip／tree／treeitem
著者由来の名前を持てないロール	presentation／none

実装事例② アイコン

アイコンには

❶同義のテキストを伴い、それ自体は装飾的な役割しか持たないもの
❷アイコン単体で特定の機能・役割を表現しているもの

の2種類があります。いずれの場合もアイコン自体がimg画像でHTMLに埋め込まれているのであればalt属性を適切に設定すればアクセシブルにすることは可能です。しかし、アイコンフォントや擬似要素などを使って視覚的にはアイコンの絵柄が表示されていても、HTMLソース的には実態がないものについては、WAI-ARIAで補足することがアクセシビリティ的には望ましいと言えます。以下に3パターンのアイコンの実装例を紹介します。

aria-hiddenで隠す

LESSON 22 ▶ 22-05

HTML

```
<!-- アイコン付きのリンク -->
<a href="/contact/"><i class="fas fa-envelope" aria-hidden="true"></i>お問い合わせ
</a>
```

このサンプルの場合、「お問い合わせ」というテキスト情報が存在しますので、アイコン自体はスクリーンリーダーにとって不要な情報です。このような場合は、aria-hidden="true"でスクリーンリーダーに対して非表示（認識されない状態）とするのが適切です。

aria-labelでラベル付けする

LESSON 22 ▶ 22-06

HTML

```
<!-- アイコンのみで表現されたリンク① -->
<a href="/contact/" class="mark" aria-label="お問い合わせ"><i class="fas fa-envelope" aria-hidden="true"></i></a>
```

アイコン単体で特定の意味や役割を表現するインフォグラフィックスとしてアイコンフォントが使われている場合は、このようにaria-labelでラベル付けをしておけば、アイコンにフォーカスが当たると「お問い合わせ」と読み上げてくれます。

Point

i要素にaria-labelを設定する際の注意

i要素自体にaria-labelを設定するのが本来の形と思われますが、Safari・iOS Safari＋VoiceOverの環境ではa要素に設定しないとうまく読み上げられないため、このケースではa要素のほうにラベルを設定しています。

スクリーンリーダー用のテキストを使う

LESSON 22 ▶ 22-07

HTML

```
<!-- アイコンのみで表現されたリンク② -->
<a href="/contact/"><i class="fas fa-envelope" aria-hidden="true"></i><span class="visually-hidden">お問い合わせ</span></a>
```

CSS

```
/*ビジュアルブラウザからは隠し、スクリーンリーダーには読ませる*/
.visually-hidden {
```

```
  position: absolute;
  white-space: nowrap;
  width: 1px;
  height: 1px;
  overflow: hidden;
  border: 0;
  padding: 0;
  clip: rect(0 0 0 0);
  clip-path: inset(50%);
  margin: -1px;
}
```

aria-labelを設定する代わりに、HTML上にスクリーンリーダー向けのテキストを用意しておき、ビジュアルブラウザからは非表示にしつつ、スクリーンリーダーからは読めるようにしておくという方法もあります。これは一般的に「**visually-hidden**」と呼ばれる手法で、アイコンに限らずいわゆる「隠しテキスト」を実装するための手法です。

サンプルではアイコンの意味付けとして使っていますが、例えば「セマンティクス的にはh2やh3などの見出しが必要でもビジュアル的にはそれを見せたくない」といったケースでも使用できるため、広い範囲に応用が可能です。スクリーンリーダー対策としてはaria-labelを使った手法と差はありませんが、HTML上に記載されたテキストが検索エンジンにもインデックスされるため、アクセシビリティとSEOの対策を共通化する目的がある場合はこちらがおすすめです。

実装事例③ ハンバーガーメニュー

レスポンシブサイトの多くで採用されているハンバーガーメニューをWAI-ARIAを使ってどのようにアクセシブルにするのか解説します。こちらは1つのサンプルを順を追って解説していきます。

対策前のソース

HTML

```
<button type="button" class="hamburger">
  <span class="hamburger__line"></span>
  <span class="hamburger__txt">メニュー</span>
</button>
<nav class="gnav">
```

```
  <ul class="gnav__list">
    ～省略～
  </ul>
</nav>
```

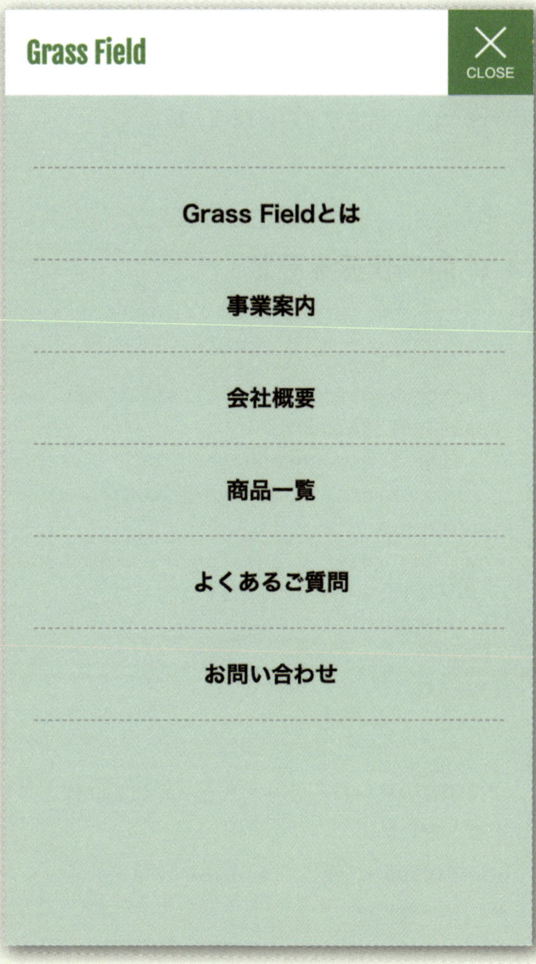

①ボタンとメニューの関係性を設定

LESSON 22 ▶ 22-08

HTML

```
<button type="button" class="hamburger" aria-controls="gnav">
  <span class="hamburger__line"></span>
  <span class="hamburger__txt">メニュー</span>
</button>
<nav id="gnav" class="gnav">
  <ul class="gnav__list">
```

```
    ～省略～
  </ul>
</nav>
```

「このボタンを押したら、このメニューが開く／閉じる」というような、ある要素から別の要素の表示を制御する関係性を表現するのが**aria-controls属性**です。制御される側にid属性で固有名を付けておき、制御するほうにaria-controles属性でそのid属性を指定するようにします。

②開閉状態を設定

LESSON 22 ▶ 22-09

HTML

```
<button type="button" class="hamburger" aria-controles="gnav" aria-expanded="false">
  <span class="hamburger__line"></span>
  <span class="hamburger__txt">メニュー</span>
</button>
<nav id="gnav" class="gnav" aria-hidden="true">
  <ul class="gnav__list">
    ～省略～
  </ul>
</nav>
```

次に現在のハンバーガーメニューの開閉状態をステートで設定します。
ボタン側には
aria-expanded（制御先の要素が展開されているかどうか）
メニュー側には
aria-hidden（自分自身が非表示であるかどうか）
を設定するようにしましょう。メニューが開いている状態／閉じている状態を表現する場合の値は次のようになります。

	メニューが閉じている時	メニューが開いている時
aria-expanded（ボタン側）	false	true
aria-hidden（メニュー側）	true	false

なお開閉するメニューのaria-hiddenの値は、「閉じている時がture」「開いている時がfalse」なので、間違えないようにしましょう。

③ CSSとJSにステートを反映

LESSON 22 ▶ 22-10

CSS

```
/*OPEN時スタイル*/
.hamburger[aria-expanded="true"] .hamburger__line{
  background: transparent;
}
.hamburger[aria-expanded="true"] .hamburger__line::before {
  top: 0;
  transform: rotate(45deg);
}
.hamburger[aria-expanded="true"] .hamburger__line::after {
  bottom: 0;
  transform: rotate(-45deg);
}
```

JQuery

```
<script>
  $(function(){
    $('.hamburger').on('click',function(){

      const expanded = $(this).attr('aria-expanded'); //開閉状態を格納
      const $btnTxt = $('.hamburger__txt');
      const $gnav = $('#gnav');

      if(expanded === 'false'){ //メニュー非展開だったら
        $(this).attr('aria-expanded',true);
        $btnTxt.text('Close');
        $gnav.attr('aria-hidden',false).slideDown();

      }else { //メニュー展開済みだったら
       $(this).attr('aria-expanded',false);
        $btnTxt.text('Menu');
        $gnav.attr('aria-hidden',true).slideUp();
      }
    });
  });
</script>
```

aria-expandedとaria-hiddenはいずれも**ステート（状態）**であり、ユーザーの操作によってリアルタイムにその状態は変化します。したがって、HTMLに記述した初期状態から変化があった場合には当然aria-*属性の値も動的に変更する必要があります。

ステートに関しては特に実際の状態とariaの値に矛盾が出ないように細心

の注意を払う必要があります。値が間違っていたり、ステートを設定しているのにJSによって動的に変化させる実装を怠ったりしているようでは、アクセシビリティに重大な支障が生じます。

なおaria-*属性はCSSからもJSからもセレクタとして利用可能なので、WAI-ARIAを使っているのであれば状態変化に関する制御についてはaria-*属性を直接セレクタとして利用するのが合理的です。

実装事例④ タブ

最後に、レスポンシブに限らず使用頻度の高いUIでありながらHTMLに専用の要素がなく、アクセシブルにするにはやや手間のかかるタブUIの実装について、順を追って解説していきます。

対策前のソース

HTML

```
<div class="tabs">
  <ul class="tab-list">
    <li class="tab-list__item">
      <button type="button" id="tab01" class="tab is-active" data-
target="tabpanel01">タブ1</button>
    </li>
    <li class="tab-list__item">
      <button type="button" id="tab02" class="tab" data-target="tabpanel02">タブ
2</button>
    </li>
    <li class="tab-list__item">
      <button type="button "id="tab03" class="tab" data-target="tabpanel03">タブ
3</button>
    </li>
  </ul>
  <div id="tabpanel01" class="tab-panel is-active">タブパネル1</div>
  <div id="tabpanel02" class="tab-panel">タブパネル2</div>
  <div id="tabpanel03" class="tab-panel">タブパネル3</div>
</div>
```

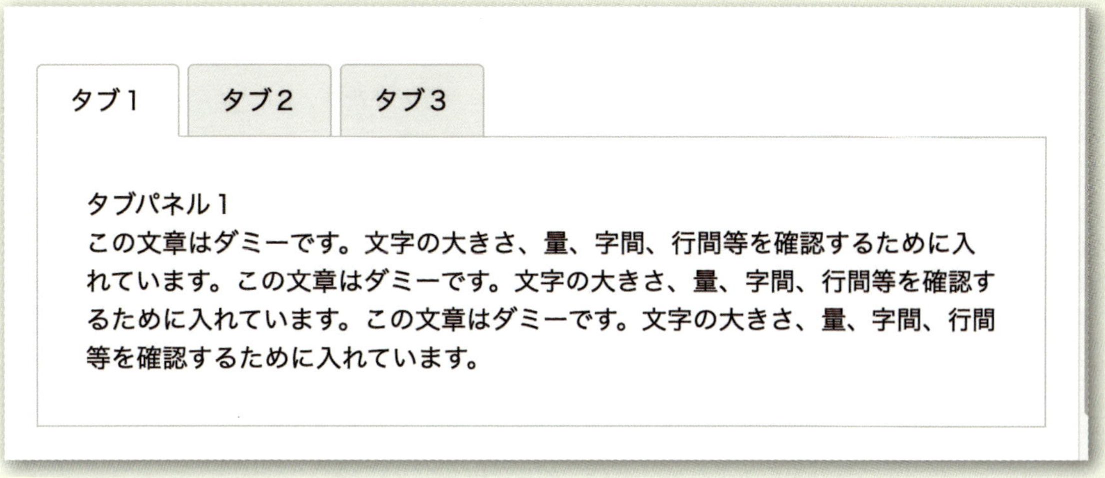
タブ1
タブ2
タブ3
タブパネル1
この文章はダミーです。文字の大きさ、量、字間、行間等を確認するために入れています。この文章はダミーです。文字の大きさ、量、字間、行間等を確認するために入れています。この文章はダミーです。文字の大きさ、量、字間、行間等を確認するために入れています。

①ロールを設定

LESSON 22 ▶ 22-11

HTML

```
<div class="tabs">
  <ul class="tab-list" role="tablist">
     <li class="tab-list__item" role="presentation">
       <button type="button"
         id="tab01"
         class="tab is-active"
         data-target="tabpanel01"
         role="tab">タブ1</button>
     </li>
    ～省略～
  </ul>
  <div id="tabpanel01"
     class="tab-panel is-active"
     role="tabpanel">タブパネル1</div>
  ～省略～
</div>
```

まず、ul要素で作ったタブリストと、div要素で作った各タブパネルに対して、これが「タブUI」であるということを示すために、role属性を設定していきます。**タブ一覧はrole="tablist"、タブはrole="tab"、タブパネルはrole="tabpanel"**です。

また、サンプルのようにbutton要素にrole="tab"を当てる場合、li要素がアクセシビリティツリー的には不要となるため、li要素には**role="presentation"を割り当てるのがポイント**です。

Point

tablistが提供する情報

role="tablist"は直下のrole="tab"の数を数えて全体のタブ数・現在のタブ位置といった情報を提供してくれますが、直下にrole="tab"でない要素があるとその情報が提供されなくなります。不要な中間要素を非表示にしておけば、孫要素に設定したrole="tab"の数をカウントできるようになります（※VoiceOver+Safariの場合）。

②タブとパネルの関係性を設定

LESSON 22 ▶ 22-12

HTML

```
<div class="tabs">
  <ul class="tab-list" role="tablist">
    <li class="tab-list__item" role="presentation">
      <button type="button"
        id="tab01"
        class="tab is-active"
        data-target="tabpanel01" //不要となるので削除
        role="tab"
        aria-controls="tabpanel01">タブ１</button>
    </li>
    ～省略～
  </ul>
  <div id="tabpanel01" //aria-controlsで指定する制御対象のid
     class="tab-panel is-active"
     role="tabpanel"
     aria-labelledby="tab01">タブパネル１</div>
  ～省略～
</div>
```

次にタブリストの各タブと、そのタブが制御する対象となるタブパネルを関連付けます。タブ側からはaria-controls属性で対応するパネルのidを、パネル側からはaria-labelledby属性で対応するタブのidを指定しておきます。また、制御対象を指定していたdata-target属性はaria-controls属性で置き換え可能となるので削除しておきます。

Point

念のため双方向で指定

仕様的にはaria-controlsまたはaria-labelledbyのどちらか一方で関連付けられていれば良いのですが、各種スクリーンリーダーの対応状況にバラツキがあるようなので念の為双方向で指定しています。なおrole="tabpanel"にはアクセシブルな名前が必須なので、aria-controlsだけで関連付けるのであれば、タブパネル側にはaria-label属性が必要になるので注意が必要です。

③タブの選択状態を設定

LESSON 22 ▶ 22-13

HTML

```html
<div class="tabs">
  <ul class="tab-list" role="tablist">
    <li class="tab-list__item" role="presentation">
      <button type="button"
        id="tab01"
        class="tab is-active" //不要となるのでis-activeは削除
        role="tab"
        aria-controls="tabpanel01"
        aria-expanded="true" //制御先が展開されている
        aria-selected="true">タブ1</button> //選択されている
    </li>
    <li class="tab-list__item" role="presentation">
      <button type="button"
        id="tab02"
        class="tab"
        role="tab"
        aria-controls="tabpanel02"
        aria-expanded="false" //制御先が展開されていない
        aria-selected="false">タブ2</button> //選択されていない
    </li>
    <li class="tab-list__item" role="presentation">
      <button type="button"
        id="tab03"
        class="tab"
        role="tab"
        aria-controls="tabpanel03"
        aria-expanded="false" //制御先が展開されていない
```

```
      aria-selected="false">タブ3</button>   //選択されていない
    </li>
  </ul>
  <div id="tabpanel01"
    class="tab-panel is-active" //不要となるのでis-activeは削除
    role="tabpanel"
    aria-labelledby="tab01"
    aria-hidden="false">タブパネル1   //非表示ではない
  </div>
  <div id="tabpanel02"
    class="tab-panel"
    role="tabpanel"
    aria-labelledby="tab02"
    aria-hidden="true">タブパネル2   //非表示
  </div>
  <div id="tabpanel03"
    class="tab-panel"
    role="tabpanel"
    aria-labelledby="tab03"
    aria-hidden="true">タブパネル3   //非表示
  </div>
</div>
```

CSS

```
/*選択中のタブ*/
.tab[aria-selected="true"] {/*.is-activeの代わりにaria-selectedを使用*/
  background: #fff;
  border-bottom: 1px solid #fff;
}
/*選択中のタブパネル*/
.tab-panel[aria-hidden="false"] { /*is-activeの代わりにaria-hiddenを使用*/
  display: block;
}
```

タブUIは、用意されたタブの1つだけが選択されており、他のタブパネルは隠されている状態になるので、タブUIの初期状態をaria-*属性のステートで表現する必要があります。

まずタブ側には

aria-expanded（制御先の要素が展開されているかどうか）

aria-selected（自分自身が選択されているかどうか）

タブパネル側には

aria-hidden（自分自身が非表示であるかどうか）

を設定します。選択されている／いない場合のそれぞれの属性値は以下のようになります。

	選択されているタブ	選択されていないタブ
aria-expanded（タブ側）	true	false
aria-selected（タブ側）	true	false
aria-hidden（タブパネル側）	false	true

ハンバーガーメニューのサンプルとも同じですが、状態変化のスタイルについてはaria-*属性のステートをそのままセレクタとして利用することが可能なので、タブ・タブパネルそれぞれで「現在選択されているもの」を指定していたclass="is-active"は削除し、CSS側の表示制御もaria-*属性をセレクタとしたものに書き換えています。

④タブの選択／非選択の挙動をJSで実装

LESSON 22 ▶ 22-14

HTML

```
<div class="tabs">
  <ul class="tab-list" role="tablist">
    …省略…
  </ul>
  <div id="tabpanel01" …省略… tabindex="0">タブパネル1</div>
  <div id="tabpanel02" …省略… tabindex="0">タブパネル2</div>
  <div id="tabpanel03" …省略… tabindex="0">タブパネル3</div>
</div>
```

JQuery

```
<script>
  $(function(){
    $('.tab').on('click',function(){
      const $tab = $('.tab');
      const $tabPanel = $('.tab-panel');
      const targetID = '#' + $(this).attr('aria-controls');
```

```
        $tab.attr('aria-selected',false).attr('aria-expanded',false);//一旦全てのタ
ブの選択を解除
        $(this).attr('aria-selected',true).attr('aria-expanded',true);//現在のタブを
選択中に変更
        $tabPanel.attr('aria-hidden',true);//一旦全てのタブパネルを非表示
        $(targetID).attr('aria-hidden',false);//現在のタブパネルを表示
      });
    });
</script>
```

最後に、実際のタブ切り替えの機能をJSで実装します。タブをクリックした時に選択されたタブ／タブパネルにclass="is-active"を付け替える代わりに、aria-*属性の値を切り替えるようにしています。各タブ／タブパネルの選択／非選択時のスタイルはaria-*属性をセレクタとしてCSSで指定済みですので、これだけでビジュアルブラウザ／スクリーンリーダーの双方に対して選択状態を示すことができます。

あとは表示されたタブパネル側にフォーカスを移動して中身を読みやすくするため、各タブパネルに対してtabindex="0"を指定しておけば、比較的軽微な対応でタブUIのアクセシビリティ対応が完了します。

Point

JSでタブUI全体のフォーカス管理を行う

タブボタンの次に対応するタブパネルへフォーカスを移動させたい場合、別途タブUI全体でのフォーカス管理をJSから行う必要があります。本書では詳しく解説しませんが、興味がある方は下記のサイトなどを参考にして実装してみてください。
https://www.w3.org/TR/wai-aria-practices/examples/tabs/tabs-1/tabs.html

実務におけるアクセシビリティ対応の範囲

ここまで学習を進めてきた読者の皆さんの中には、「そこまでする必要があるのか？」と疑問に思っている方もいるかもしれません。本書ではWebサイトに求められるアクセシビリティ規格のほんの一部しか紹介していませんが、それでもWAI-ARIAまで来ると「ちょっと大変だな…」と感じる方もいるでしょう。

Webサイトに求められるアクセシビリティの達成基準は「JIS X 8341-3:2016」によって明確に定められており、A、AA、AAAと3段階あるうちの少なくともレベルAについては一般のWebサイトであっても最低限対応すべきとされています。しかし現実にはレベルAも達成していないWebサイトも多いでしょうし、クライアントからもアクセシビリティ要件は特に求められない（=特別な予算が出ない）ことのほうが多いかもしれません。

こうした背景にはまだまだ社会の中で障がい者向けの配慮を軽視する風潮が根強いことと、法的にもこれまでは障がい者に向けての「合理的配慮」が民間事業者に対しては「努力義務」だったことなどが影響していると思われます。しかし、2021年5月に、**障がい者に対する不当な差別取り扱いの禁止と合理的配慮の提供を、民間事業者に向けても「義務」とする改正障害者差別解消法が可決・成立しました**。この法律は、公布日（2021年6月4日）から起算して3年以内に施行されます。

現状アクセシビリティに対して何も配慮していないWebサイトについて、今後はもしユーザーから改善を求められたら、企業は合理的な範囲内でその要望に応える義務が生じます。個別の案件についてどこまでが「合理的」な配慮の範囲に含まれるかはそのサイトのターゲット層や性質によって異なるでしょうが、少なくとも本書で紹介した程度の内容であればどのようなWebサイトにとっても「合理的な配慮」としてしかるべきであると思われます。特にHTML仕様の範囲内で対応できるレベルの配慮であれば、普段の制作工程を大きく変えることなく、文法やCSS設計と同等の当たり前の品質として個々の制作者の判断で対応することも可能でしょう。

一方、SPAをはじめ動的に変化するコンテンツや各種のウィジェットをふんだんに取り入れたようなWebサイト・Webアプリケーションを WAI-ARIAも全面的に導入して高い精度でアクセシビリティ対応するためには、深い知識とともに予算とスケジュールが必要であるのも事実です。制作者の側からしても負荷の高い、高レベルの対策を無償で行うわけにもいかないので、今後は最初の要件定義の段階でクライアントとの間でアクセシビリティに関する要件についてもしっかり取り決めを行い、通常制作の範囲内で行う対応と、別途予算とスケジュールを付けて対応するものを明確にしておくのが良いのではないかと思います。

アクセシビリティに配慮した マークアップをマスター

Chapter5で学んだことを参考にして、サンプルサイトのアクセシビリティを高める対策を行いましょう。

課題　Task

Chapter1〜4までのEXERCISEのサンプルサイトを再編集したデータを用意しているので、以下の「確認が必要な項目」について各自ソースコードをチェックし、必要なアクセシビリティ対策を施してください。

確認が必要な項目　Note

❶ロール属性

- 全体のページレイアウト構成に対して適切なロール属性（暗黙のロールも含む）が設定されているか？

❷アクセシブルな名前

- アクセシブルな名前が必須なロールである要素に適切な名前が設定されているか？（各種ボタン・見出し・リンクなど）
- ナビゲーションロールが複数ある場合に識別するためのラベルが設定されているか？

❸読み上げ順

- セクション要素の冒頭が見出しから始まる構造になっているか？

❹装飾要素の読み上げ

- スクリーンリーダーに読ませる必要のない装飾的要素を隠す設定になっているか？

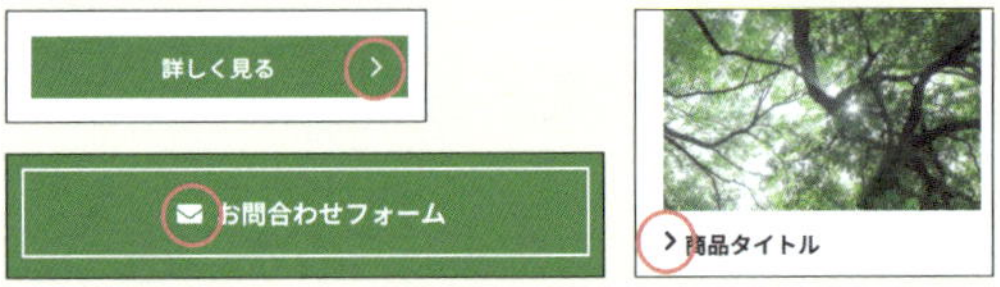

❺ナビゲーションの現在位置

・ナビゲーション項目の現在位置をスクリーンリーダーに伝えているか？

❻動的要素の状態

・動的に変化する要素の状態をスクリーンリーダーに伝えているか？

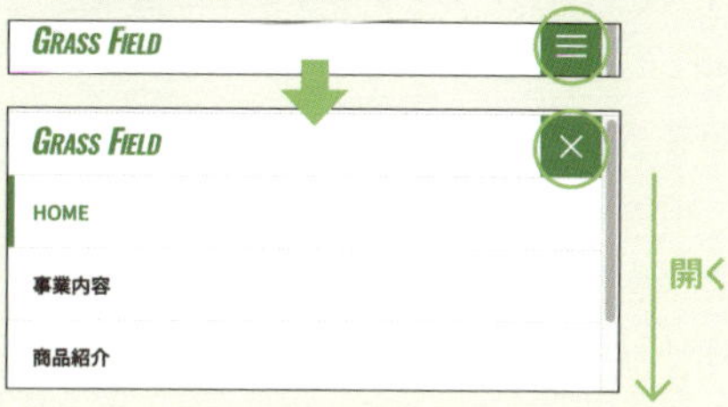

作業手順 Procedure

❶対策が必要と思われると指摘された箇所のソースコードを確認する
❷必要と思われるアクセシビリティ対策を施す（ソースコード順の変更・WAI-ARIAの追加・その他関連するCSS・JSの変更など）
❸スクリーンリーダーで読み上げをしてみる
❹完成コード例を確認する

作業フォルダの構成 Folder

```
/EXERCISE05/
├ /作業フォルダ/
│ ├ index.html ………… ★作業対象
│ ├ /service/
│ │  └ index.html（※余裕があれば）
│ ├ /contact/
│ │  └ index.html（※余裕があれば）
│ ├ /img/
│ ├ /css/
│ │  └ common.css ……… ★作業対象
│ └ /js/
│     └ script.js ……… ★作業対象
└ /完成サンプル/
```

作業上の注意

- この練習問題は専用の練習用サンプルコードを用意していますので、用意されているファイルを使って課題に取り組んでください（Chapter1〜4のコードとは微妙に異なります）。
- トップページを課題の対象としていますが、余裕のある人は/service/と/contact/のアクセシビリティ対策にも取り組んでみましょう。
- 本書ではWAI-ARIAの全てを解説したわけではないため、課題にあたって情報が不足している場合があります。本書内にヒントが見当たらない場合は、WAI-ARIAの仕様書など外部の情報も検索してみてください。
- スクリーンリーダーで読み上げをする場合、Macユーザーは VoiceOver+ Safari、Windowsユーザーは NVDA + Chrome/Firefox を推奨します。（Windowsユーザーで PC-Talker を試したい場合は無料のクリエイター版をインストールすると良いでしょう）
- NVDA日本語版のダウンロード：https://www.nvda.jp/
- クリエイター版PC-Talker Neo Plusのダウンロード：https://www.aok-net.com/pctksdk.htm

参考文献

- WAI-ARIA1.1
  https://www.w3.org/TR/2017/REC-wai-aria-1.1-20171214/
- WAI-ARIA 1.1 日本語訳
  https://momdo.github.io/wai-aria-1.1/
- WAI-ARIAの基本
  https://developer.mozilla.org/ja/docs/Learn/Accessibility/WAI-ARIA_basics
- WAI-ARIA オーサリング・プラクティス1.1
  https://waic.jp/docs/2019/NOTE-wai-aria-practices-1.1-20190207/
- DIGITAL A11Y
  https://www.digitala11y.com/
- エー イレブン ワイ［WebA11y.jp］
  https://weba11y.jp/
- 基本的なフォームのヒント
  https://developer.mozilla.org/ja/docs/Web/Accessibility/ARIA/forms/Basic_form_hints
- はじめてみよう！お問い合わせフォームのウェブアクセシビリティ対応の方法
  https://ics.media/entry/201016/

CHAPTER 6

総合演習

Comprehensive Exercise

イチから1人でWebサイトのコーディングを担当する場合、HTML/CSSの技術だけではなく、各種の仕様・条件の確認から、素材の書き出し、開発環境の構築、コンポーネントの設計など、様々な周辺知識や経験が必要となります。Chapter6では、実務に近いデータや情報を元に1つのサイトを組み上げることができるよう、総合的な演習教材を用意しました。本書の総まとめとして各自で実際にイチからの構築にチャレンジしてみましょう。

LESSON 23

オリジナルサイトを構築する

Chapter6はここまでの総仕上げとして、小規模なWebサイト全体を一から構築する総合的な演習問題に取り組んでもらいます。構築する上での手順や考え方、注意すべきポイントに絞って解説を加えますので、実際の構築は各自で取り組んでみましょう。

PC-トップ

SP-トップ

hoverスタイル

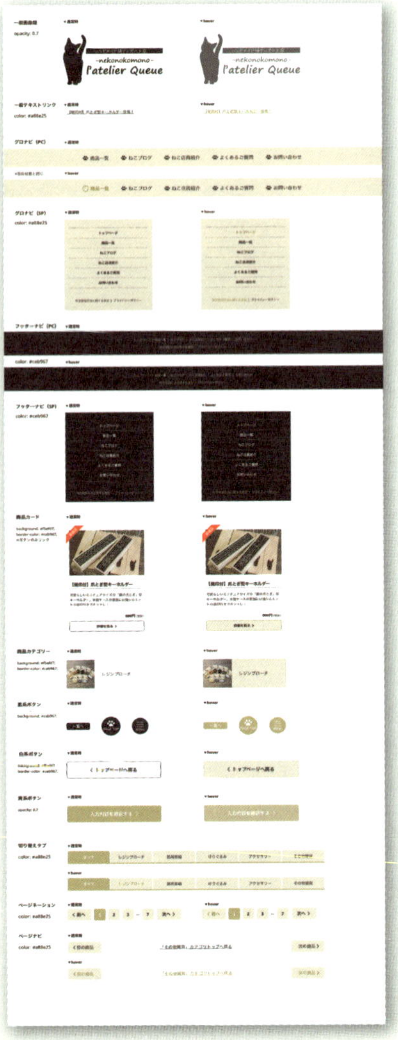

サイト仕様や動作保証環境などを確認する

一からWebサイトを構築する場合、事前に確認すべきことが沢山あります。今回のオリジナルサイトは以下の仕様で構築するものとしますので、確認しておきましょう。なお実際の案件でこのような情報がない場合には、できる限り事前に情報収集するようにしましょう。

サイト概要

今回作成するサンプルサイトは、以下のようなものです。

表23-1 サイト概要

クライアント名	l'aterier Queue（アトリエ・クー）
サイト内容	ハンドメイド猫グッズの販売、情報提供
構築環境	WordPress（※買い物かごのみ組み込み、カート機能は外部ASPを利用）
最終納品物	WordPress開発用のためのモック用静的ファイル一式

今回のポイントは、お知らせ、商品一覧、ブログといった日々の更新が必要となるコンテンツをクライアント自身で更新できるよう最終的にWordPressで構築するという点です。ただし、本書ではWordPressで構築することを前提とした**「静的モック」**を作成するところまでを課題とします。

Point

モック制作とWordPress構築の分業

受託制作の現場ではコーディング～WordPressまで一貫して引き受ける業者もあれば、モックの制作とWordPressの構築を分業化している業者もあります。今回は分業前提のモック制作工程を担当すると考えてください。

Memo

この課題に取り組むにあたってWordPressのテーマ構築自体の知識は必ずしも必要ありませんが、WordPressのテーマ作成方法を理解していたほうがやりやすいのは確かです。本書ではWordPressの解説はしませんが、全く知らないという方は概要だけでも勉強することをお勧めします。

ディレクトリ一覧

今回は小規模とはいえ、商品一覧／詳細、ブログ、問い合わせなど一通りのコンテンツを揃えたWebサイトなので、作成すべきモックのページ数は13画面分です。

必要になる画面は以下の通りです。

表23-2 ディレクトリ一覧

ID	ページ名	パス	モックファイル	種別
1	トップページ	/	/	固定ページ
2	商品一覧（カテゴリ別）	/products/カテゴリ名/	/products/	カスタム投稿
3	商品詳細	/products/カテゴリ名/商品ID	/products/detail.html	カスタム投稿
4	ブログ一覧	/blog/	/blog/	投稿
5	ブログ詳細	/blog/YYYY/MM/POST-ID	/blog/detal.html	投稿
6	ねこ店員紹介	/staff/	/staff/	固定ページ
7	よくあるご質問	/faq/	/faq/	固定ページ
8	お問い合わせ	/contact/	/contact/	フォーム
9	お問い合わせ-確認	/contact/	/contact/confirm.html	フォーム
10	お問い合わせ-完了	/contact/thanks	/contact/thanks.html	固定ページ
11	特定商取引法に関する表示	/law/	/law/	固定ページ
12	プライバシーポリシー	/privacy/	/privacy/	固定ページ
13	404ページ	/404	/404.html	固定ページ

デザインカンプ

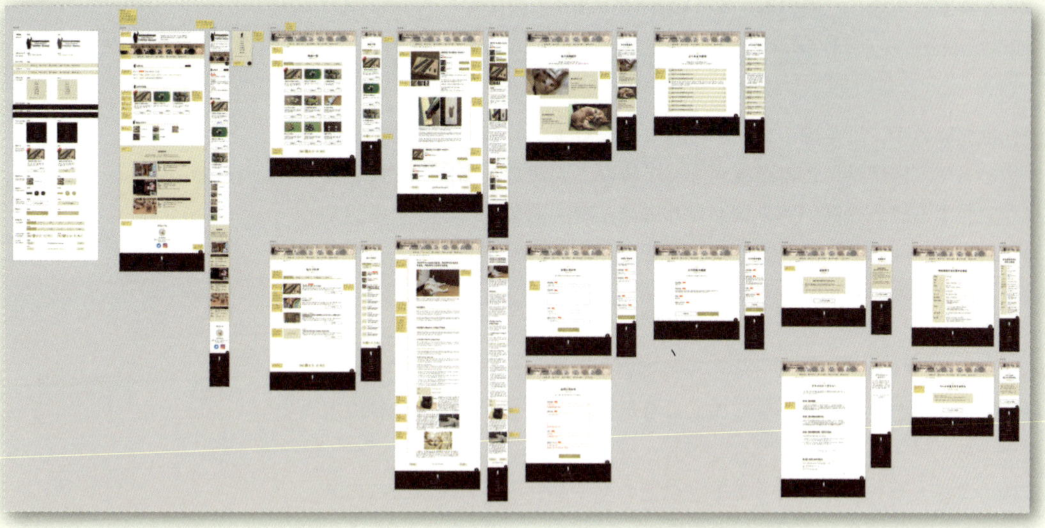

全画面分のデザインカンプはダウンロード用データ内にXDで用意してあります。hover時のスタイル一覧も用意してありますので、CSS設計時の参考にしてください。

サイト・コーディング仕様

モック制作の前提となる情報は以下の通りです。

表23-3 仕様一覧

ドメイン(取得予定)	latelier_queue.jp
CMS	WordPress
カート機能	外部ASPを契約。カート機能のみテンプレートに埋め込み
クライアントの利用エディタ	Classic Editor (リッチテキストエディタ)※ITリテラシが高くないことを想定
コーディング規約	MindBEMing ※ただしクライアント投稿箇所を除く
動作保証環境(OS)	Windows8.1/10・MacOSX 14〜・Android8〜・iOS14〜
動作保証環境(ブラウザ)	Chrome/Firefox/Safari/Edge 制作時点の最新版のみ
特記事項	IE11は対応不要

アクセシビリティ対応	JIS X 8431-3:2016 達成基準 レベルAに準拠（※）
納品後のCSS運用方法	運用担当者がCSSを直接触る可能性あり

（※）…https://waic.jp/files_cheatsheet/waic_jis-x-8341-3_cheatsheet_201812.pdf

この仕様情報の中には実際のコーディングを行う上での様々な重要な情報が潜んでいます。着手時にこの情報がなくて後から判明した場合には**大きな手戻りが発生する恐れが高い**ものばかりなので、着手前までには必ず確認する必要があります。確認を怠ることによって生じる可能性があるリスクとして、以下のようなものが挙げられます。

●CMSと利用エディタの種類

→動的出力箇所とそうでない箇所の切り分けが必要になり、各種設計に影響が出る

→情報のエントリー方法によってモック上のマークアップ方法、CSSのスタイル指定方法が変わる可能性がある

●コーディング規約の有無

→後から規約が判明すると影響範囲が大きく、手戻り・ミスの原因となる

●動作保証環境

→利用できる技術の選定に影響する。特にIE対応の有無で選定できる技術の幅が大きく変わる

●アクセシビリティ対応

→求められる対応レベルの認識にズレがあると手戻りが発生したり逆に手間をかけすぎて問題となる

●納品後CSS運用方法

→運用段階でCSSを直接触る可能性がある場合、Sassなどを利用するとしても最終出力されるCSSの可読性に一定の配慮が必要になる（最初からCSSでの作成を求められることもある）

実際にコーディングする際には、これらの条件を考慮し、過不足のない技術選定を行うようにすると良いでしょう。なお、今回はWordPress構築のためのモック作成なので、納品物はHTML／CSS／JS／画像ファイル一式のみという前提です。手元の開発環境自体は問いませんので、gulpなどを利用したい方は自由に利用してください。

構築の手順

各種条件を確認したら、実際に構築を開始します。多少前後しても構いませんが、概ね次のような手順で進めていくと良いでしょう。

❶サイト共通のフォーマットレイアウト箇所を切り分ける

▼

❷汎用的なコンポーネントと、ページ独自のコンポーネントを切り分ける

▼

❸CMSからの動的出力となる箇所と、そうでない箇所を切り分ける

▼

❹以上❶〜❸を踏まえて大まかなコンポーネント設計を考えておく

▼

❺コーディングに必要な画像素材を書き出す

▼

❻共通のレイアウトフォーマットから実装する

▼

❼基本的な汎用コンポーネントをまとめて実装する

▼

❽各ページの構築を順次進める

デザインカンプが概ね出揃っている案件の場合、ページ全体の構造を把握しやすくするため、各ページ上のパーツを以下のように大きく3種類くらいに分類して洗い出しておきます。

- 全体レイアウト（ヘッダー／フッター／コンテンツエリアなど各ページ共通のレイアウト箇所）
- 汎用コンポーネント（見出し／ボタン／タグ／リスト／カードなど）
- 独自コンポーネント（ページ独自のコンテンツ類）

コンポーネント切り分け例(抜粋)

レイアウト系

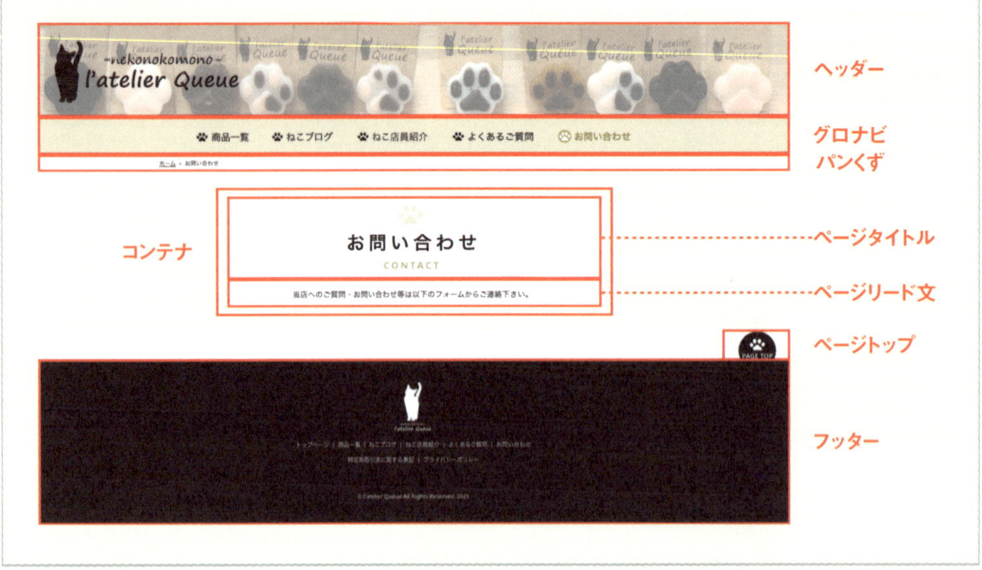

汎用コンポーネント系

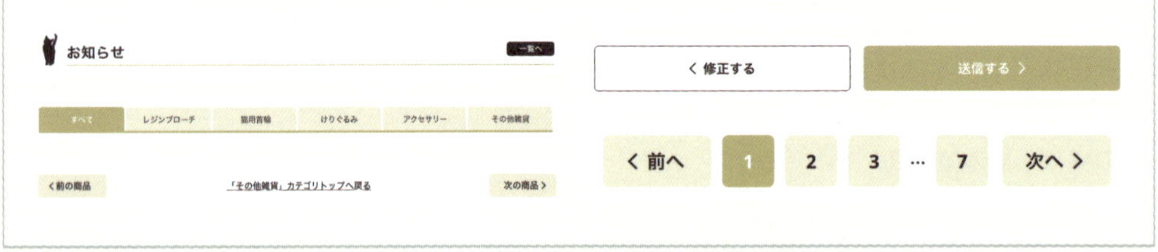

独自コンポーネント系

こうした分類はブロック名を考えるときの方針に直結します。例えばレイアウト系の場合はheader, footerといったレイアウトした際のエリア名、汎用系はbutton, heading, tagといった役割や形状を表す一般名称、独自系はそのコンテンツに由来する固有の名称をベースとする、といった具合です。

動的出力箇所の切り分け（手順❸）

今回のサイトはWordPressで構築するので、WordPressのテンプレート側にベタ書きするため自由にHTMLを書ける箇所と、管理画面からデータ登録したものをWordPressが動的に出力する箇所をあらかじめ切り分けておく必要があります。WordPressにおける画面は大きく**「投稿」**と**「固定ページ」**に分類されますが、基本的にこのうち「投稿」の情報を表示する部分が動的出力箇所として特に注意すべき箇所となります。

今回の場合はディレクトリ一覧（表23-2）で「投稿／カスタム投稿」となっているブログ・商品画面が動的出力の対象となります。

また、投稿の詳細画面については更に「定型フォーマットエリア」と「フリー入力エリア」に分類され、それぞれマークアップ方法やCSS設計上の注意すべき点が変わるので、その点も意識しておく必要があります。

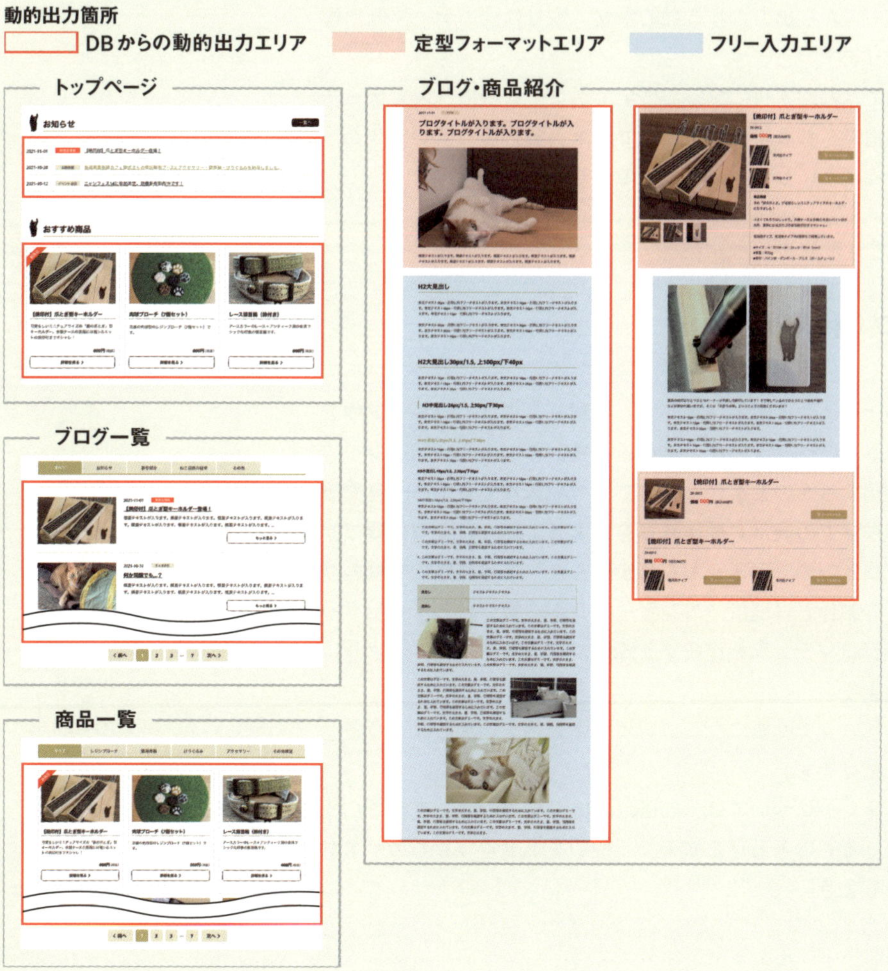

マークアップ準備(手順❹〜❺)

全体の大まかな分類状態を把握したら、**骨格となるマークアップ(見出し・セクション・レイアウト構造)と大きなブロックの命名**をしておきましょう。頭の中だけで完結できない場合はカンプを紙に出力してメモを取ると整理しやすくなります。また、同時に**画像素材の命名**と書き出しも済ませておきましょう。HTMLを書く段階で素材が揃っていないと手が止まってしまいますので、先に済ませてしまうことをお勧めします。

なお、CMS案件の場合、画像素材についても「動的素材」と「静的素材」を分類しておく必要があります。静的素材はテンプレートにベタ書きする箇所で使うロゴ/アイコン/写真素材など、テーマ側で管理するもの、動的素材はユーザーが管理画面からデータベース登録したメディア素材を出力するものです。今回のサンプルサイトの場合であれば商品一覧・ブログ一覧で使用しているサムネイル画像と、商品詳細・ブログ詳細のコンテンツエリアにある画像はデータベースから出力される動的素材、残りは全てテーマ側で管理する静的素材となります。

モック制作の段階では動的素材については全てダミーなので、後でテーマファイルから簡単に捨てられるようにdmy_で始まる名称にしておくなど、ダミー素材だとわかるようにしておくことを推奨します。

Memo

ダウンロード用素材の中には画像素材を書き出したものも参考として入れてありますが、画像をどう書き出すかはコーディング方法と密接に関わっていますので、可能であれば各自でXDから必要な素材を書き出すようにしてみてください。

コーディング(手順❻〜❽)

準備が出来たらいよいよコーディングです。手順としては**共通レイアウト→汎用コンポーネント→各ページの順**で進めると良いでしょう。共通レイアウトは全ページで使用するものとなりますので、**ベースができたら一旦文法チェック、各種ブラウザでの表示/動作確認**を済ませておくことが重要です。また、今回は規模が小さいので不要かもしれませんが、ある程度の規模のサイトの場合、ページの制作とは別に「コンポーネント一覧」として資料ページを作成し、各ページコンテンツを作成する際にコピペで流用できるようにしておくと良いでしょう。

あとはひたすら各ページで必要になるコンポーネントを追加しながら各ページを構築していくだけです。

各ページコンポーネントについては、Chapter1〜5までのサンプルやEXERCISEなどが参考となるものもありますので、使いまわせそうなものがあれば流用してしまいましょう。

注意が必要なコンポーネント

今回のサンプルサイトの各コンポーネントは、基本的にChapter1〜5の課題にしっかり取り組んできた方であれば特別難易度が高いものではありません。しかし、「CMS構築用のモック」であるという点でこれまで解説してきた内容とは異なる視点で取り組まなければならないものがいくつかあります。実際に課題に取り組んでもらう前に、そのような注意が必要なコンポーネントについて解説しておきます。

CMSの標準機能やプラグインを利用する前提のパーツを確認

CMS構築の場合、いくつかの機能的なパーツについてはCMS側が用意している関数やプラグインでの実装を検討する場合があります。こうしたものは基本的に**HTML構造やclass名などが決まっていることが多い**ため、それらをどこに利用するのか事前に確認し、必要であれば出力されるHTMLソースを支給してもらう必要があります。今回のようなシンプルな構成のサイトの場合、パンくず、ページネーション、記事の前後移動、問い合わせフォーム、表組みなどでそのような機能的なパーツが利用される可能性が高くなります。

Memo

こうした確認作業は静的モック作成とWordPress構築が分業化されている場合に必要なものになります。

今回の場合は商品一覧・ブログ一覧画面の**ページネーション**箇所で、WordPress標準の「the_posts_pagination()」関数を使用する予定です。従ってこのパーツのマークアップについては独自に考えるのではなく、関数から出力されるコードを使ってスタイルを整えるようにしてください。今回のサンプルではコード指定があるのはここだけですが、基本的にシステム都合でコードに制約が出る場合は、それに従う必要があるので注意が必要です。

ページネーションとその指定コード

```
<nav class="navigation pagination" role="navigation">
  <h2 class="screen-reader-text">投稿ナビゲーション</h2>
  <div class="nav-links">
    <a class="prev page-numbers" href="#">前へ</a>
    <span aria-current="page" class="page-numbers current">1</span>
    <a class="page-numbers" href="#">2</a>
    <a class="page-numbers" href="#">3</a>
    <span class="page-numbers dots">…</span>
    <a class="page-numbers" href="#">7</a>
    <a class="next page-numbers" href="#">次へ</a>
  </div>
</nav>
```

Point

プラグインを利用する際の注意

こうした関数やプラグインを利用する箇所については、サイト全体のCSS設計方針と食い違ったり、中にはセマンティクスやアクセシビリティ、文法的に問題のあるコードが含まれている場合もありますが、そうした点についてはシステム都合ということで目をつぶることになってもやむを得ないでしょう。

リピート出力箇所の制約に注意する

特にアーカイブ系の画面（投稿した記事の一覧を出力する画面）では**一定のパターンで機械的にリピート出力することを前提としたHTML/CSS設計にしておくことが必要**です。こうした箇所は機械的に処理をするため、

- 項目ごとに異なるclassをつけるような前提で作らない（連番や同じ場所に交互にclassをつけるなど、規則的にパターン処理できる形ならOK）
- レスポンシブ時にソースコードを変更するような前提で作らない
- 出力される項目数は変動する前提で考える

といった制約があります。コーディング時に気を付けることは当然ですが、中にはデザイン自体がこの制約下では再現できないものになっている場合もあるため、そうした場合はデザイナーと協議してデザインのほうを修正してもらう必要が生じる場合もあります。

リピート出力範囲の例

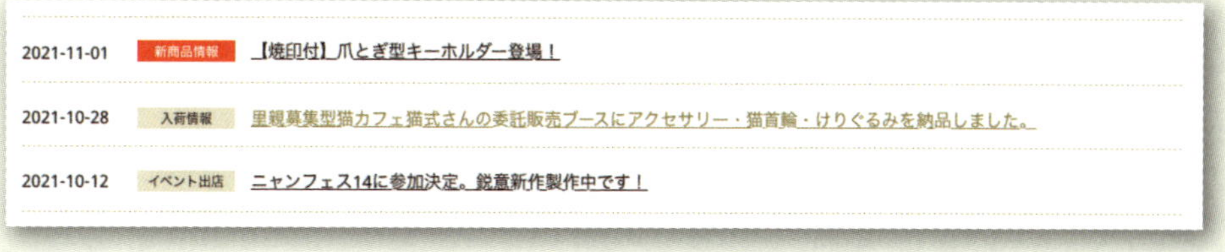

2021-11-01
新商品情報
【焼印付】爪とぎ型キーホルダー登場！
2021-10-28
入荷情報
里親募集型猫カフェ猫式さんの委託販売ブースにアクセサリー・猫首輪・けりぐるみを納品しました。
2021-10-12
イベント出店
ニャンフェス14に参加決定。鋭意新作製作中です！

HTML

```
<dl class="news">
  <!-- リピート出力のブロック範囲 -->
  <div class="news__item">
    <dt class="news__date"><time>2021-11-01</time></dt>
    <dd class="news__data">
      <span class="tag tag--new">新商品情報</span>
      <a href="/blog/detail.html" class="news__link">【焼印付】爪とぎ型キーホルダー登場！
</a>
    </dd>
  </div>
  <div class="news__item"> ～省略～ </div>
  <div class="news__item"> ～省略～ </div>
</dl>
```

管理画面の入力項目設計次第でマークアップできる範囲が変わる

CMSなどのシステム系案件の場合、管理画面から入力した項目がデータベース（以下DB）に格納され、その情報を引っ張ってきてテンプレートの指定箇所に出力します。従って**DBにどのようなデータが格納されているのかによって、受け皿となるマークアップを変える必要が出てきます。**厳密にマークアップしようと思っても、そもそも管理画面側に対応する入力項目が用意されていなければどうしようもありませんし、1つの枠内にHTMLソースを入力してもらう前提でいたとしても、ユーザーのスキルレベル的にそれが困難であれば、場合によってはマークアップ自体を諦めざるを得ない場合もあります。DBの入力項目情報が事前に共有されていない場合は、必ず確認するようにしておきましょう。

Memo

逆に指定のHTMLソース構造ごとDB登録してもらうことができるのであれば、それを前提とした設計にすることも可能です。いずれにせよ何が可能なのかはコーディング側では決められないので、都度確認することが重要です。

DBからの出力イメージ

▼1項目ずつ細かくデータが分かれてDB登録されている場合

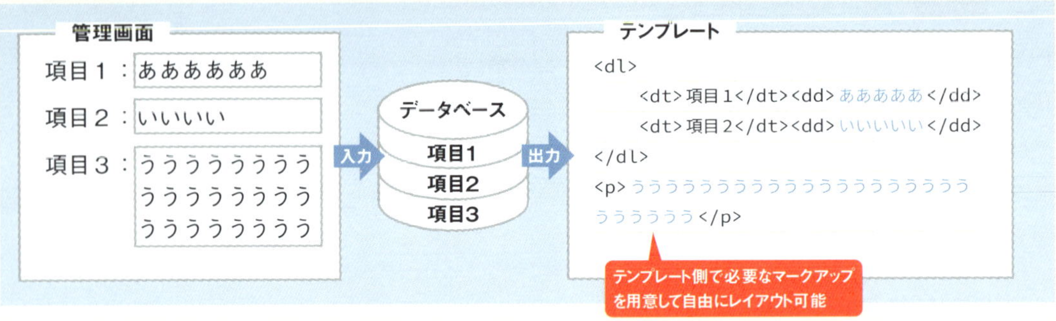

▼複雑な構造なのにデータ枠が1つしかない場合

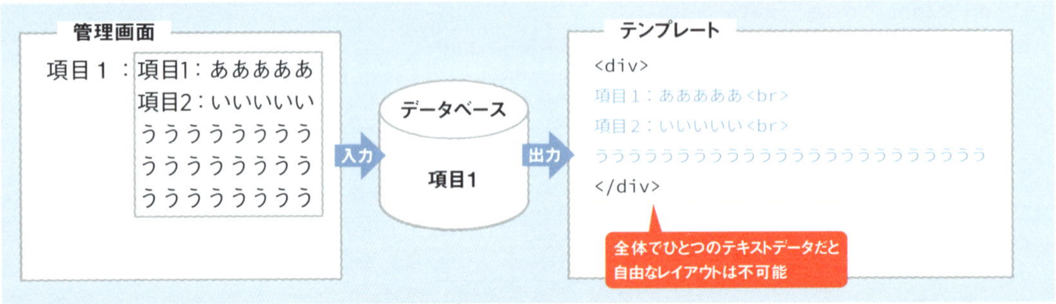

※入力側でHTMLマークアップされたデータを登録すればレイアウトは可能ですが、
データ登録者にHTMLの知識が必要となります

今回のサンプルサイトの場合、商品詳細・ブログ詳細の画面についてはそうしたDB設計を意識したマークアップ・CSS設計をする必要があります。以下は各画面でのDBフィールド範囲を示したものになります。

DBからの出力イメージ

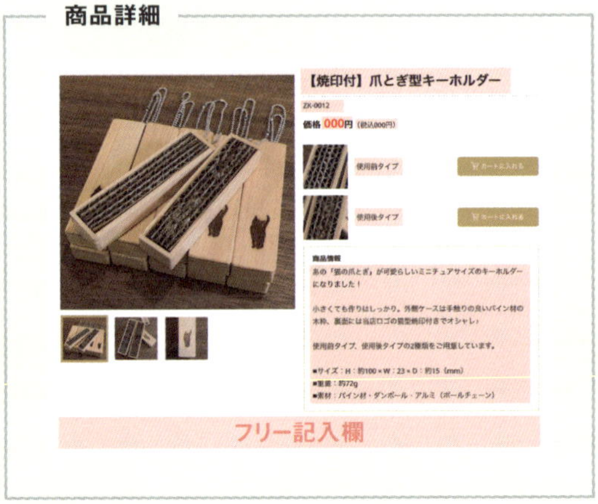

【備考】
・税込価格…税抜き価格から自動計算した値を出力
・カートボタン…各カートボタンごとに仕込むhidden情報がDB出力対象

投稿本文（フリー入力エリア）の入力方法がどうなるのか確認する

CMS用のモックを作成するとき、必ず確認するのが**ユーザーによる投稿本文の入力方法**です。現状、WordPressの場合はおおよそ次のようなパターンに分かれており、どの方法で本文入力するのかによって本文エリアで実現できるデザインやマークアップ／CSS設計が全く変わってきます。

❶Classic Editorでビジュアルモードを使う
❷Classic Editorでテキストモードを使う
❸ブロックエディタで標準ブロックのみを使う
❹ブロックエディタでカスタムブロックも使う

エディタの種類によって実現できることが全く変わってくるため、**どの方法を使って運用するのかはあらかじめクライアントと同意しておくべき項目です**。入力方法が確定したら、コーディング担当者はその特性に応じたHTML/CSS設計でモックを作成することになります。

現在WordPressはブロックエディタ（Gutenberg）が標準で、Word的な感覚で使用できるClassic Editorは2022年末でサポートが終了することになっています。しかしブロックエディタ・Classic Editorどちらで構築するかは今の所業界の中でも対応が真っ二つに割れているような状況です。

また、サポート終了後もおそらくClassc Editorや類似の環境の継続利用は可能となると思われるため、どちらを使う前提とするのかの確認は今後も必要になるものと思ったほうが良いでしょう。

今回のサンプルサイトでは、❶の「Classic Editorでビジュアルモードを使う」を前提としています。この場合、投稿画面から入力できるのは見出し・段落・箇条書き（ul/ol）・表組み・引用・画像といった基本要素と、太字（strong）・斜体（i）・下線（u）・リンクといった限られたインライン指定のみとなり、**原則としてclassは使わず要素の挿入だけで適切なスタイルが適用されるようにしておく必要があります。**

Chapter4で学習したCSS設計であれほど「要素に直接スタイルを指定してはいけない」と言ってきたにもかかわらず、CMSの本文入力エリアに関しては真逆で「要素に直接スタイル指定しなければならない」となるので、慣れないと違和感があるかもしれませんが、そのあたりは柔軟に対応するようにしましょう。

なお、投稿本文エリア以外では要素に直接スタイルを当てない設計を徹底しているはずなので、特定領域内だけ要素にスタイル指定を当てること自体は難しくはありません。投稿本文エリアを指定するためのdiv枠にそれ用のclassを設定し、以下のように子孫セレクタでスタイル指定しておけば問題ありません。

Memo

Classic Editorでもテキストモードに切り替えてソースコードでclassを入力すればもちろん使えますが、ビジュアルエディタを使うということは技術者ではなくITリテラシーがそれほど高くない一般ユーザーを想定しているため、classを使わせるのはやむをえない場合の例外としたほうが良いでしょう（このあたりの加減はクライアントの意向次第なので相談が必要です）。

CSS

```
/* 投稿本文エリア用class = post-body の場合 */
.post-body h2 { ...大見出しのスタイル...}
.post-body p {...段落のスタイル...}
.post-body ul > li { ...リストのスタイル ...}
//以下略
```

それよりも、要素同士の余白リズムをclassを使わずにどう指定するかを考えるほうがおそらく難しいでしょう。どの要素がどういう順番で入力されるのかは全く分からないので、何がどうなってもデザインで意図した余白を確保できるよう、セレクタを工夫しておく必要があります。

原則として要素にclassはつけない方針なので、隣接セレクタ、間接セレクタ、子セレクタ、全称セレクタ、:first-child、:last-child、:not()などの擬似クラスなどを総動員して検討することになるかと思われます。これに関しては是非各自で試行錯誤してみてください。

Point

その他の注意事項

その他サンプルサイトを制作する上で必要になると思われる情報はダウンロード用データのフォルダ内に資料を用意してあります。また、XDのカンプ上にも細かい注意点を書いてあるので、よく読んで課題に取り組んで下さい。この最終課題は実際の実務で依頼されるレベルのボリューム・難易度を意識しているので、できる限り自力でチャレンジしてみましょう！

作業フォルダの構成

Folder

```
/LESSON23/
├ /01デザインカンプ・資料/
│ ├ 作業上の注意点.pdf ……★最初に読んでください
│ ├ サイト制作資料.xlsx
│ ├ WP_ページネーションコード.txt
│ ├ デザインカンプ.xd
│ └ / 各画面書き出し/
├ /02画像素材/
│ ├ /img素材書き出しサンプル/
│ └ /動的画像元素材/
├ /03開発ディレクトリ/………★この中に作成
└ /04完成コード例/
```

用語索引

記号

アルファベット

A

B

C

D

E

用語索引

O

P

R

S

T

V

W

Z

用語索引

五十音

あ

か

さ

た

は

ま

や

ら

著者プロフィール

草野あけみ
Akemi Kusano

愛知県出身。早稲田大学第一文学部卒業後、一旦は地元愛知県の公立高校世界史教員として勤務。その後岐阜県立国際情報科学芸術アカデミー（IAMAS）でデジタルクリエイティブを学び、2000年からリクルート関連子会社にてWeb制作に従事。2004年よりWebサイトコーディングの受託制作をメインとするフリーランスとして活動中。屋号も独自ドメインも公式サイトも持たない奇跡のフリーランス（良い子は真似しちゃダメ）。

Twitter：@ake_nyanko

ブログ：http://roka404.main.jp/blog/

制作スタッフ

装丁・本文デザイン	山浦隆史
カバーイラスト	髙城琢郎
DTP	株式会社リブロワークス デザイン室
編集	株式会社リブロワークス
編集長	後藤憲司
担当編集	熊谷千春

プロの「引き出し」を増やす
HTML+CSSコーディングの強化書

2021年12月1日　初版第1刷発行

著者	草野あけみ
発行人	山口康夫
発行	株式会社エムディエヌコーポレーション 〒101-0051　東京都千代田区神田神保町一丁目105番地 https://books.MdN.co.jp/
発売	株式会社インプレス 〒101-0051　東京都千代田区神田神保町一丁目105番地
印刷・製本	中央精版印刷株式会社

Printed in Japan
©2021 Akemi Kusano. All rights reserved.

本書は、著作権法上の保護を受けています。著作権者および株式会社エムディエヌコーポレーションとの書面による事前の同意なしに、本書の一部あるいは全部を無断で複写・複製、転記・転載することは禁止されています。

定価はカバーに表示してあります。

カスタマーセンター

造本には万全を期しておりますが、万一、落丁・乱丁などがございましたら、送料小社負担にてお取り替えいたします。お手数ですが、カスタマーセンターまでご返送ください。

[落丁・乱丁本などのご返送先]
〒101-0051　東京都千代田区神田神保町一丁目105番地
株式会社エムディエヌコーポレーション カスタマーセンター
TEL：03-4334-2915

[書店・販売店のご注文受付]
株式会社インプレス 受注センター
TEL：048-449-8040　FAX：048 449-8041

内容に関するお問い合わせ先

株式会社エムディエヌコーポレーション カスタマーセンター メール窓口

info@MdN.co.jp

本書の内容に関するご質問は、Eメールのみの受付となります。メールの件名は「HTML+CSSコーディングの強化書　質問係」、本文にはお使いのマシン環境（OS・Webブラウザそれぞれの種類とバージョンなど）をお書き添えください。電話やFAX、郵便でのご質問にはお答えできません。ご質問の内容によりましては、しばらくお時間をいただく場合がございます。また、本書の範囲を超えるご質問に関しましてはお答えいたしかねますので、あらかじめご了承ください。

ISBN978-4-295-20208-0　C3055